教育部-阿里云产学合作协同育人项目成果

计算机类专业
系统能力培养
系列教材

云计算方向

云安全原理与实践

CLOUD SECURITY PRINCIPLE AND PRACTICE

陈兴蜀 葛龙　主编

罗永刚 曾雪梅 王海舟 王文贤　编著

U0255806

机械工业出版社
China Machine Press

图书在版编目（CIP）数据

云安全原理与实践 / 陈兴蜀，葛龙主编 . —北京：机械工业出版社，2017.7（2021.8 重印）
（计算机类专业系统能力培养系列教材）

ISBN 978-7-111-57468-2

I. 云… II. ①陈… ②葛… III. 计算机网络－安全技术－教材 IV. TP393.08

中国版本图书馆 CIP 数据核字（2017）第 159613 号

　　本书系统地介绍了云安全的基本概念、原理和技术，主要内容包括云计算的安全风险分析、虚拟化安全、身份管理与访问控制、云数据安全、云运维安全、云服务的安全使用、云安全解决方案以及云计算相关的标准、法规等，并通过产业案例使读者掌握云安全的相关实践技术，从产业发展角度理解云安全的技术发展和趋势。

　　本书适合作为高等院校信息安全、计算机、电子工程及相关专业云安全课程的教材，也适合作为从事云安全工作的技术人员和研究人员的参考书。

出版发行：机械工业出版社（北京市西城区百万庄大街 22 号　邮政编码：100037）

责任编辑：朱　劼		责任校对：李秋荣	
印　　刷：北京建宏印刷有限公司		版　　次：2021 年 8 月第 1 版第 5 次印刷	
开　　本：186mm×240mm　1/16		印　　张：16.5	
书　　号：ISBN 978-7-111-57468-2		定　　价：69.00 元	

丛书序言

——计算机专业学生系统能力培养和系统课程设置的研究

未来的 5 ~ 10 年是中国实现工业化与信息化融合，利用信息技术与装备提高资源利用率、改造传统产业、优化经济结构、提高技术创新能力与现代管理水平的关键时期，而实现这一目标，对于高效利用计算系统的其他传统专业的专业人员需要了解和掌握计算思维，对于负责研发多种计算系统的计算机专业的专业人员则需要具备系统级的设计、实现和应用能力。

1. 计算技术发展特点分析

进入本世纪以来，计算技术正在发生重要发展和变化，在 20 世纪个人机普及和 Internet 快速发展基础上，计算技术从初期的科学计算与信息处理进入了以移动互联、物物相联、云计算与大数据计算为主要特征的新型网络时代，在这一发展过程中，计算技术也呈现出以下新的系统形态和技术特征。

（1）四类新型计算系统

1）嵌入式计算系统 在移动互联网、物联网、智能家电、三网融合等行业技术与产业发展中，嵌入式计算系统有着举足轻重和广泛的作用。例如，移动互联网中的移动智能终端、物联网中的汇聚节点、"三网融合"后的电视机顶盒等是复杂而新型的嵌入式计算系统；除此之外，新一代武器装备，工业化与信息化融合战略实施所推动的工业智能装备，其核心也是嵌入式计算系统。因此，嵌入式计算将成为新型计算系统的主要形态之一。在当今网络时代，嵌入式计算系统也日益呈现网络化的开放特点。

2）移动计算系统 在移动互联网、物联网、智能家电以及新型装备中，均以移动通信网络为基础，在此基础上，移动计算成为关键技术。移动计算技术将使计算机或其他信息智能终端设备在无线环境下实现数据传输及资源共享，其核心技术涉及支持高性能、低功耗、无线连接和轻松移动的移动处理机及其软件技术。

3）并行计算系统 随着半导体工艺技术的飞速进步和体系结构的不断发展，多核/众核处理机硬件日趋普及，使得昔日高端的并行计算呈现出普适化的发展趋势；多核技术就是在处理器上拥有两个或更多一样功能的处理器核心，即将数个物理处理器核心整合在一个内核中，数个处理器核心在共享芯片组存储界面的同时，可以完全独立地完成各自操作，从而能在平衡功耗的基础上极大地提高 CPU 性能；其对计算系统微体系结构、系统软件与编程环境均有很大影响；同时，云计算也是建立在廉价服务器组成的大规模集群并行计算基础之上。因此，并行计算将成为各类计算系统的基础技术。

4）基于服务的计算系统　无论是云计算还是其他现代网络化应用软件系统，均以服务计算为核心技术。服务计算是指面向服务的体系结构（SOA）和面向服务的计算（SOC）技术，它是标识分布式系统和软件集成领域技术进步的一个里程碑。服务作为一种自治、开放以及与平台无关的网络化构件可使分布式应用具有更好的复用性、灵活性和可增长性。基于服务组织计算资源所具有的松耦合特征使得遵从 SOA 的企业 IT 架构不仅可以有效保护企业投资、促进遗留系统的复用，而且可以支持企业随需应变的敏捷性和先进的软件外包管理模式。Web 服务技术是当前 SOA 的主流实现方式，其已经形成了规范的服务定义、服务组合以及服务访问。

（2）"四化"主要特征

1）网络化　在当今网络时代，各类计算系统无不呈现出网络化发展趋势，除了云计算系统、企业服务计算系统、移动计算系统之外，嵌入式计算系统也在物联时代通过网络化成为开放式系统。即，当今的计算系统必然与网络相关，尽管各种有线网络、无线网络所具有的通信方式、通信能力与通信品质有较大区别，但均使得与其相联的计算系统能力得以充分延伸，更能满足应用需求。网络化对计算系统的开放适应能力、协同工作能力等也提出了更高的要求。

2）多媒体化　无论是传统 Internet 应用服务，还是新兴的移动互联网服务业务，多媒体化是其面向人类、实现服务的主要形态特征之一。多媒体技术是利用计算机对文本、图形、图像、声音、动画、视频等多种信息进行综合处理、建立逻辑关系和人机交互作用的新技术。多媒体技术使计算机可以处理人类生活中最直接、最普遍的信息，从而使得计算机应用领域及功能得到了极大的扩展，使计算机系统的人机交互界面和手段更加友好和方便。多媒体具有计算机综合处理多种媒体信息的集成性、实时性与交互性特点。

3）大数据化　随着物联网、移动互联网、社会化网络的快速发展，半结构化及非结构化的数据呈几何倍增长。数据来源的渠道也逐渐增多，不仅包括了本地的文档、音视频，还包括网络内容和社交媒体；不仅包括 Internet 数据，更包括感知物理世界的数据。从各种类型的数据中快速获得有价值信息的能力，称为大数据技术。大数据具有体量巨大、类型繁多、价值密度低、处理速度快等特点。大数据时代的来临，给各行各业的数据处理与业务发展带来重要变革，也对计算系统的新型计算模型、大规模并行处理、分布式数据存储、高效的数据处理机制等提出了新的挑战。

4）智能化 无论是计算系统的结构动态重构，还是软件系统的能力动态演化；无论是传统 Internet 的搜索服务，还是新兴移动互联的位置服务；无论是智能交通应用，还是智能电网应用，无不显现出鲜明的智能化特征。智能化将影响计算系统的体系结构、软件形态、处理算法以及应用界面等。例如，相对于功能手机的智能手机是一种安装了开放式操作系统的手机，可以随意安装和卸载应用软件，具备无线接入互联网、多任务和复制粘贴以及良好用户体验等能力；相对于传统搜索引擎的智能搜索引擎是结合了人工智能技术的新一代搜索引擎，不仅具有传统的快速检索、相关度排序等功能，更具有用户角色登记、用户兴趣自动识别、内容的语义理解、智能信息化过滤和推送等功能，其追求的目标是根据用户的请求从可以获得的网络资源中检索出对用户最有价值的信息。

2. 系统能力的主要内涵及培养需求

（1）主要内涵

计算机专业学生的系统能力的核心是掌握计算系统内部各软件/硬件部分的关联关系与逻辑层次；了解计算系统呈现的外部特性以及与人和物理世界的交互模式；在掌握基本系统原理的基础上，进一步掌握设计、实现计算机硬件、系统软件以及应用系统的综合能力。

（2）培养需求

要适应"四类计算系统，四化主要特征"的计算技术发展特点，计算机专业人才培养必须"与时俱进"，体现计算技术与信息产业发展对学生系统能力培养的需求。在教育思想上要突现系统观教育理念，在教学内容中体现新型计算系统原理，在实践环节上展现计算系统平台技术。

要深刻理解系统化专业教育思想对计算机专业高等教育过程所带来的影响。系统化教育和系统能力培养要采取系统科学的方法，将计算对象看成一个整体，追求系统的整体优化；要夯实系统理论基础，使学生能够构建出准确描述真实系统的模型，进而能够用于预测系统行为；要强化系统实践，培养学生能够有效地构造正确系统的能力。

从系统观出发，计算机专业的教学应该注意教学生怎样从系统的层面上思考（设计过程、工具、用户和物理环境的交互），讲透原理（基本原则、架构、协议、编译以及仿真等），强化系统性的实践教学培养过程和内容，激发学生的辩证思考能力，帮助他们理解和掌控数字世界。

3. 计算机专业系统能力培养课程体系设置总体思路

为了更好地培养适应新技术发展的、具有系统设计和系统应用能力的计算机专门人才，我们需要建立新的计算机专业本科教学课程体系，特别是设立有关系统级综合性课程，并重新规划计算机系统核心课程的内容，使这些核心课程之间的内容联系更紧密、衔接更顺畅。

我们建议把课程分成三个层次：计算机系统基础课程、重组内容的核心课程、侧重不同计算系统的若干相关平台应用课程。

第一层次核心课程包括："程序设计基础（PF）""数字逻辑电路（DD）"和"计算机系统基础（ICS）"。

第二层次核心课程包括："计算机组成与设计（COD）""操作系统（OS）""编译技术（CT）"和"计算机系统结构（CA）"。

第三层次核心课程包括："嵌入式计算系统（ECS）""计算机网络（CN）""移动计算（MC）""并行计算（PC）"和"大数据并行处理技术（BD）"。

基于这三个层次的课程体系中相关课程设置方案如下图所示。

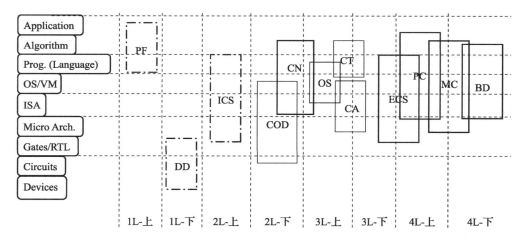

图中左边部分是计算机系统的各个抽象层，右边的矩形表示课程，其上下两条边的位置标示了课程内容在系统抽象层中的涵盖范围，矩形的左右两条边的位置标示了课程大约在哪个年级开设。点划线、细实线和粗实线分别表示第一、第二和第三层次核心课程。

从图中可以看出，该课程体系的基本思路是：先讲顶层比较抽象的编程方面的内容；再讲底层有关系统的具体实现基础内容；然后再从两头到中间，把顶层程序设计的内容和底层电路的内容按照程序员视角全部串起来；在此基础上，再按序分别介绍计算机系统硬件、操作系统和编译器的实现细节。至此的所有课程内容主要介绍单处理器系统的相关内容，而计算机体系结构主要介绍各不同并行粒度的体系结构及其相关的操作系统实现技术和编译器实现技术。第三层次的课程没有先后顺序，而且都可以是选修课，课程内容应体现第一和第二层次课程内容的螺旋式上升趋势，也即第三层次课程内容涉及的系统抽象层与第一和第二层次课程涉及的系统抽象层是重叠的，但内容并不是简单重复，应该讲授在特定计算系统中的相应教学内容。例如，对于"嵌入式计算系统（ECS）"课程，虽然它所涉及的系统抽象层与"计算机系统基础（ICS）"课程涉及的系统抽象层完全一样，但是，这两门课程的教学内容基本上不重叠。前者着重介绍与嵌入式计算系统相关的指令集体系结构设计、操作系统实现和底层硬件设计等内容，而后者着重介绍如何从程序员的角度来理解计算机系统设计与实现中涉及的基础内容。

与传统课程体系设置相比，最大的不同在于新的课程体系中有一门涉及计算机系统各个抽象层面的能够贯穿整个计算机系统设计和实现的基础课程："计算机系统基础（ICS）"。该课程讲解如何从程序员角度来理解计算机系统，可以使程序员进一步明确程序设计语言中的语句、数据和程序是如何在计算机系统中实现和运行的，让程序员了解不同的程序设计方法为什么会有不同的性能等。

此外，新的课程体系中，强调课程之间的衔接和连贯，主要体现在以下几个方面。

1）"计算机系统基础"课程可以把"程序设计基础"和"数字逻辑电路"之间存在于计算机系统抽象层中的"中间间隔"填补上去并很好地衔接起来，这样，到2L-上结束的时候，学生就可以通过这三门课程清晰地建立单处理器计算机系统的整机概念，构造出完整的计算机系统的基本框架，而具体的计算机系统各个部分的实现细节再通过后续相关课程来细化充实。

2）"数字逻辑电路""计算机组成与设计""嵌入式计算系统"中的实验内容之间能够很好地衔接，可以规划一套承上启下的基于FPGA开发板的综合实验平台，让学生在一个统一的实验平台上从门电路开始设计基本功能部件，然后再以功能部件为基础设计CPU、存储器和外围接口，最终将CPU、存储器和I/O接口通过总线互连为一个完整的计算机硬件系统。

3）"计算机系统基础""计算机组成与设计""操作系统"和"编译技术"之间能够很好地衔接。新课程体系中"计算机系统基础"和"计算机组成与设计"两门课程对原来的"计算机系统概论"和"计算机组成原理"的内容进行了重新调整和统筹规划，这两门课程的内容是相互密切关联的。对于"计算机系统基础"与"操作系统""编译技术"的关系，因为"计算机系统基础"以Intel x86为模型机进行讲解，所以它为"操作系统"（特别是Linux内核分析）提供了很好的体系结构基础。同时，在"计算机系统基础"课程中为了清楚地解释程序中的文件访问和设备访问等问题，会从程序员角度简单引入一些操作系统中的相关基础知识。此外，在"计算机系统基础"课程中，会讲解高级语言程序如何进行转换、链接以生成可执行代码的问题；"计算机组成与设计"中的流水线处理等也与编译优化相关，而且

"计算机组成与设计"以 MIPS 为模型机进行讲解，而 MIPS 模拟器可以为"编译技术"的实验提供可验证实验环境，因而"计算机系统基础"和"计算机组成与设计"两门课程都与"编译技术"有密切的关联。"计算机系统基础""计算机组成与设计""操作系统"和"编译技术"这四门课程构成了一组计算机系统能力培养最基本的核心课程。

从"计算机系统基础"课程的内容和教学目标以及开设时间来看，位于较高抽象层的先行课（如程序设计基础和数据结构等课程）可以按照原来的内容和方式开设和教学，而作为新的"计算机系统基础"和"计算机组成与设计"先导课的"数字逻辑电路"，则需要对传统的教学内容，特别是实验内容和实验手段方面进行修改和完善。

有了"计算机系统基础"和"计算机组成与设计"课程的基础，作为后续课程的操作系统、编译原理等将更容易被学生从计算机系统整体的角度理解，课程内容方面不需要大的改动，但是操作系统和编译器的实验要以先行课程实现的计算机硬件系统为基础，这样才能形成一致的、完整的计算机系统整体概念。

本研究还对 12 门课程的规划思路、主要教学内容及实验内容进行了研究和阐述，具体内容详见公开发表的研究报告。

4. 关于本研究项目及本系列教材

机械工业出版社华章公司在较早的时间就引进出版了 MIT、UC-Berkeley、CMU 等国际知名院校有关计算机系统课程的多种教材，并推动和组织了计算机系统能力培养相关的研究，对国内计算机系统能力培养起到了积极的促进作用。

本项研究是教育部 2013 ~ 2017 年计算机类专业教学指导委员会"计算机类专业系统能力培养研究"项目之一，研究组成员由国防科技大学王志英、北京航空航天大学马殿富、西北工业大学周兴社、南开大学吴功宜、武汉大学何炎祥、南京大学袁春风、北京大学陈向群、中国科技大学安虹、天津大学张刚、机械工业出版社华章公司温莉芳等组成，研究报告分别发表于中国计算机学会《中国计算机科学技术发展报告》及《计算机教育》杂志。

本系列教材编委会在上述研究的基础上对本套教材的出版工作经过了精心策划，选择了对系统观教育和系统能力培养有研究和实践的教师作为作者，以系统观为核心编写了本系列教材。我们相信本系列教材的出版和使用，将对提高国内高校计算机类专业学生的系统能力和整体水平起到积极的促进作用。

"计算机类专业系统能力培养系列教材"编委会

2014 年 5 月

本书编委会

主编　陈兴蜀（四川大学）

　　　　葛　龙（四川大学）

编委　（按拼音顺序排列）

　　　　董斌雁（阿里云公司）　　　　　李　俊（阿里云公司）

　　　　李兰柱（阿里云公司）　　　　　李妹芳（阿里云公司）

　　　　罗永刚（四川大学）　　　　　　苏建东（阿里云公司）

　　　　王海舟（四川大学）　　　　　　王文贤（四川大学）

　　　　王晓斐（阿里云公司）　　　　　邬　怡（阿里云公司）

　　　　肖　力（阿里云公司）　　　　　杨　宁（阿里云公司）

　　　　曾雪梅（四川大学）

特别感谢

　　　　肖　力（阿里云公司）

　　　　李妹芳（阿里云公司）

序

当前，一场科技革命浪潮正席卷全球，这一次，IT技术是主角之一。云计算、大数据、人工智能、物联网，这些新技术正加速走向应用。很快，它们将渗透至我们生产、生活中的每个角落，并将深刻改变我们的世界。

在这些新技术当中，云计算作为基础设施，将全面支撑各类新技术、新应用。我认为：云计算，特别是公共云，将成为这场科技革命的承载平台，全面支撑各类技术创新、应用创新和模式创新。

作为一种普惠的公共计算资源与服务，云计算与传统IT计算资源相比有以下几个方面的优势：一是硬件的集约化；二是人才的集约化；三是安全的集约化；四是服务的普惠化。

公共云计算的快速发展将带动云计算产业进入一个新的阶段，我们可以称之为"云计算2.0时代"，云计算对行业演进发展的支撑作用将更加凸显。

云计算是"数据在线"的主要承载。"在线"是我们这个时代最重要的本能，它让互联网变成了最具渗透力的基础设施，数据变成了最具共享性的生产资料，计算变成了随时随地的公共服务。云计算不仅承载数据本身，同时也承载数据应用所需的计算资源。

云计算是"智能"与"智慧"的重要支撑。智慧有两大支撑，即网络与大数据。包括互联网、移动互联网、物联网在内的各种网络，负责搜集和共享数据；大数据作为"原材料"，是各类智慧应用的基础。云计算是支撑网络和大数据的平台，所以，几乎所有智慧应用都离不开云计算。

云计算是企业享受平等IT应用与创新环境的有力保障。当前，企业创新，特别是小微企业和创业企业的创新面临IT技术和IT成本方面的壁垒。云计算的出现打破了这一壁垒，IT成为唾手可得的基础性资源，企业无须把重点放在IT支撑与实现上，可以更加聚焦于擅长的领域进行创新，这对提升全行业的信息化水平以及激发创新创业热情将起到至关重要的作用。

除了发挥基础设施平台的支撑作用外，2.0 时代的云计算，特别是公共云计算对产业的影响将从量变到质变。我认为，公共云将全面重塑整个 ICT 生态，向下定义数据中心、IT 设备，甚至是 CPU 等核心器件，向上定义软件与应用，横向承载数据与安全，纵向支撑人工智能的技术演进与应用创新。

对我国来说，发展云计算产业的战略意义重大。我认为，云计算已不仅仅是"IT 基础设施"，它将像电网、移动通信网、互联网、交通网络一样，成为"国家基础设施"，全面服务国家多项重大战略的实施与落地。

云计算是网络强国建设的重要基石。发展云计算产业，有利于我国实现 IT 全产业链的自主可控，提高信息安全保障水平，并推动大数据、人工智能的发展。

云计算是提升国家治理能力的重要工具。随着大数据、人工智能、物联网等技术应用到智慧城市、智慧政务建设中，国家及各城市的治理水平和服务能力大幅提升，这背后，云计算平台功不可没。

云计算将全面推动国家产业转型升级。云计算将支撑"中国制造 2025""互联网 +"战略，全面推动"两化"深度融合。同时，云计算也为创新创业提供了优质土壤，在"双创"领域，云计算已真正成为基础设施。

在 DT 时代，我认为计算及计算的能力是衡量一个国家科技实力和创新能力的重要标准。只有掌握计算能力，才具备全面支撑创新的基础，才有能力挖掘数据的价值，才能在重塑 ICT 生态过程中掌握主导权。

接下来的几年，云计算将成为全球科技和产业竞争的焦点。目前，我国的云计算产业具备和发达国家抗衡的能力，而我们对数据的认知、驾驭能力及对资源的利用开发和人力也是与发达国家等同的。因此，我们正处在一个"黄金窗口期"。

我一直认为，支撑技术进步和产业发展的最主要力量是人才，未来世界各国在云计算、大数据、AI 等领域的竞争，在某种程度上会转变为人才之争。因此，加强专业人才培养将是推动云计算、大数据产业发展的重要抓手。

由于是新兴产业，我国云计算、大数据领域的人才相对短缺。作为中国最大的云计算服务企业，阿里云希望能在云计算、大数据领域的人才培养方面做出努力，将我们在云计算、大数据领域的实践经验贡献到高校的教育中，为高校的课程建设提供支持。

与传统 IT 基础技术理论相比，云计算和大数据更偏向应用，而这方面恰恰是阿里云的优势。因此，我们与高校合作，优势互补，将计算机科学的理论和阿里云的产业实践融合起来，让大家从实战的角度认识、掌握云计算和大数据。

我们希望通过这套教材，把阿里云一些经过检验的经验与成果分享给全社会，让众多计算机相关专业学生、技术开发者及所有对云计算、大数据感兴趣的企业和个人，可以与我们一起推动中国云计算、大数据产业的健康快速发展！

胡晓明

阿里云总裁

前　言

近几年，云计算（Cloud Computing）迅速发展，从美国的亚马逊到我国的阿里云，国内外的云计算服务提供商提供了类型繁多、性价比高的 IT 服务模式，新的服务类型还在不断推出，并在各行各业得到了广泛应用。云计算是信息技术发展过程中的一次巨大变革，众多国家政府以及大型 IT 企业都制定了云计算发展战略规划，以引领或适应技术变革的趋势。

在云计算发展的同时，其安全问题也日益凸显。CSA（Cloud Security Alliance，云安全联盟）在 2016 年 2 月发布了《2016 年 12 大顶级云计算安全威胁》，指出了包括数据泄露、系统漏洞、拒绝服务、共享技术等在内的 12 项云安全威胁，云计算的安全问题逐渐成为制约其快速应用和发展的重要因素。

为了让读者全面了解云计算中的安全问题，本书从云计算的基本概念入手，由浅入深地分析了云计算中面临的安全威胁、云计算服务应具备的安全能力、如何安全地使用云计算服务，以及云安全的相关标准等。本书强调云计算的技术特点，系统介绍了云计算服务过程中提供方、使用方所关注的安全问题，并将理论与实践紧密结合。在本书撰写过程中，四川大学网络空间安全研究院与阿里云深度合作，共同探讨教材的大纲、内容，并同时面向研究生和高年级本科生授课，探索高校课程和教材建设的创新合作模式。本书是学术研究成果与企业实践的结合，关键技术章节配有基于阿里云平台的实验，"理论 + 实践"的模式使得读者能够更好地理解教材所阐述的关键知识点，通过动手实践让读者加深对理论知识的理解。

本书分为四个部分，包含 11 章，各个部分的内容组织安排如下：

第一部分（包括第 1 章和第 2 章）主要介绍云计算相关的基础知识。其中，第 1 章概述云计算的发展历程以及基本概念，并对云服务中的角色和责任进行了划分和界定，为读者后续的深入学习奠定基础。第 2 章从技术、管理以及法律法规三个方面分析了云计算的安全风险，并给出了进行云计算安全设计时需要考虑的原则。

第二部分（包括第 3~8 章）剖析云计算服务的安全能力、运维安全以及云安全技术的发展。其中，第 3 章讨论主机虚拟化带来的安全问题，详细分析其面临的虚拟机信息窃取、虚拟机逃逸、Rootkit 攻击等安全威胁及其对应的安全解决方案。第 4 章阐释网络虚拟化的安全问题，分析 IaaS 环境下网络安全域的划分与构建，并介绍阿里云的 VPC，最后提出两种针对虚拟网络的安全服务接入机制。第 5 章介绍云计算下的身份认证、授权管理以及操作审计。第 6 章根据云数据安全的生命周期，分析数据从创建到销毁各个阶段面临的安全问题以及对应的关键保护技术。第 7 章介绍云运维的基本内容，分析其相对于传统运维的区别以及应注意的问题。第 8 章结合下一代网络应该考虑的技术，介绍零信任模型、MSSP、APT 攻击防御、大数据安全分析等内容。

第三部分（包括第 9 章和第 10 章）介绍如何安全地使用云计算服务。其中，第 9 章针对云用户控制权弱化的问题，区分了云计算服务的角色并进行了责任划分，然后从用户的角度介绍云计算服务的使用过程。第 10 章结合不同应用场景介绍云安全解决方案。

第四部分（包括第 11 章）介绍当前云计算服务的安全标准和管理机制。第 11 章阐释国内外云计算服务的安全管理、云安全标准以及管理规范。

本书的层次结构清晰，内容循序渐进，可作为高等院校信息安全、计算机及其他信息学科云安全相关课程的教材，也可以作为广大云计算运维人员、云计算安全开发人员以及对云安全感兴趣的读者的参考书籍。作为教材时，可参考第 3 章到第 5 章的最佳实践进行课程实验，包括第 3 章云计算平台中的虚拟化主机安全管理，第 4 章 VPC 的相关实验，第 5 章身份管理、权限管理以及操作审计的实践等。本书为读者提供云安全问题的系统知识，并借助阿里云的实践使读者深入理解关键技术，提升读者对云安全理论的掌握和应用能力。

本书由陈兴蜀主持编写，第 1~2 章和第 11 章由陈兴蜀编写，第 3 章、第 6 章由曾雪梅编写，第 4~5 章和第 8 章由葛龙编写，第 7 章由罗永刚编写，第 9 章由王海舟编写，第 10 章由王文贤编写。本书在写作的过程中得到了四川大学网络空间安全研究院师生的大力支持，王毅桐、金鑫、邵国林、杨露、陈广瑞、苑中梁、车奔、陈佳昕、赵成、陈蒙蒙、赵丹丹、王煜骢、王伟、王小艳、滑强、李敏毓、马晨曦等进行了大量的工作，没有他（她）们的支持与帮助，很难完成本书编写工作。

本书是教育部 – 阿里云产学合作专业综合改革项目的规划教材，同时获得四川大学研究生课程建设项目的支持。

感谢阿里云团队对本书编写给予的大力支持，李姝芳、苏建东、杨宁、李俊、李兰柱、董斌雁、安忍、王晓斐、邬怡、杨宁、肖力等阿里云的专家为本书的编写提供了大量帮助，尤其在讨论书稿内容、提出重要建议、申请阿里云平台资源、提供参考资料等方面给予了重要支持。

同时还要感谢机械工业出版社华章分社朱劼编辑和出版团队的辛勤工作。

本书仅代表作者及研究团队对于云计算安全的观点，由于水平有限，书中难免存在不准确或不足之处，恳请读者批评指正，以便后续改进和完善。

编者

2017 年 5 月

目　　录

第四部分 云计算的安全标准和管理机制

云安全基础

第 1 章

云计算基础

网络基础设施，特别是宽带的普及，使得网络逐渐变得和水、电、煤气一样，成为标准的基础设施。全球经济一体化发展、企业 IT 的成熟和计算能力提升、社会需求的膨胀、商业规模的扩大，以及全球产业从制造型向服务型、创新型转变，推动了云计算的产生与发展。云计算并非来自学术理论，而是直接产生于企业需求，它更关心如何扩展系统、如何方便 IT 管理。云计算的最终目标是将计算、服务和应用作为一种公共设施提供给公众，使人们能够像使用水、电、煤气和电话那样使用计算资源。

时代的需要为云计算提供了良好的发展机遇。云计算从产生到发展仅仅十余年，众多的企业或组织，从全球企业、政府机构、非营利组织到小型初创公司，出于各种原因，都积极地采用了这项技术，通过部署云系统来为客户提供存储、备份、数据、计算、应用等各种服务。

云计算已经成为当前 IT 产业的一个重要热点。那么到底什么是云计算？云计算的产生、发展、概念、模式又是什么？为此，本章将首先介绍云计算的相关基础知识，包括云计算的起源与发展、主要参与的厂商与社区，接下来介绍云计算中的基本概念、术语以及云计算的主要特性、服务模式和部署模式等，使读者对云计算有初步了解。

1.1 云计算的发展历程

云计算的出现是技术和计算模式不断发展和演变的结果。云计算的基础思想可以追溯到半个世纪以前。1961 年，MIT（美国麻省理工学院）的教授 John McCarthy 提出"计算力"的概念，认为可以将计算资源作为像电力一样的基础设施按需付费使用；1966 年，Douglas Parkhill 在《计算机工具的挑战》（The Challenge of the Computer Utility）一书中对现今云计算的几乎所有特点，如作为公共设施供应、弹性供应、实时供应以及具备"无限"供应能力等，甚至云计算的服务模式，如公共模式、私有模式、政府以及社团模式，进行了详尽的讨论。

几十年来，计算模式的发展经历了早期的单主机计算模式、个人计算机普及后的 C/S（客户机 / 服务器）模式、网络时代的 B/S（浏览器 / 服务器）模式的变迁，如今大量的软件以服务的形式通过互联网提供给用户，传统的 IDC（Internet Data Center，互联网数据中心）逐渐不能满足新环境下业务的需求，于是云计算应运而生。

1.1.1　云计算的起源与发展

　　1996 年，在康柏公司的一份内部文件中首次提到了现代意义上的"云计算"概念，但是云计算概念的流行却是在 10 年之后。2006 年，谷歌推出了" Google 101 计划"，并正式提出"云"的概念和理论。该计划基于谷歌员工比希利亚的设想，初衷是设置一门课程，着重引导学生们进行"云"系统的程序开发。随着计划的不断发展，2007 年 10 月，谷歌、IBM 联合了美国 6 所知名大学帮助学生在大型分布式计算系统上进行开发，当时的 IBM 发言人就指出这种所谓的"大型分布式计算系统"就是云计算，明确将云计算作为一个新概念提出。由于当年谷歌和 IBM 在信息技术领域处于领军地位，使得云计算的概念刚被提出就立刻有大量的公司、传统 IT 技术人员和媒体追逐，甚至在云计算的概念中提出一系列的 IT 创新。图 1-1 给出了目前已知最早使用"云计算"概念的文件。

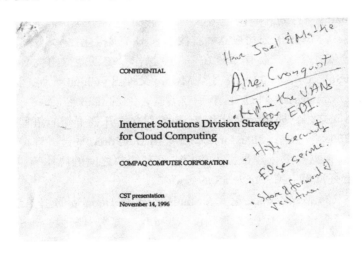

图 1-1　目前已知最早使用的"云计算"概念的文件

　　相比于谷歌和 IBM，亚马逊在当年的影响力有限，虽然它在 2006 年就发布了云计算产品 Amazon Elastic Compute Cloud（EC2），但在业界并未引发太大的关注，因为 EC2 产品作为商业项目对云计算概念的普及并不像 IBM-Google 的项目那么明显。随着 2007 年 10 月 IBM-Google 并行计算项目的提出让云计算概念迅速普及，客户渴望得到商用云计算服务，EC2 恰逢其时，因为此时 EC2 已是一个相当商业化的云计算产品了，并且拥有完善的云计算服务，于是短时间内亚马逊在云计算乃至信息技术领域声名鹊起，由此奠定了亚马逊在云计算领域的领军位置。

　　随后进入云计算的飞速发展时期，一大批优秀的 IT 企业积极投入到云计算行业中，带来了一大批优秀的云计算产品和解决方案，如 IBM 的蓝云计划、亚马逊的 AWS、微软的 Azure 等，与此同时也有一批开源项目（如 OpenStack、CloudStack 等）也加入到云计算的"大家庭"，为云计算行业开启了一个百花齐放的新时代。

　　近几年，中国在云计算领域也有了长足的进步，涌现了如阿里云、青云、华为云、天翼云等优秀的公有云解决方案。由中国信息通信研究院发布的《中国公共云服务发展调查报告》显示，公有云服务市场规模正在以每年 40% 左右的增幅增长，企业的"云"化趋势愈加显著，云计算的大潮正以不可阻挡之势向前推进。

　　云计算相关技术的具体发展历程及重大标志性事件如下：

　　1959 年 6 月，Christopher Strachey 发表了有关虚拟化的论文，而虚拟化是现在云计算架构的基石。

　　1961 年，John McCarthy 提出"计算力"的概念，以及通过公用事业销售计算机应用的思想。

　　1984 年，Sun 公司的联合创始人 John Gage 将分布式计算技术带来的改变描述为"网络就是计算机"，而现在云计算正在将该理念变成现实。2006 年，该公司推出了基于云计算理论的"BlackBox"计划，旨在以创新的系统改变整个数据中心环境。2008 年 5 月，Sun 公司又宣布推出"Hydrazine"计划。

　　1998 年，威睿（VMware）公司成立并首次引入 x86 虚拟化技术。x86 虚拟化技术是指在 x86 的系统中使一个或几个客户操作系统在一个主操作系统下运行的技术。2009 年 4 月，该公司推出 VMware vSphere 4。2009 年 9 月，VMware 又推出 vCloud 计划，以构建全新云服务。

　　1999 年，Marc Andreessen 创建了第一个商业化的 IaaS 平台——LoudCloud。同年 Salesforce.com 公司成立，它提出云计算和 SaaS 的理念，开创了新的里程碑，宣布"软件终结"革命的开始。2008 年 1 月，Salesforce.com 推出 DevForce 平台，旨在帮助开发人员创建各种商业应用，例如根据需要创建数据库应用、管理用户之间的协作等，Sales force.com 推出的 Force.com 平台是世界上第一个 PaaS 的应用。

　　2004 年，谷歌发布 MapReduce 论文，MapReduce 是 Hadoop 的主要组成部分。2006 年 8 月，"云计算"的概念由谷歌行政总裁 Eric Schmidt 在搜索引擎大会（SES San Jose 2006）上首次提出。2008 年，Doug Cutting 和 Mike Cafarella 实现了 MapReduce 和 HDFS，在此基础上，Hadoop 成为优秀的分布式系统的基础架构。

　　2005 年，亚马逊公司宣布推出 AWS（Amazon Web Service）云计算平台。AWS 是一组允许通过程序访问亚马逊的计算基础设施的服务。次年又推出了在线存储服务 S3（Simple Storage Service）和弹性计算云 EC2（Elastic Compute Cloud）等云服务。2007 年 7 月，该公司推出简单队列服务（Simple Queue Service，SQS），SQS 是所有基于 Amazon 网格计算的基础。2008 年 9 月，亚马逊公司与甲骨文公司合作，使得用户可以在云中部署甲骨文软件和备份甲骨文数据库。

　　2007 年 3 月，戴尔公司成立数据中心解决方案部门，为 Windows Azure、Facebook 和 Ask.com 三家公司提供云基础架构。2008 年 8 月，戴尔公司在美国专利商标局申请"云计算"商标，旨在加强对该术语的控制权。2010 年 4 月，戴尔又推出 PowerEdgeC 系列云计算服务器和相关服务。

　　2007 年 11 月，IBM 公司推出"蓝云"（Blue Cloud）计划，旨在为客户带来即刻使用的云计算。2008 年 2 月，IBM 公司宣布在中国无锡产业园建立第一个云计算中心，该中心将为中国新兴软件公司提供接入虚拟计算环境的能力。同年 6 月，IBM 公司宣布成立 IBM 大中华区云计算中心。2010 年 1 月，又与松下公司合作达成了当时全球最大的云计算交易。

2008 年 2 月，EMC 中国研发集团正式成立云架构和服务部，该部门联合云基础架构部和 Mozy、Pi 两家公司，共同形成 EMC 云战略体系。同年 6 月，EMC 中国研发中心加入道里可信基础架构项目，该项目主要研究云计算环境下信任和可靠度保证的全球研究协作，主要成员还有复旦大学、华中科技大学、清华大学和武汉大学四所高校。

2008 年 7 月，云计算试验台 Open Cirrus 推出，它由 HP、Intel 和 Yahoo 三家公司联合创建。

2008 年 9 月，思杰公司公布云计算战略并发布新的思杰云中心产品系列（Citrix Cloud Center，C3），它整合了经云验证的虚拟化产品和网络产品，可支持当时大多数大型互联网和 Web 服务提供商的业务运作。

2008 年 10 月，微软公司的 Windows Azure Platform 公共云计算平台发布，开始了微软公司的云计算之路。2010 年 1 月，与 HP 公司合作一起发布了完整的云计算解决方案。同月，微软公司又发布 Microsoft Azure 云平台服务，通过该平台，用户可以在微软公司管理的数据中心的全球网络中快速生成、部署和管理应用程序。

2008 年，亚马逊、谷歌和 Flexiscale 等公司的云服务相继发生宕机故障，引发业界对云计算安全的讨论。

2009 年 1 月，阿里巴巴集团旗下子公司阿里软件在江苏南京建立首个"电子商务云计算中心"，该中心与杭州总部的数据中心一起协同工作，形成规模能够与谷歌匹敌的服务器集群"商业云"体系。

2009 年 3 月，思科公司发布集存储、网络和计算功能于一体的统一计算系统（Unified Computing System，UCS），又在 5 月推出了云计算服务平台，正式迈入云计算领域。同年 11 月，思科与 EMC、VMware 建立虚拟计算环境联盟，旨在让用户能够快速地提高业务敏捷性。2011 年 2 月，思科系统正式加入 OpenStack，该平台由美国航空航天局（National Aeronautics and Space Administration，NASA）和托管服务提供商 Rackspace Hosting 共同研发，使用该平台的公司还有微软、Ubuntu、戴尔和超微半导体公司（Advanced Micro Devices，AMD）等。

2009 年 11 月，中国移动启动云计算平台"大云"（Big Cloud）计划，并于次年 5 月发布了"大云平台" 1.0 版本。"大云"产品包括五部分：分布式海量数据仓库、弹性计算系统、云存储系统、并行数据挖掘工具和 MapReduce 并行计算执行环境。

2010 年 4 月，Intel 公司在 Intel 信息技术峰会（Intel Developer Forum，IDF）上提出互联计算，目的是让用户从 PC（客户端）、服务器（云计算）到移动、车载、便携等所有个性化互联设备获得熟悉且连贯一致的个性化应用体验，Intel 公司此举的目的是试图用 x86 架构统一嵌入式、物联网和云计算领域。

2010 年 7 月，美国太空总署联合 Rackspace、AMD、Intel、戴尔等厂商共同宣布"OpenStack"开源计划。

2011 年 6 月，美国电信工业协会制定了云计算白皮书，分析了一体化的挑战和云服务与传统的美国电信标准之间的机会。

2015 年 10 月，阿里巴巴集团董事局主席马云和 CEO 张勇在年报致投资者的公开信中表示，全球化、农村经济和大数据云计算将成为阿里未来十年的发展大方向。

1.1.2   云计算的主要厂商与社区

云计算的高速发展离不开优秀企业和开源社区的推动，接下来就简单介绍一下参与云计算发展过程的企业和社区。

目前参与云计算的厂商主要包括传统的 IT 硬件厂商、互联网企业转型的云计算服务提供商和拥有强大研发实力的软件厂商，以下将对应介绍三个典型代表企业。

IBM 作为行业中的佼佼者，拥有强大的技术研发力量和商业客户基础，可以为用户提供从底层存储、服务器、交换机等硬件到应用层软件（例如 Lotus Domino，Tivoli Storage，DB2 等应用软件）的整套解决方案，凭借多年硬件研发和运营大型数据中心的经验，IBM 在云计算的潮流中占有了一席之地。

亚马逊一开始是一家互联网服务提供商，但早在 2006 年就建立了自己的弹性计算云 EC2，作为最早提供云计算平台服务的公司，亚马逊积累了大量的云计算技术，在云计算领域异军突起，成为最大的云计算服务提供商。

与上述两家企业不同，VMware 作为全球最大的虚拟化软件提供商，拥有成熟的虚拟化解决方案，而虚拟化技术是云计算发展最关键的技术之一，虽然它自己不提供云服务，但是其提供的 VMware vSphere 是业界领先且可靠的虚拟化平台，为云计算平台提供了可靠的底层保障。

随着企业在云平台项目上的拓展，一些开源云计算项目也不断出现，如 OpenNebula、OpenStack、CloudStack 等。

与后两者相比，OpenNebula 更像是一款为云计算打造的开源工具集，配合 KVM、XEN 或者 ESXi 一起建立和管理私有云，同时也可以与 Amazon EC2 相配合来管理混合云。

OpenStack 是一个开源的云计算管理平台项目，它旨在为云的建设和管理过程提供软件。目前，OpenStack 社区有近 4 万名开发者，近 600 家企业参与到 OpenStack 代码的提交和更新当中，用户只需要将 OpenStack 作为基础设施即服务（IaaS）资源的通用前端即可实现对自己云环境的创建和管理，这大大简化了云环境的部署过程，并为其带来良好的可扩展性。

CloudStack 也是一个开源的云操作系统，它可以帮助用户利用自己的硬件提供类似于 Amazon EC2 的公共云服务，通过协调用户的虚拟化资源为用户搭建一个完整的云计算环境。与此同时，CloudStack 兼容 Amazon API，这使得用户可以在现有的架构上建立自己的云服务并帮助用户协调服务器、存储和网络资源，完成一个 IaaS 平台的构建。

1.2   云计算的基本概念

1.2.1   云计算的定义与术语

云计算本身是一个非常抽象的概念，要准确地为其进行定义并不是一件容易的事。国内外的公司、标准组织和学术机构对它的定义也不尽相同。

1）亚马逊将云计算定义为：通过互联网以按使用量定价方式付费的 IT 资源和应用程序的按需交付。

2）IBM 的定义为：①一种新的用户体验和业务模式。云计算是一种新出现的计算模式，它是一个计算资源池，并将应用、数据及其他资源以服务的形式通过网络提供给最终用户。②一种新的架构管理方法。云计算采用一种新的方式来管理大量的虚拟化资源，从管理的角度来看云计算，它可以是多个小的资源组装成大的资源池，也可以是大型资源虚拟化成多个小型资源，而最终目的都是提供服务。

3）微软的定义为：云计算就是通过标准和协议，以实用工具形式提供的计算功能。

4）美国加州大学伯克利分校在《伯克利云计算白皮书》中对云计算的定义为：云计算是互联网上的应用服务，以及在数据中心提供这些服务的软硬件设施。互联网上的应用服务一直被称作"软件即服务"，而数据中心的软硬件设施就是所谓的"云"。

5）美国国家标准技术研究所 NIST 对云计算的定义是：云计算是一种资源利用模式，它能以方便、友好的方式通过网络按需访问可配置的计算机资源池（例如网络、服务器、存储、应用程序和服务），并以最小的管理代价快速提供服务。

6）我国相关部门在参考了国际组织和其他国家相关标准和法规后，于 2014 年发布国家标准 GB/T 31167—2014《信息安全技术　云计算服务安全指南》，其中对云计算进行了如下定义：

"以按需自助获取、管理资源的方式，通过网络访问可扩展的、灵活的物理或虚拟共享资源池的模式。"（注：资源实例包括服务器、操作系统、网络、软件、应用和存储设备等。）

该标准也对云计算涉及的相关术语进行了定义：

- **云计算服务**：使用定义的接口，借助云计算提供一种或多种资源的能力。
- **云服务商**：提供云计算服务的参与方。云服务商管理、运营、支撑云计算的计算基础设施及软件，通过网络交付云计算的资源。
- **客户**：为使用云计算服务同云服务商建立商业关系的参与方。
- **第三方评估机构**：独立于云计算服务相关方的专业评估机构。
- **云基础设施**：由硬件资源和资源抽象控制组件构成的支撑云计算的基础设施。硬件资源指所有的物理计算资源，包括服务器（CPU、内存等）、存储组件（硬盘等）、网络组件（路由器、防火墙、交换机、网络链接和接口等）及其他物理计算基础元素。资源抽象控制组件对物理计算资源进行软件抽象，云服务商通过这些组件提供和管理对物理计算资源的访问。
- **云计算平台**：云服务商提供的云基础设施及其上的服务软件的集合。
- **云计算环境**：云服务商提供的云计算平台，及客户在云计算平台之上部署的软件及相关组件的集合。

1.2.2　云计算的主要特性

GB/T 31167—2014《信息安全技术　云计算服务安全指南》中描述了云计算的五个特性。

1. 按需自助服务

在不需或仅需较少云服务商人员参与的情况下，客户能根据需要获得所需计算资源，如自主确定资源占用时间和数量等。比如对于 IaaS 服务，客户可以通过云服务商的网站自助选择需要购买的虚拟机数量、每台虚拟机的配置（包括 CPU 数量、内存容量、磁盘空间、对外网络带宽等）、服务使用时间等。

2. 泛在接入

客户通过标准接入机制，利用计算机、移动电话、平板等各种终端通过网络随时随地使用服务。对客户来讲，云计算的泛在接入特征使客户可以在不同的环境（如工作环境或非工作环境）下访问服务，增加了服务的可用性。

3. 资源池化

云服务商将资源（如计算资源、存储资源、网络资源等）提供给多个客户使用，这些物理的、虚拟的资源根据客户的需求进行动态分配或重新分配。

构建资源池也就是通过虚拟化的方式将服务器、存储、网络等资源组织成一个巨大的资源池。云计算基于资源池进行资源的分配，从而消除物理边界，提升资源利用率。云计算资源在云计算平台上以资源池的形式提供统一管理和分配，使资源配置更加灵活。通常情况下，规划和购置 IT 资源都是满足应用峰值以及五年计划需求的条件，导致实际运行过程中资源无法充分使用、利用率低，而云计算服务则有效地降低了硬件及运行维护成本。同时，客户使用云计算服务时不必了解提供服务的计算资源（如网络带宽、存储、内存和虚拟机）所在的具体物理位置和存在形式。但是，客户可以在更高层面（如地区、国家或数据中心）指定资源的位置。

4. 快速伸缩性

客户可以根据需要快速、灵活、方便地获取和释放计算资源。对于客户来讲，这种资源是"无限"的，能在任何时候获得所需资源量。

云服务商能提供快速和弹性的云计算服务，客户能够在任何位置和任何时间，获取需要数量的计算资源。计算资源的数量没有"界限"，客户可根据需求快速向上或向下扩展计算资源，没有时间限制。从时间代价上来讲，在云计算服务上，可以在几分钟之内实现计算能力的扩展或缩减，可以在几小时之内完成上百台虚拟机的创建。

5. 服务可计量

云计算可按照多种计量方式（如按次付费或充值使用等）自动控制或量化资源，计量的对象可以是存储空间、计算能力、网络带宽或活跃的账户数等。

该特性一方面可以指导资源配置优化、容量规划和访问控制等任务；另一方面可以监视、控制、报告资源的使用情况，让云服务商和客户及时了解资源使用明细，增加客户对云计算服务的可信度。

1.2.3 服务模式

根据云服务商提供的资源类型不同，云计算的服务模式主要分为三类。

1. 软件即服务

软件即服务（Software-as-a-Service，SaaS）是指云服务商将应用软件功能封装成服务，使客户能通过网络获取服务。云服务商负责软件的安装、管理和维护工作，客户可对软件进行有限的配置管理。客户无需将软件安装在自己的电脑或服务器上，而是按某种服务水平协议（SLA）通过网络获取所需要的、带有相应软件功能的云计算服务。例如，客户通过云计算服务向用户提供典型的办公软件或邮件等，终端用户使用软件应用，软件应用的管理者可以配置应用，客户可以按需使用软件和管理软件的数据（如数据备份和数据共享）。如 Saleforce 公司提供的在线客户关系管理（CRM）服务。

SaaS 供应商的主要职责如下：其一，确保提供给客户的软件能获得稳定的技术支持和测试；其二，确保应用是可扩展的，足以满足不断上升的大工作负载；其三，确保软件运行在一个安全的环境中，因为很多客户将有价值的数据存储在云端，这些信息也许是私人或商业机密。

2. 平台即服务

平台即服务（Platform-as-a-Service，PaaS）是指云服务商为客户提供软件开发、测试、部署和管理所需的软硬件资源，能够支持大量客户，处理大数量的数据。在这种服务模式中，PaaS 提供整套程序设计语言关联的 SDK 和测试环境等，包括开发和运行时所需的数据库、Web 服务、开发工具和操作系统等资源，客户利用 PaaS 平台能够快速创建、测试和部署应用和服务。PaaS 提供的工具包和服务可以用于开发各种类型的应用，从而可以支撑对外提供 SaaS 服务。PaaS 的客户包括应用软件的设计者、开发者、测试人员（在云计算环境运行应用）、实施人员（在云计算环境完成应用的发布，管理多版本的应用冲突）、应用管理者（在云计算环境配置、协调和监管应用）。

典型的 PaaS 包括 Google App Engine 和 Microsoft Windows Azure。PaaS 负责资源的动态扩展、容错管理和节点间配合，但用户的自主权会相应地降低，必须使用特定的编程环境并遵照特定的编程模型。例如，Google App Engine 只允许使用 Python 和 Java 语言、基于 Django 的 Web 应用框架、调用 Google App Engine SDK 来开发在线应用服务。

3. 基础设施即服务

基础设施即服务（Infrastructure-as-a-Service，IaaS）是指云服务商将计算、存储和网络等资源封装成服务供客户使用，无论是普通客户、SaaS 提供商还是 PaaS 提供商都可以从基础设施服务中获得所需的计算资源，客户无需购买 IT 硬件。典型的 IaaS 服务有亚马逊的 EC2 和简单存储服务 S3。相比于传统的客户自行购置硬件的使用方式，IaaS 允许客户按需使用硬件资源，并按照具体使用量计费。从客户角度看，IaaS 的计算资源规模大，客户能够申请的资源几乎是"无限的"；从云服务商的角度看，IaaS 能同时为多个客户提供服务，因而具有更高的资源利用率。通常情况下，可以根据 CPU 使用小时数、占用的网络带宽、网络设施（如 IP 地址）使用小时数和是否使用增值服务（如监控、服务自动伸缩）等方式计量费用。

与 SaaS 和 PaaS 客户不同的是，IaaS 的客户承担了更多的责任。客户要管理虚拟机，承担操作系统管理的工作。使用 IaaS 服务的客户更容易实现与传统应用的交互和移植，能够更灵活、高效地租用计算资源。同时，客户也面临很多问题，例如，将传统的应用软件部署到

IaaS 的同时会引发传统软件系统的漏洞所带来的安全威胁；客户可以在 IaaS 上创建和维护多个不同状态的虚拟机（如运行、暂停和关闭），也要负责虚拟机安全的维护更新（原理上，云服务商可以代表客户对非活动态虚拟机进行安全状态的维护更新，而这种类型的更新机制很复杂）等工作。

1.2.4 部署模式

根据使用云计算平台的客户范围的不同，可以将云计算分成私有云、公有云、社区云和混合云等四种部署模式。

1. 私有云

私有云的特点是云基础设施为某个独立的组织或机构运营。云基础设施的建立、管理和运营既可以是客户自己，这种私有云称为场内私有云（或自有私有云），也可以是其他组织或机构，这种私有云称为场外私有云（或外包私有云）。与公有云相比，私有云可以使客户更好地控制基础设施。下面分别对场内私有云场景和场外私有云场景进行分析。

图 1-2 描述了场内私有云的部署场景。为有效控制云基础设施，客户可以控制云基础设施的安全访问边界。边界内的客户可以直接访问，边界外的客户只能通过边界控制器访问云基础设施。

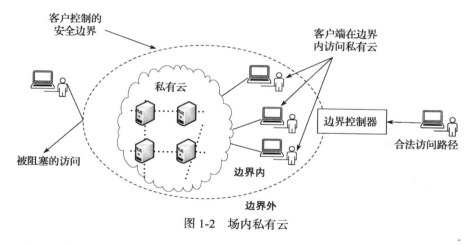

图 1-2 场内私有云

图 1-3 描述了场外私有云的部署场景。场外私有云具有两个安全边界，一个安全边界由云客户实现，另一个安全边界由云服务商实现。云服务商控制访问客户所使用的云基础设施的安全边界，客户控制客户端的安全边界。两个安全边界通过一条受保护的链路互联。场外私有云的数据和处理过程的安全依赖于两个安全边界以及边界之间的链接的强度和可用性。

2. 公有云

公有云是开放式服务，能为所有人提供服务（包括其潜在竞争对手）。公有云是指基础设施和计算资源通过互联网向公众开放的云服务。公有云的所有者和运营者是向客户提供服务的云服务商，而从其定义可以看出，该云服务商独立于客户所在的组织或机构。

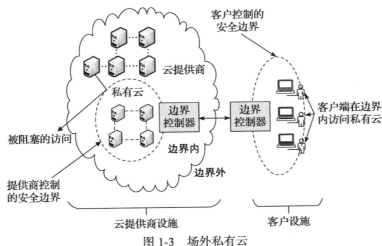

图 1-3 场外私有云

公有云主要分为以下几类：①免费向用户开放并通过广告支撑的服务，众所周知的就是搜索引擎和电子邮件服务。这些服务可能只限个人或非商业用途使用，且可能将用户的注册和使用信息与从其他来源获取的信息结合起来，向用户发送个性化广告。此外，这些服务可能不具备通信加密等保护措施。②需付费的服务。此类服务与第一类服务相似，但可以用低成本的方式为客户提供服务，因为服务提供条款都是没有商量余地的，且只能由云服务商单方面进行修改。此类服务的保护机制要超出第一类服务，且可由客户进行配置。③需付费且服务条款可由客户和云服务商进行协商的云计算服务。

图 1-4 描述了公有云场景，所有客户均能访问任何可用的云基础设施。

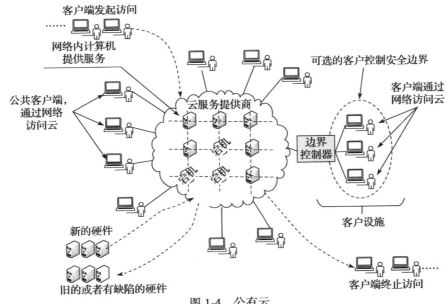

图 1-4 公有云

3. 社区云

社区云的特点是云基础设施由若干特定的客户共享。这些客户具有共同的特性（如任务、安全需求和策略等）。和私有云类似，社区云的云基础设施的建立、管理和运营既可以由一个客户或多个客户实施，也可以由其他组织或机构实施。

图 1-5 描述了场内社区云的部署场景，每个参与组织或机构可以提供云服务、使用云服务，或既提供云服务也使用云服务，但至少有一个社区云成员提供云服务。提供云计算服务的各个成员分别控制了一个云基础设施的安全边界和云计算服务的安全边界。使用社区云的客户可以在接入端建立一个安全边界。

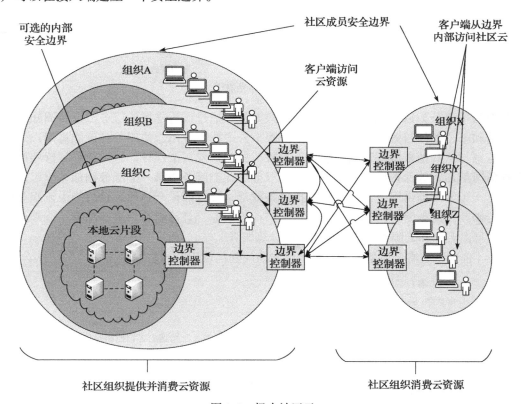

图 1-5 场内社区云

图 1-6 描述的场外社区云由一系列参与组织（包括云服务商和客户）构成，该场景与场外私有云类似：服务端的责任由云服务商管理，云服务商实现了安全边界，防止社区云资源与其他供应商安全边界以外的云资源混合。与场外私有云相比，一个明显的不同之处在于云服务商可能需要在参与组织之间实施恰当的共享策略。

4. 混合云

混合云的特点是云基础设施由两种或者两种以上相对独立的云（私有云、公有云或社区云）组成，并用某种标准或者专用技术绑定在一起，这使数据和应用具有可移植性。因为混合云由两个或多个云（私有云、社区云或公有云）组成，所以会比其他的部署模型更为复杂。每个成员依然是独立的个体，通过标准技术或专有技术与其他成员绑定，从而实现应用和数据在成员间的可移植性。

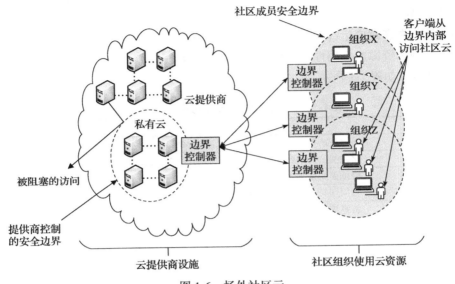

图 1-6　场外社区云

1.3　云计算的应用案例

本节将对政府、金融和医药行业的云计算应用案例进行介绍，分析云计算服务的特点。

1.3.1　政府部门

美国高速公路安全管理局（NHTSA）负责执行汽车补贴置换政策（对旧机动车升级换代进行政府补助）并主持该业务系统的建设，选择在传统数据中心内架设 IT 系统并配备专门设计的商业应用系统。该局预测 4 个月内可能有 25 万交易申请，但从 2009 年 7 月系统投产后仅 90 天该系统就处理了将近 69 万个交易。该系统从第一笔交易受理的三天内就出现超负荷情况，导致大量交易无法处理和多次系统瘫痪情况发生。联邦政府为建设该系统拨付的 10 亿美元专项资金在系统上线后 1 周内几乎用完。为此，两天后联邦政府紧急额外拨款 20 亿美元，用于对该系统按照初期测算交易量 3 倍进行扩容，并耗费众多时日才得以完成。

上面的例子是美国联邦政府当时的 IT 应用环境的写照，由于普遍存在资源利用率低、资源需求分裂、信息系统重复建设、系统环境管理难、采购部署时间过长等问题，影响了联邦政府向公众提供服务的能力。为改变上述局面，美国政府对云计算模式进行研究和规划，发布了《美国联邦政府云计算战略白皮书》（Federal Cloud Computing Strategy），大幅提高了对云计算模式的关注、研究、管理和应用的力度。

美国联邦政府前首席信息官 Vivek Kundra 表示，使用云计算能够提升、恢复首席信息官的本职职能，从"过去的关注数据中心、网络运行、系统安全等工作中解脱出来，转变为关注国家面临的问题，例如健康、教育和信息鸿沟等"。另外，云计算将优化联邦政府数据设施环境配置，可通过对现有 IT 基础设施进行虚拟和整合，使政府部门减少在各自数据中心运行维护 IT 系统的支出。研究显示，云计算拥有巨大潜能来解决政府面临的旧有信息系统建设和应用的弊端，提高政府运行效率，帮助政府机构实现提供高可靠性的、革新的服务方式的需求，不必受制于资源的可用性。从效率、弹性和创新三个方面，云计算具有传统数据中心无法比拟的优势，如表 1-1 所示。

表 1-1 云计算相较于传统数据中心的优势

方　面	优　势
效率	可将资产使用率从低于 30% 提高到 60% ~ 70%
	将割裂的需求和系统建设转变为整合的系统需求和系统建设计划
	降低面向众多系统的管理难度，提高管理效率
弹性	将周期长、投资大的新信息系统建设转变为按需、按量使用和付费的方式
	将系统扩容的时间从数个月降低到近乎实时增减系统容量
	增强对信息系统紧急需求的快速响应能力
创新	将工作重点从管理资产转变为管理服务，减轻进行资产管理的沉重负担
	将较为保守的政府文化转变为鼓励、融合企业和行业创新技术的文化

在 2016 年，经 FedRAMP（The Federal Risk and Authorization Management Program，联邦风险和授权管理项目）认证授权的云服务产品数量以指数方式增长，新增加了 72 项云服务，同比增长 80%；新认证了 345 项操作授权，同比增长 56%。所有的 24 个首席财务官法案机构都正在使用 FedRAMP 认证授权的云服务。截至 2017 年 2 月，美国联邦政府采购使用云计算服务的机构已达 103 家，云计算在美国真正实现了政府层面的应用。

1.3.2　金融行业

怡安集团（AON Corporation）为美国上市公司，是全球 500 强企业。该集团使用云计算来进行客户关系管理，这是对传统计算和云计算的风险进行深入分析和对比后做出的选择。传统计算方式造成的信息竖井和孤立架构所导致的管理困难、信息不一致、实效性低等给企业带来了巨大的操作风险；另一方面，传统方式下信息与数据分布式存储和保存，复杂度高、可用性低，对于信息和数据安全性缺乏统一的、可执行的电子数据安全等级管理体系，电子数据与信息存在潜在外泄风险，内部的安全管理漏洞更加难以防范，导致客户信息与数据更易泄露或不当使用。现在选用云计算方式，通过保密协议与服务等级协议规范云计算服务提供商达到特定的数据信息安全等级要求，实现数据云端存储以及尽量减少人为参与、干预环节，达到对数据特别是敏感数据的安全保护要求。同时，信息的云端集中式存储还有利于隐私保护和遵从反洗钱法案等法律法规的要求，提高信息、数据的合规性。安全认证、授权、加密、数据漂白、审计等安全技术的发展及其在云计算服务特别是在网络传输、云数据处理、云存储上的应用，提升了客户信息和业务数据的安全性与合规性。

与大家通常认为的恰恰相反，云计算比传统计算在总体上更安全、更可靠、风险更低，更有利于降低企业的运营风险。这也是为什么一家以控制风险为主业的公司，要选择云服务模式而不是传统 CRM 软件包的模式来管理全公司客户关系的原因。

1.3.3 医药行业

创建于 1876 年的礼来公司（Eli Lilly and Company）现已发展成为全球十大制药企业之一，跻身世界 500 强企业。目前，礼来公司使用 Google、Amazon Web Service、Alexa and Drupal 等公司的解决方案实现快速安装、部署新的计算资源。通过转变和整合，礼来公司成倍减少了部署新计算资源的时间，让该公司研发新药品项目的启动时间大幅度减少，进而缩减新药品上市的时间。礼来公司使用 Amazon 的 EC2 集群的情况为：3809 个计算单元，每个计算单元配备 8 核处理器、7GB 内存，整个集群共有 30 472 核处理器、26.7TB 内存、2PB 磁盘空间。使用该集群能够为该公司提供强大的计算能力，而费用为每小时 1279 美元。若公司采用自行建设方式建设上述系统资源和基础设施，巨额的资金投入和耗时的建设周期是企业无法承受的，即使建成，也将面临资源浪费和闲置的问题。相比之下，礼来公司运用云计算服务，将固定支出模式转为浮动支出模式，削减了 IT 固定资产和相关费用的投入，同时满足了及时获取强大计算能力的要求。

1.3.4 12306 网站

2015 年春运火车票售卖量创下历年新高，而铁路 12306 售票网站却并没有出现明显的卡滞，采用云计算技术是关键原因。经分析，余票查询环节的访问量占 12306 网站近乎九成流量，也是往年造成网站拥堵的最主要原因之一。同阿里云合作后，12306 网站把余票查询系统从自身后台分离出来，在云上独立部署了一套余票查询系统。把高频次、高消耗、低转化的余票查询环节放到云端，而将下单、支付这种"小而轻"的核心业务留在 12306 原有的后台系统上，这样的思路为系统减负不少。

1.4 小结

云计算是一种计算资源的新型应用模式，客户以购买服务的方式，通过网络获得计算、存储、软件等不同类型的资源，仅需较少的使用成本即可获得优质的 IT 资源和服务，避免了前期基础设施建设的大量投入。云计算技术已经成为当前的研究热点。通过本章的学习，你可以对云计算的发展、云计算的基本概念有一定的了解。

云计算给客户带来灵活性和经济效益的同时也引入了新的安全风险。在学习和应用云计算技术的同时，了解云计算存在的安全问题和面临的安全风险，以及提高云计算的安全性的相关技术是非常必要的。本书后续的章节将分析云计算面临的安全风险，并从多个角度深入剖析云计算安全技术。

1.5 参考文献与进一步阅读

［1］ 蒋永生，彭俊杰，张武．云计算及云计算实施标准：综述与探索［J］．上海大学学报（自然科学版），2013（01）：5-13.

［2］ 骆祖莹．云计算安全性研究［J］．信息网络安全，2011（06）：33-35.

［3］ 刘黎明．云计算起源探析［J］．电信网技术，2010（09）：8-11.

［4］ 马云致投资者公开信：大数据云计算是阿里未来十年核心战略之一［EB/OL］．https://yq.aliyun.com/articles/80931.

［5］ 王惠莅，上官晓丽．SC27 云计算安全国际标准制定进展［J］．保密科学技术，2015（04）：38-42.

［6］ 汪芳，张云勇，房秉毅．云计算生态环境和产业监管探讨［J］．电信网技术，2011（05）：47-51.

［7］ 云计算 HOLD 住了谁？［EB/OL］．http://blog.sina.com.cn/s/blog_59e64c8e0102dt9o.html.

［8］ 陈康，郑纬民．云计算：系统实例与研究现状［J］．软件学报，2009（05）：1337-1348.

［9］ 孙少陵，罗治国，徐萌．云计算点亮网络智慧［J］．世界电信，2009（09）：60-63.

［10］ 孙鸿靖，白洁，马海兵．计算模式的创新——云计算［J］．中国科技信息，2010（19）：76-77.

［11］ 邵泽云，刘正岐．云计算关键技术研究［J］．信息安全与技术，2014（04）：24-25.

［12］ 斯琴其木格．云计算概念的产生、定义、原理及前景分析［J］．赤峰学院学报（自然科学版），2011（12）：30-31.

［13］ 刘琦琳．区域云计算平台：云计算的落脚点［J］．互联网周刊，2010（12）：62-63.

［14］ 廖志涛．云计算环境下面向数据密集型应用的数据布局探究［J］．数字技术与应用，2011（08）：210.

［15］ 冀勇庆．云的战争［J］．IT 经理世界，2010（06）：39-41.

［16］ 孙定．云计算必然性的经典论证［N］．计算机世界，2011-01-17（002）．

［17］ 云计算服务应用案例介绍和分析［J］．物联网技术，2012（02）：20-24.

［18］ 贾一苇，赵迪，蒋凯元，栾国春．美国联邦政府云计算战略［J］．电子政务，2011（07）：2-16.

云计算安全风险分析

随着云计算的普及，安全问题逐渐成为制约其发展的重要因素。云计算技术将计算资源、存储资源和网络资源等转化成为一种共享的公共资源，这使得 IT 资产透明度和用户对资产的控制性降低，因此用户在采用云计算服务时会产生诸多安全顾虑。因此，要推动云计算技术发展，让用户放心地将数据和业务部署或迁移到社会化云计算平台，并交付给云服务提供商管理，就必须全面分析并着手解决云计算所面临的各种安全风险。本章将从云计算面临的技术风险、管理风险和法律法规风险几个方面分析云计算安全风险，并给出云计算安全设计时需要考虑的原则。

2.1 云计算面临的技术风险

云计算服务模式将硬件、软件甚至应用交给经验丰富的云服务商来管理，客户通过网络来享受云服务商提供的服务，并可按需定制、弹性升缩、降低成本。但是，传统信息技术所面临的安全风险依然威胁着云计算的安全，并且云计算所使用的核心技术在带来诸多新特性的同时也带来了一些新的风险。

2.1.1 物理与环境安全风险

物理与环境安全是系统安全的前提。信息系统所处的物理环境的优劣直接影响信息系统的安全，物理与环境安全问题会对信息系统的保密性、完整性、可用性带来严重的安全威胁。

物理安全是保障物理设备安全的第一道防线。物理安全会导致系统存在风险。例如，环境事故有可能造成整个系统毁灭；电源故障造成的设备断电会造成操作系统引导失败或数据库信息丢失；设备被盗、被毁会造成数据丢失或信息泄露；电磁辐射可能造成数据信息被窃取或偷阅；报警系统的设计不足或失灵可能造成一些事故等。

环境安全是物理安全的基本保障，是整个安全系统不可缺少和忽视的组成部分。环境安全技术主要是指保障信息网络所处环境安全的技术，主要技术规范是对场地和机房的约束，强调对于地震、水灾、火灾等自然灾害的预防措施，包括场地安全、防火、防水、防静电、防雷击、电磁防护和线路安全等。

2.1.2 主机安全风险

从技术角度来看，云计算平台中的主机系统和传统 IT 系统类似，传统 IT 系统中各个层次存在的安全问题在云计算环境中仍然存在，如系统的物理安全、主机、网络等基础设施安全、应用安全等。云主机面临的安全风险主要包括以下几点，如图 2-1 所示。

（1）资源虚拟化共享风险

云主机中，硬件平台通过虚拟化为多个应用共享。由于传统安全策略主要适用于物理设备，如物理主机、网络设备、磁盘阵列等，而无法管理到每个虚拟机、虚拟网络等，使得传统的基于物理安全边界的防护机制难以有效保护共享虚拟化环境下的用户应用及信息安全。

（2）数据安全风险

用户在使用云主机服务的过程中，不可避免地要通过互联网将数据从其主机移动到云上，并登录到云上进行数据管理。在此过程中，如果没有采取足够的安全措施，将面临数据泄漏和被篡改的安全风险。

（3）平台安全防护风险

云计算应用由于其用户、信息资源的高度集中，更容易成为各类拒绝服务攻击的目标，并且由拒绝服务攻击带来的后果和破坏性将会明显超过传统的企业网应用环境，因此，云计算平台的安全防护更为困难。

2.1.3 虚拟化安全风险

将虚拟化应用于云计算的部署中能带来很多好处，包括成本效益、增加正常运行时间、改善灾难恢复和应用程序隔离等。但它同样也带来了很多安全问题，如图 2-2 所示。

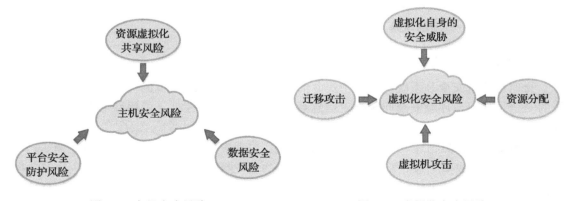

图 2-1 主机安全风险　　　　　　　　图 2-2 虚拟化安全风险

（1）虚拟化技术自身的安全威胁

Hypervisor（虚拟机管理器）本身的脆弱性不可避免，攻击者可能利用 Hypervisor 存在的漏洞来获取对整个主机的访问，实施虚拟机逃逸等攻击，从而可以访问或控制主机上运行的其他虚拟机。由于管理程序很少更新，现有漏洞可能会危及整个系统的安全性。如果发现一个漏洞，企业应该尽快修复漏洞以防止潜在的安全事故。

（2）资源分配

当一段被某台虚拟机独占的物理内存空间重新分配给另一台虚拟机时，可能会发生数据泄露；当不再需要的虚拟机被删除，释放的资源被分配给其他虚拟机时，同样可能发生数据泄露。当新的虚拟机获得存储资源后，它可以使用取证调查技术来获取整个物理内存以及数据存储的镜像。而该镜像随后可用于分析，并获取前一台虚拟机遗留下的重要信息。

（3）虚拟机攻击

攻击者成功地攻击了一台虚拟机后，在很长一段时间内可以攻击网络上相同主机的其他虚拟机，如图 2-3 所示。这种跨虚拟机攻击的方法越来越常见，因为云内部虚拟机之间的流量无法被传统的 IDS/IPS 设备和软件检测到，只能通过在虚拟机机内部部署 IDS/IPS 软件进行监测。

（4）迁移攻击

虚拟机迁移时会通过网络被发送到另一台虚拟化服务器，并在其中设置一个相同的虚拟机，如果虚拟机通过未加密的信道来发送，就有可能被执行中间人攻击的攻击者嗅探到。当然，为了做到这一点，攻击者必须获得受感染网络上另一台虚拟机的访问权。

2.1.4　网络安全风险

泛在接入作为云计算服务的五大特征之一，云环境下的网络安全问题也就自然而然地凸显出来。

在网络风险方面，云计算主要面临以下的风险：拒绝服务攻击、中间人攻击、网络嗅探、端口扫描、SQL 注入和跨站脚本攻击，如图 2-4 所示。

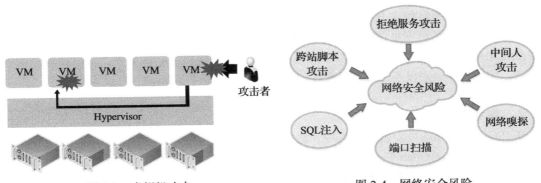

图 2-3　虚拟机攻击　　　　　图 2-4　网络安全风险

1）**拒绝服务攻击**：指攻击者想办法让目标服务器停止提供服务甚至导致主机死机。在云计算中，黑客对服务器开展拒绝服务攻击时，会发起成千上万次的访问请求到服务器，导致服务器无法正常工作，无法响应客户端的合法访问请求。针对这种攻击，主要的防御方式是通过入侵检测、流量过滤和多重验证，将堵塞网络带宽的流量过滤，放行正常的流量。

2）中间人攻击：是指攻击者通过拦截正常的网络通信数据，并进行数据篡改和嗅探，而通信的双方却毫不知情。在网络通信中，如果没有正确配置安全套接字层（SSL），那么这个风险就有可能出现。针对这种攻击手段，可以采用的应对措施是正确地安装配置 SSL，并且通信前应由第三方权威机构对 SSL 的安装配置进行检查确认。

3）网络嗅探：这原本是网络管理员用来查找网络漏洞和检测网络性能的一种工具，但是到了黑客手中，它变成了一种网络攻击手段，从而造成更为严峻的网络安全问题。例如，在通信过程中，由于数据密码设置过于简单或未设置，导致被黑客破解，那么未加密的数据便被黑客通过网络攻击获取。如果通信双方没有使用加密技术来保护数据安全性。那么攻击者作为第三方便可以在通信双方的数据传输过程中窃取到数据信息。针对这种攻击手段，可以采用的应对策略是通信各方使用加密技术及方法，确保数据在传输过程中安全。

4）端口扫描：这也是一种常见的网络攻击方法，攻击者通过向目标服务器发送一组端口扫描消息，并从返回的消息结果中探寻攻击的弱点。针对此类攻击，可以启用防火墙来保护数据信息免遭端口攻击。

5）SQL 注入：SQL 注入是一种安全漏洞，利用这个安全漏洞，攻击者可以向网络表格输入框中添加 SQL 代码以获得访问权。在这种攻击中，攻击者可以操纵基于 Web 界面的网站，迫使数据库执行不良 SQL 代码，获取用户数据信息。针对这种攻击，应定期使用安全扫描工具对服务器的 Web 应用进行渗透扫描，这样可以提前发现服务器上的 SQL 注入漏洞，并进行加固处理。另外，针对数据库 SQL 注入攻击，应避免将外部参数用于拼接 SQL 语句，尽量使用参数化查询，同时限制那些执行 Web 应用程序代码的账户权限，减少或消除调试信息。

6）跨站脚本（Cross-Site Scripting，XSS）：XSS 是一种网站应用程序的安全漏洞攻击，属于代码注入的一种。它允许用户将恶意代码注入到网页上，其他用户在浏览网页时就会受到影响。这类攻击通常包含 HTML 以及用户端脚本语言。攻击成功后，攻击者可能得到更高的权限、从而窃取私密网页内容、会话和 cookie 等各种信息。针对此类攻击，最主要的应对策略是将用户所提供的内容进行过滤，避免恶意数据被浏览器解析。另外，可以在客户端进行防御，如把安全级别设高，以及只允许信任的站点运行脚本、Java、Flash 等小程序。

2.1.5　安全漏洞

在 ISO/IEC 27005 风险管理标准中，将安全漏洞定义为可被一个或多个威胁利用的资产或资产组的弱点；在 Open Group 的风险分类法中，对安全漏洞进行了一个较为完整、准确的定义：安全漏洞就是威胁能力超过抵御威胁能力的机率。云计算环境所面临的安全漏洞不仅可能存在于云计算所依赖的现有核心技术中，也有可能是某些关键的云计算特性所带来的。

（1）核心技术漏洞

在云计算所依赖的某些现有核心技术中，例如 Web 应用程序和服务、虚拟化和加密技术等，都存在着一些漏洞。有些是技术本身固有的，而另一些则是普遍存在于该技术的流行实现方式中。这里以其中三个为例进行介绍，包括虚拟机逃逸、会话控制和劫持以及不安全或过时的加密。

首先，虚拟化的本质就决定了存在攻击者从一个虚拟环境中成功逃脱的可能性。因此，我们必须把这个漏洞归类于虚拟化固有的、与云计算高度相关的那一类漏洞。

其次，Web 应用技术必须克服这样一个问题，即从设计的初衷来说，HTTP 协议是无状态协议，而 Web 应用程序则需要一些会话状态的概念。有许多技术能够实现会话处理，而许多会话处理的实现都容易遭受会话控制和劫持。

最后，密码分析学的进步可以使任何加密机制或算法变得不再安全，因为总是能找到新奇的破解方法。而更为普遍的情况是，加密算法的实现被发现具有关键的缺陷，可以让原本的强加密退化成弱加密（有时甚至相当于完全不加密）。在没有加密技术保护云上数据的保密性和完整性的情况下，无法想象云计算能够获得广泛的应用，因而可以说不安全或过时的加密漏洞与云计算有着非常密切的关系。

（2）关键的云计算特性所带来的漏洞

针对国标 GB/T 31167—2014 中描述的五个云计算特性：按需自助服务、泛在接入、资源池化、快速伸缩性、服务可计量，下面列举一些源自上述一种或几种特性的安全漏洞的例子：

1）未经授权的管理界面访问：按需自助服务的云计算特性需要一个管理界面，可以向云服务的用户开放访问。这样，未经授权的管理界面访问对于云计算系统来说就算得上是一个具有特别相关性的漏洞，可能发生未经授权的访问的概率要远远高于传统的系统，在那些系统中只有少数管理员能够访问管理功能。

2）互联网协议漏洞：泛在接入这一云计算特性意味着云服务是通过使用标准协议的网络来访问的。在大多数情况下，这个网络即互联网，必须被看作是不可信的。这样一来，互联网协议漏洞也就和云计算产生了联系，它可能导致中间人攻击等。

3）数据恢复漏洞：资源池化的云特性意味着分配给一个用户的资源将有可能在稍后被重新分配到不同的用户。对于内存或存储资源来说，就有可能从中恢复出前面用户写入的数据。

4）逃避计量和计费：服务可计量的云特性意味着，任何云服务都在某一个适合服务类型的抽象层次（如存储、处理能力以及活跃账户）上具备计量能力。计量数据被用来优化服务交付以及计费，这就有可能出现操纵计量和计费数据，以及逃避计费的漏洞。

综合来看，当前及未来的主要云安全问题将会集中在虚拟机漏洞、Web 漏洞、数据安全等方向上，主要原因如下：

- 云平台上一般是多个用户共用一台服务器，如果利用虚拟机漏洞逃逸出去，进而控制主系统，那么攻击者就可能窃取他人的数据并执行其他恶意的越权操作。
- Web 漏洞相对其他类型的漏洞门槛会低一些，也是外部最容易接触到的层面，此处若发生安全问题可能直接导致服务器被入侵，危害严重。
- 数据加密往往是最后一道防线，即使服务器被入侵，若采用较为坚固的数据加密方案，可以大大地提高免受破解的能力，而若对敏感数据未做加密或采用不安全的加密方式，则破解数据只是时间问题。

因为上述安全问题，所以现在许多云服务商自身或者第三方安全厂商会提供一些云安全产品，比如云 WAF、云漏洞扫描器、主机入侵防御系统、数据加密系统、DDOS 防御系统等。可以预见未来会有更多的云安全产品出现。

2.1.6　数据安全风险

云计算模型开启了旧数据以及新数据的安全风险。基于其自身的定义，发展云计算意味着允许更加开放的信息访问以及更容易地改进数据共享。数据上传到云并存储在一个数据中心，由数据中心的用户访问，或在完全基于云模型中，在云上创建、存储数据，而通过云访问数据（不是通过数据中心访问数据）。在上述过程中，最明显的风险是数据存储方面的风险。用户上传或创建基于云的数据，这些数据也包括第三方的云服务商（如 Google、Amazon、Microsoft）负责存储以及维护的数据，也会引发一些相关的风险。

一般来说，云服务产生的数据的生命周期可分为六个阶段，如图 2-5 所示，数据安全在这六个阶段中面临着不同方面、不同程度的安全威胁。

（1）数据生成

数据生成阶段即数据刚被数据所有者创建，尚未被存储到云端的阶段。在这个阶段，数据所有者需要为数据添加必要的属性，如数据的类型、安全级别等一些信息；此外，数据的所有者为了防范云端不可信，在存储数据之前可能还需要着手准备对数据的存储、使用等各方面情况进行跟踪审计。在数据生成阶段，云数据面临如下问题：

1）数据的安全级别划分：不同的用户类别，如个人用户、企业用户、政府机关、社会团体等对数据安全级别的划分策略可能会不同，同一用户类别之内的不同用户对数据的敏感分类也不同。在云计算环境下，多个用户的数据可能存储在同一个位置，因此，若数据的安全级别划分

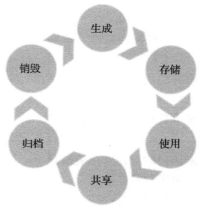

图 2-5　云数据的生命周期

策略混乱，云服务商就无法针对海量数据制定出切实有效的保护方案。

2）数据的预处理：用户要存储在云端的数据可能是海量的，因此在对数据进行预处理前，用户必须考虑预处理的计算、时间和存储开销，否则会因为过度追求安全性而失去云计算带来的便捷性。

3）审计策略的制定：即使在传统的 IT 架构下，审计人员制定有效的数据审计策略也是很困难的，何况在多用户共享存储、计算和网络等资源的云计算环境下，用户对自己的数据进行跟踪审计更是难上加难。

（2）数据存储

在云计算场景下，用户的数据都存储在云端，云数据面临如下安全风险：

1）数据存放位置的不确定性：在云计算中，用户对自己的数据失去了物理控制权，即用

户无法确定自己的数据存储在云服务商的哪些节点上，更无法得知数据存储的地理位置。

2）数据混合存储：不同用户的各类数据都存储在云端，若云服务提供商没有有效的数据隔离策略，可能造成用户的敏感数据被其他用户或者不法分子获取。

3）数据丢失或被篡改：云服务器可能会被病毒破坏，或者遭受木马入侵；云服务商可能不可信，或管理不当，操作违法；云服务器所在地可能遭受自然灾害等不可抗力的破坏。上述原因都会造成云服务数据丢失或者被篡改，威胁到数据的机密性、完整性和可用性。

（3）数据使用

数据使用即用户访问存储在云端的数据，同时对数据做增删查改等操作。在数据使用的各个阶段，会面临如下问题：

1）访问控制：如果云服务商制定的访问控制策略不合理、不全面，就有可能造成合法用户无法正常访问自己的数据或对自己的数据进行合规的操作，而未授权用户却能非法访问甚至窃取、修改其他用户的数据。

2）数据传输风险：用户通过网络来使用云端数据，若传输信道不安全，数据可能会被非法拦截；网络可能遭受攻击而发生故障，造成云服务不可用；另外，传输时的安全操作不当可能导致数据在传输时丧失完整性和可用性。

3）云服务的性能：用户使用数据时，往往会对数据的传输速度、数据处理请求的响应时间等有一个要求或期望，但云服务的性能受用户所使用的硬件等多因素的影响，因此云服务商可能无法切实保障云服务的性能。

（4）数据共享

数据共享即让处于不同地方使用不同终端、不同软件的云用户能够读取他人的数据并进行各种运算和分析。在数据共享阶段，数据同样面临着风险：

1）信息丢失：不同的数据内容、数据格式和数据质量千差万别，在数据共享时可能需要对数据的格式进行转换，而数据转换格式后可能面临数据丢失的风险。

2）应用安全：数据共享可能通过特定的应用实现，如果该应用本身有安全漏洞，则基于该应用实现的数据共享就可能有数据泄露、丢失、被篡改的风险。

（5）数据归档

数据归档就是将不经常使用的数据转移到单独的存储设备进行长期保存。在本阶段，云数据会面临法律和合规性问题。某些特殊数据对归档所用的介质和归档的时间期限会有专门规定，而云服务商不一定支持这些规定，造成这些数据无法合规地进行归档。

（6）数据销毁

在云计算场景下，当用户需要删除某些数据时。最直接的方法就是向云服务商发送删除命令，依赖云服务商删除对应的数据。但是这同样面临着多种问题：

1）数据删除后可被重新恢复：计算机数据存储基于磁介质形式或电荷形式，一方面可以采用技术手段直接访问这些已删除数据的残留数据；另一方面可以通过对介质进行物理访问，确定介质上的电磁残余所代表的数据。如果不法分子获得这些数据，有可能给用户带来极大隐患。

2）云服务商不可信：一方面，用户无法确认云服务商是否真的删除了数据；另一方面，云服务商可能留有被删除数据的多个备份，在用户发送删除命令后，云服务商并没有删除备份数据。

2.1.7 加密与密钥风险

在 2016 年最新的 CSA(云安全联盟) 云安全威胁排名中，"弱身份、凭证和访问管理"威胁位居第二位，如图 2-6 所示，说明在云环境下，传统的加密与密钥管理的方案向云环境的迁移和演变遇到了很大的挑战。

No	威胁
T1	数据泄露
T2	弱身份、凭证和访问管理
T3	不安全的接口和 API
T4	系统、应用漏洞
T5	账号劫持
T6	恶意内部员工
T7	APT 攻击
T8	数据丢失
T9	没有足够的尽职调查
T10	滥用云服务
T11	拒绝服务（DDOS）
T12	共享技术问题

图 2-6　CSA 2016 最新的威胁列表

传统的数据安全一直强调数据的完整性、机密性和可用性，因此产生了传统的对称加密和非对称加密的方案用于保护数据的这些安全特性。由于虚拟化技术的发展，云计算兴起，云环境上数据的安全防护显得越来越重要，传统的加密和密钥的方案向云计算环境的迁移受到了云计算环境的各种挑战，不仅有传统的加密与密钥风险，而且也产生了云环境下特有的加密和密钥风险，大体分为加密方案和密钥管理两方面。

对于加密方案的挑战主要是：

1）虚拟化技术使得单个物理主机可以承载多个不同的操作系统，导致传统的加密方案的部署环境逐步向虚拟机、虚拟网络演变。

2）云平台及其存储数据在地域上的不确定性。

3）访问控制与认证机制的有效性与可靠性。

4）单一物理主机上的多个客户操作系统之间的信息泄露。

5）海量敏感数据在单一的云计算环境中高度集中。

6）根据数据的存储位置、关键程度、当前状态（静止或传送中）决定加密等级。

对于密钥管理的挑战主要是：

1）本地密钥管理，主要是针对于在云基础设施外部的用户端的密钥管理，与传统的密钥管理风险相似。

2）云端密钥管理，云服务商必须保证密钥信息在传输与存储过程中的安全防护，由于云的多租户的特性，存在着密钥信息泄露的风险。

2.1.8 API 安全风险

在云环境下，API 提供了对应功能的访问权限，这无疑增加了云平台的攻击面，攻击者可能会滥用或寻找流行 API 代码中的漏洞，来实现对云用户和云服务的攻击，因此，云安全联盟也指出不安全的 API 是云计算面临的最大威胁之一。

1. API 签名安全

API 签名主要用于解决任意调用带来的风险，系统从外部获取数据时，一般都采用 API 接口调用的方式来实现，请求方和接口提供方在通信的过程中，主要需要考虑以下几个问题：

- 请求参数是否被篡改。
- 请求来源是否合法。
- 请求是否具有唯一性。

比如，在阿里云的最佳实践中，每个 API 服务都属于一个 API 分组，每个 API 分组有不同的域名，域名的格式为：

www.[独立域名].com/[Path]?[HTTPMethod]

域名是由服务端绑定的独立域名，API 网关通过域名来寻址定位 API 分组，API 网关通过域名定位到一个唯一的分组，通过 Path + HTTPMethod 确定该分组下唯一的 API。

2. API 防重放攻击

虽然 API 接口传输采用了 HTTPS 进行加密传输，但是一部分接口仍旧存在重放攻击的风险。在阿里云实践中，防重放的规则是请求唯一标识，15 分钟内 AppKey+API+Nonce 不能重复，并且要与时间戳结合使用才能起到防重放作用。AppKey 在 API 网关控制台生成，只有获得 API 授权后才可以调用，通过云市场等渠道购买的 API 默认已经给 APP 授过权，阿里云所有云产品共用一套 AppKey 体系，删除 ApppKey 时应谨慎，以免影响到其他已经开通服务的云产品。时间戳的值为当前时间的毫秒数，也就是从 1970 年 1 月 1 日起至今的时间转换为毫秒，时间戳有效时间为 15 分钟。

3. API 流量控制

流量控制策略和 API 是各自独立管理的，两者绑定后，流量控制策略会对已绑定的 API 起作用。在已有的流量控制策略上，可以额外配置特殊用户和特殊应用（APP），这些特例只是针对当前策略已绑定的 API 生效。流量控制策略可以配置对 API、用户、应用三个对象的流控值，流控的单位可以是分钟、小时、天。

流量控制策略可以涵盖表 2-1 中的维度。

表 2-1　流量限制策略

API 流量限制	该策略绑定的 API 在单位时间内被调用的次数不能超过设定值，单位时间可选分钟、小时、天，如 5000 次 / 分钟
APP 流量限制	每个 APP 对该策略绑定的任何一个 API 在单位时间内的调用次数不能超过设定值，如 50 000 次 / 小时
用户流量限制	每个云账号对该策略绑定的任何一个 API 在单位时间内的调用次数不能超过设定值。一个云账号可能有多个 APP，所以对云账号的流量限制就是对该账号下所有 APP 的流量总和的限制。如 50 万次 / 天

在 API 网关控制台，可以完成对流量控制策略的创建、修改、删除、查看等基本操作，以及流量控制策略与 API 的绑定 / 解绑等操作。

4. API 授权管理

将 API 发布到线上环境后，需要给客户的 APP 授权，客户才能用该 APP 进行调用，建立或者解除某个 API 与某个 APP 的授权关系，API 网关会对权限关系进行验证。

2.1.9　安全风险案例分析

1. 配置错误

2014年11月，某公司云服务出现大面积服务中断现象，但其服务健康仪表控制板却显示一切应用正常运行。此次事故造成的影响波及美国、欧洲和部分亚洲地区，导致其相关应用和网站等无法使用。故障时长近11个小时，原因为存储组件在更新时产生错误，导致Blob前端进入死循环状态，从而造成流量故障。当技术维护团队发现问题后，恢复了之前配置，但由于Blob前端已经无法更新配置，因此只能采取系统重启模式，使得恢复过程消耗了相当长的时间。该公司技术团队在事故发生后采取了一系列改进措施，包括改变灾备恢复方法，最大限度减少恢复时间；修复Blob前端关于CPU无限循环的漏洞；改进服务健康仪表控制板基础设施和协议。

2015年2月，另一公司的实例出现外部流量丢失现象，导致大量应用程序无法使用。事后经过调查，流量损失时间长度为2小时40分钟，从18日晚上22:40至23:55，其外部流量损失由10%增长到70%，在19日凌晨1:20，流量恢复了正常。此次事件发生的原因为虚拟机实例的内部网络系统停止更新路由信息，虚拟机的外部流量数据被视为过期而遭到删除。为防止类似事件再度发生，工程师们将路由项的到期时间由几个小时延长到了一个星期，并添加了路由信息的监控和预警系统。

2. 宕机事件

2011年4月，某公司的云计算数据中心宕机，导致其数千家商业客户受到影响，故障时间持续4天之久，此次事件可以说是一场严重的宕机事件。经调查，造成此次事故的主要原因是在修改网络设置进行主网络升级扩容的过程中，工程师不慎将主网的全部数据切换到备份网络上，由于备份网络带宽较小，承载不了所有数据造成网络堵塞，所有块存储节点通信全部中断，导致存储数据的MySQL数据库宕机。事故发生后，该公司重新审计了网络设置修改流程，加强了自动化运维手段并改进了灾备架构以避免该类事故再次发生。

2015年5月，某公司系统出现大规模瘫痪，国内很多在线支付用户在PC端和移动端均无法使用，这一事故持续了差不多两小时。此次事故是由于市政施工导致光缆被挖断，进而导致该公司一个主要机房受影响而造成的。

2015年5月，某公司的部分服务器遭不明攻击，导致官网及APP暂时无法正常使用。经技术排查已确认，此次事件是由于员工错误操作，删除了生产服务器上的执行代码导致。

3. 隐私泄露

2014年9月，黑客攻击了某公司的云存储服务账户，导致大量用户私密照片和视频泄露。该公司发表声明称，本次泄露事件黑客并没有利用此前受怀疑的服务漏洞，而是因为用户账户在用户名、密码以及安全问题的设置上存在重大隐患导致的，也就是说，部分受害者设置的密码太过简单。另外，调查结果显示，泄漏照片的拍摄设备并非来自同一品牌，并且一部分照片明显经过通信软件的处理，通过某款通信APP发送或接收。据技术专家判定，本次泄露并非全部来自同一公司的云服务应用，或者某些通信APP的聊天记录，这很有可能是受害者在多个网络服务中使用了相似甚至相同的密码导致的。因此，该信息泄露事件的原因并非是云服务器端的泄露，而是黑客针对性地攻击得到用户账号的密码，或者是密码保护问题的详细资料，然后冒充用户身份登录窃取到云端数据，本质上采用的是身份欺骗的手段。攻击者利用的缺陷是云端对用户的身份认证只通过用户名密码方式，认证强度不够而导致资料被盗取。

4. 恶意攻击

DDoS 是 Distributed Denial of Service 的缩写，即分布式拒绝服务。DDoS 攻击就是指以分散攻击源来非法进入指定网站的黑客方式。DDoS 的攻击方式有很多种，最基本的攻击就是利用合理的服务请求来占用过多的服务器资源，从而使合法用户无法得到服务器响应。

2013 年 3 月，欧洲反垃圾邮件机构 Spamhaus 曾遭遇 300G DDoS 攻击，导致全球互联网大堵塞。

2014 年 2 月，针对 Cloudflare 的一次 400G 攻击造成 78.5 万个网站安全服务受到影响。

2014 年 12 月，部署在阿里云上的一家知名游戏公司，遭遇了全球互联网史上最大的一次 DDoS 攻击，攻击时长 14 个小时，攻击峰值流量达到每秒 453.8G。阿里云称，第一波 DDoS 从 12 月 20 日 19 点左右开始，一直持续到 21 日凌晨，第二天黑客又再次组织大规模攻击，共持续了 14 个小时。阿里云安全防护产品"云盾"，结合该游戏公司的"超级盾防火墙"，帮助用户成功抵御了此次攻击。

2.2 云计算面临的管理风险

数据的所有权与管理权分离是云服务模式的重要特点，用户并不直接控制云计算系统，对系统的防护依赖于云服务商。在这种情况下，云服务商的管理规范程度、双方安全边界划分是否清晰等将直接影响用户应用和数据的安全。

2.2.1 组织与策略风险

1. 服务中断

云计算的优势在于提供资源的优化和 IT 服务的便捷性。在缩减 IT 成本的前提下，如何保证业务运营的连续性一直是备受业界关心的问题之一。即使时间再短的云计算服务中断也会让企业陷入困境，而云计算服务的长时间中断甚至可能使一个企业面临倒闭。因此，对于云服务商而言，确保业务不中断是一个关键问题。可能引起业务中断的安全风险如 2-7 所示。

1）**技术故障**：技术故障主要由于以下两个原因造成：①由于云计算数据中心的硬件故障、云计算平台的软件故障、通信链路故障等，可能导致服务计划外中断。②由于数据中心未进行有效的安全保护、监控、定期维护、没有制定切实有效的应急响应方案等，从而导致服务计划外中断。

2）**环境风险**。由于水灾、火灾、大气放电、太阳引起的地磁风暴、风力灾害、地震、海啸、爆炸、核事故、火山爆发、生化威胁、民事骚扰、泥石流、地壳活动等引起的数据中心基础设施受损、水电供应不稳定、通信链路中断等情况，进而导致云服务计划外中断。

3）**操作失误**：由于云租户管理员操作不当、配置错误等导致云服务计划外中断。

4）**恶意攻击**：由于敌手的恶意攻击造成云服务计划外中断、勒索、破坏。

2. 供应链风险

云服务商在构建云平台时往往需要购买第三方的物理设施、产品（如物理服务器，交换机等）和服务（水、电、网服务和第三方外包服务等），与此同时相关的开发人员也是云服务商供应链的重要环节。从供应链层面来看，风险主要有以下几类，如图2-8所示。

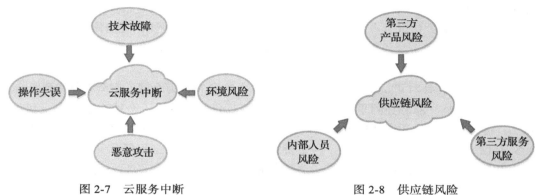

图 2-7   云服务中断   图 2-8   供应链风险

1）第三方产品风险：由于云服务商要购买大量物理计算设备和网络设备，如果供应商产品不符合国内法律政策的标准或云服务商安全需求，甚至采用假冒伪劣的设备，将会对云服务商造成难以估量的巨大损失。

2）第三方服务风险：云服务商需要的第三方服务主要包括基础设施服务（如水、电和网络服务等）和外包服务（如加密服务等）。对于基础设施服务，如果服务供应商未经过相关资质认证，出现停电、停水等事故将会影响云服务商的正常服务；外包服务则要评估外包信息系统的安全性和稳定性，其开发人员是否有安全开发能力等，以避免自身云服务不稳定的威胁。

3）内部人员风险：云服务商内部人员主要包括云开发人员和云运维人员。对于云开发人员，风险主要在于其开发的信息系统是否安全；设计是否遵循了安全的设计规范；最终的代码中是否存在相关漏洞；其开发人员是否存在泄密风险等。云平台运维人员主要完成云平台的运维工作，其风险主要包括运维方式是否科学合理、运维目的是否规范、盗窃运维数据等。

因此，无论是云平台开发人员还是运维人员都应该对其进行相应的背景审查、专业的安全培训，云服务商也需要定期对内部人员进行权限审批、操作行为审查及审计、入侵识别评估和安全风险关联分析，将内部人员风险降到最低。

2.2.2   数据归属不清晰

在云计算时代，数据将成为最有价值的资产。在云环境下，不同用户的数据都存储在共享的云基础设施之上，当用户的数据存储与数据维护工作都是由云服务商来完成时，就很难分清到底是谁拥有使用这些数据的权利并对这些数据负责。目前，大多数云商都通过职责划分、用户协议、访问控制等多种方式来限制内部人员接触数据并且尽可能与用户达成共识。比如，在 2015 年 7 月，阿里云曾发起"数据保护协议"自律公约，明确"数据是客户资产，云平台不得擅自移做他用"。

2.2.3 安全边界不清晰

在传统网络中，通过物理上或者逻辑上的安全域定义将物理资源进行区域划分，在不同的区域边界可以通过引入边界防护设备（如防火墙、IPS 等）进行边界防护，但是在云环境下，随着虚拟化技术的引入，租户的资源更多以虚拟机的形式呈现，由于云计算环境中服务器、存储设备、网络设备的高度整合，租户的资源往往是跨主机甚至是跨数据中心的部署，传统的物理防御边界被打破，租户的安全边界模糊，因此需要进一步发展传统意义上的边界防御手段来适应云计算的新特性。

2.2.4 内部窃密

由于云服务商在为用户提供云服务的过程中不可避免地会接触到用户的数据，因此云服务商内部窃密是一个重大的安全隐患。事实上，内部窃密可分为内部工作人员无意泄露内部特权信息或者有意和外部敌手勾结窃取内部敏感信息两种情况。在云计算环境下，内部人员不再是以往我们所说云服务商的内部人员，也包括为云服务商提供第三方服务的厂商的内部人员，这也增加了内部威胁的复杂性。此时需要采用更严格的权限访问控制来限制不同级别内部用户的数据访问权限。

2.2.5 权限管理混乱

云服务商内部需要完善的权限管理机制来避免数据泄露的问题，但是由于云计算自身具有易扩展、多租户、弹性化等诸多有别于传统模型的特征，在传统模型下的一些权限模型（如 DAC、MAC、RBAC）并不完全适用于目前的云平台组织结构复杂、权限变更频繁的场景，因此在云环境中权限管理还没有成熟的解决方案，各大厂商采用的方案都还存在一定缺陷，导致目前云中的权限管理混乱。

2.3 云计算面临的法律法规风险

为了保障云上的服务健康良好地发展，更好地助力企业理性上云、安全上云，建立良好的法律法规体系是重要的一环。但是，云计算作为一种新的服务模型，其本身的特性又决定了其法律制定与传统法律制定的差别与冲突。

2.3.1 数据跨境流动

数据跨境流动（Data Transborder Flow）首先出现在个人数据保护立法中，用于管理个人数据向第三国的转移。随着云计算的出现，其泛在的网络接入导致了数据流动性大的特征，大规模的政府数据、商业数据以及个人数据跨境更加频繁，因此各国开始重新审视数据跨境流动的制度规范，特别是政府部门和公共部门的数据跨境流动制度规范。

当前针对数据跨境流动，在国际上并没有统一的定义和明确的界定。联合国跨国公司中心指出了"跨越国界对存储在计算机中的机器可读的数据进行处理、存储和检索"属于数据跨境流动的范畴；经济合作与发展组织（Organization for Economic Co-operation and Development，OECD）对数据跨境流动的定义是个人数据跨越国界流动；澳大利亚在联邦个人隐私原则中对"数据的跨境流动"进行了规定，要求机构向海外组织或信息主体以外的某人传送信息应该受到一定的制约。由此可见，通常对于数据跨境的流动有两层含义：一方面是对数据跨越国界的存储、传输和处理；另一方面则是数据并没有跨越国界，但是能够被第三方国家的主体访问。

虽然就数据的跨境流动尚未形成统一的框架，但是从国外针对不同类型数据的管理模式来看，主要分为三个级别。

1. 禁止重要的数据跨境流动

对于一些威胁到国家安全的数据信息，禁止其跨境的流动具有相当的必要性，一些国家也逐渐意识到重要数据在本地存储的重要性。例如，美国虽然没有相关的法律规定禁止数据的跨境流动，但是在外资安全审查机制中，针对国外的网络运营商，会要求其与电信企业签订相关的协议，要求国内的通信基础设施应位于美国境内，并且通信数据、交易数据、用户信息等也只能在美国境内存储；印度的电信许可协议中明确禁止各类电信企业将用户的账户信息、个人信息转移至境外；意大利、匈牙利等国家也有相关法律法规禁止将政府数据交由国外的 IaaS 服务提供商存储。除此之外，印度尼西亚、澳大利亚、韩国等国家都有相关的法律法规明确指出禁止重要的数据跨境流动。

2. 有条件的限制数据跨境流动

对于政府部门和公共部门的一般数据、行业相关的技术数据等，部分国家针对这类型的数据实施了条件限制的管理模式来控制其跨境的流动。例如，在澳大利亚《政府信息外包、离岸存储和处理 ICT 安排政策与风险管理指南》中规定，把政府部门的信息进行分级，对于非保密的信息，要求必须通过安全风险评估之后才能实施外包。

3. 允许普通个人数据的跨境流动

对于普通用户的个人数据，国际上通用的观点是允许其自由跨境流动，但是必须满足安全的管理要求。出于对个人数据的安全考虑，一般采用问责制、合同干预等形式来进行管理。问责制一般是通过责任的界定，要求采集和处理数据的实体对数据进行安全管理，并要求其承担数据在跨境的整个过程中的审查和监督；合同干预则是由政府来规定跨境数据的安全管理相关内容。例如，在欧盟，根据数据保护法的原则，由数据保护主管部门来制定相关的合同条款，指明数据保护的要求。

针对国际范围内的数据流动，目前还处于发展中，部分国家出台了各自的法律法规来要求是否允许本国的数据跨境存储和传输。美国于 1974 年通过《隐私法》，由于美国在全球范围内有大量跨国公司，因而其倾向于信息的自由流通，对数据的跨境流动不做专门限制；英国在 1984 年通过《数据保护法》，其规定数据跨境流动时，需要向相关机构进行登记；德国在 20 世纪 70 年代通过《个人数据保护法》，规定数据跨境的流动要按照相关协定来进行管理；欧盟在《关于个人数据处理保护与自由流动指令》和《有关个人数据处理和电子通信领域隐私保护的指令》明确指出对数据跨境流动的相关规定；澳大利亚的《政府信息外包、离岸存储和处理 ICT 安排政策与风险管理指南》中对于安全分类数据的存储进行了相关规定；韩国的《信息通信网络的促进利用与信息保护法》规定，为了防止任何有关工业、经济、科学、技术等重要信息的跨境流动，信息通信提供商可采取必要手段；加拿大在《个人信息保护和电子文件法》中规定，传输、拥有或保管个人信息的机构应该对这些信息负责。

就目前国外针对跨境数据流动的管理趋势而言，可以从三个层面来分析：第一，从管理范围上，重点关注政府部分和公共部门的数据跨境流动管理。一些国家已经制定了专门的管理制度。例如，上文提到的澳大利亚《政府信息外包、离岸存储和处理 ICT 安排政策与风险管理指南》中对政府数据进行分级管理，并规定了政府数据的离岸存储和风险管理；加拿大在《关于解决美国爱国者法案和跨境数据流动问题的联邦战略》向联邦政府提出了 160 条关于数据安全管理的建议；第二，从管理对象上，加强对数据跨境流动的监管。数据的跨境流动主要依托于互联网，因此，各国在新签署自由贸易协定或双边投资协定时，对电信业务的跨境服务承诺开始变得极为谨慎；第三，从管理机制上，增强各国的跨境执法合作，加强各国用户对跨境数据流动的信任。由于各国不同的管理机制限制了数据跨境流动的发展，因此一些国际组织尝试从国际层面来建立协调机制。例如，APEC 建立了跨境隐私执法协作机制（Cross-border Privacy Enforcement Arrangement，CPEA）来协调数据跨境流动。

在我国，随着国外公司陆续进入到我国的云服务市场，我国的数据跨境流动的相关管理机制的建立与完善日益受到重视。从国外的经验来看，一方面，可以在相关法律法规中明确数据跨境流动的相关概念和管理模式，另一方面，可以建立针对数据跨境流动的多元化管理手段，例如分级分类管理、合同管理、安全风险评估等都是可取的手段措施。

2.3.2　集体诉讼

集体诉讼起源于英国，但是却在美国开花结果，它指个人或部分成员为了全体成员的共同利益，代表整个团体成员提出的诉讼。在现实中，一些企业遭遇的集体诉讼的案例也对后来的公司或企业产生了深远的警示意义。

2.3.3　个人隐私保护不当

在云计算、大数据孕育的时代，社会的发展取得了巨大的进步，但与此同时，个人隐私的问题也浮现出来。近年来，侵犯个人隐私的案件时有发生，之前被曝光的用户信息泄露事件严重侵犯了用户的合法权益。因此，建立云环境下的个人隐私保护制度刻不容缓。

在云计算、大数据环境下，个人隐私的安全风险表现在以下几个方面：

1）数据存储过程中对个人隐私造成侵犯：在云服务商给用户提供云服务的时候，数据的存储对用户来说是透明的，用户无法得知数据确切的存储位置，更无法对其个人数据的采集、存储、使用的过程进行有效控制。

2）数据传输过程中对个人隐私造成侵犯：云环境下的数据传输具有开放性和多元化的特征，传统的物理区域的隔离方法和技术无法适应云环境下数据的远距离传输，更加无法保证数据传输过程中的安全性。

3）数据处理过程中对个人隐私造成侵犯：云服务的部署引入大量的虚拟化技术，基础设施的脆弱性或加密措施的失效引入了新的安全风险，大规模的数据处理需要完备的访问控制、身份认证管理，而云计算的资源动态性增加了管理的难度，账户劫持、攻击、认证失效等都将成为数据处理过程中的安全威胁。

4）数据销毁过程中对个人隐私造成侵犯：单纯对数据的删除并不能彻底的销毁数据，再加之云服务商可能对数据进行备份，进一步增加了数据销毁不彻底的可能性。

由此可见，在云计算的时代，我们需要切实加强个人隐私的保护，主要可以从如下几个方面着手：

（1）从国家的战略层面来保护个人信息

在云计算大数据时代，个人隐私构成了网络社会运行的基石。在我国，从网络系统、设备到操作系统、应用软件等核心技术依然面临巨大的安全风险，这不仅对国家的安全造成了威胁，同时对用户的个人隐私也造成了风险，因此需要从国家层面来建立针对个人隐私的保护战略和机制。

（2）加快完善个人隐私的立法保护

在云计算大数据的背景下，对于个人隐私，从技术层面保护远远不够，必须建立完善的法律法规，用法律的武器打击不法分子，保障用户权益。

（3）加强对个人隐私保护的行政监管

在信息网络的环境下，个人信息和个人隐私等具有了财产属性，部分不良的企业可能对其进行商业化利用以达到盈利的目的，因此，政府的有效监管、个人隐私方面的测评机制和标准就显得尤为必要。

（4）加强对个人隐私的技术保护

技术手段是法律措施的重要补充，应积极进行隐私保护技术的研发和创新，从技术层面来保障个人隐私的安全。

2.4 云计算安全设计原则

云计算作为一种新兴的信息服务模式，尽管会带来新的安全风险与挑战，但其与传统 IT 信息服务的安全需求并无本质区别，核心需求仍是对应用及数据的机密性、完整性、可用性和隐私性的保护。因此，云计算安全设计原则应从传统的安全管理角度出发，结合云计算自身的特点，将现有成熟的安全技术及机制延伸到云计算安全设计中，满足云计算的安全防护需求。

2.4.1　最小特权

最小特权原则是云计算安全中最基本的原则之一，它指的是在完成某种操作的过程中，赋予网络中每个参与的主体必不可少的特权。最小特权原则一方面保证了主体能在被赋予的特权之中完成需要完成的所有操作；另一方面保证了主体无权执行不应由它执行的操作，即限制了每个主体可以进行的操作。

在云计算环境中，最小特权原则可以减少程序之间潜在的相互影响，从而减少、消除对特权无意的、不必要的或者不适当的使用。另外，能够减少未授权访问敏感信息的机会。

在利用最小特权原则进行安全管理时，对特权的分配、管理工作就显得尤为重要，所以需要定期对每个主体的权限进行审计。通过定期审核来检查权限分配是否正确，以及不再使用的账户是否已被禁用或删除。

2.4.2　职责分离

职责分离是在多人之间划分任务和特定安全程序所需权限的概念。它通过消除高风险组合来限制人员对关键系统的权力与影响，从而降低个人因意外或恶意而造成的潜在破坏。这一原则被应用于云的开发和运行的职责划分上，同样也应用于云软件开发生命周期中。一般情况下，云的软件开发为分离状态，确保在最终交付物内不含有未授权的后门，确保不同人员管理不同的关键基础设施组件。

此外，职责分离还伴随着岗位轮换，如图 2-9 所示。管理层应给重要岗位的员工安排假期，并在该员工休假期间进行目标岗位的工作审计。因为职责轮换一般都涉及放假，所以职责轮换也通常成为强制放假。职责轮换除了可以进一步防止重要岗位的欺诈之外，也可以让人员熟悉本来不属于他负责的其他工作，为业务流程的岗位安排带来人员备份和协调工作能力提升的好处。

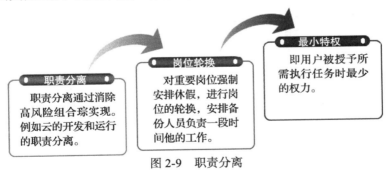

图 2-9　职责分离

2.4.3　纵深防御

在云计算环境中，原有的可信边界日益削弱，攻击平面也在增多，过去的单层防御已经难以维系安全性，纵深防御是经典信息安全防御体系在云计算环境中的必然发展趋势。云计算环境由于其结构的特殊性，攻击平面较多，在进行纵深防御时，需要考虑的层面也较多，从底至上主要包括：物理设施安全、网络安全、云平台安全、主机安全、应用安全和数据安全等方面，如图 2-10 所示。

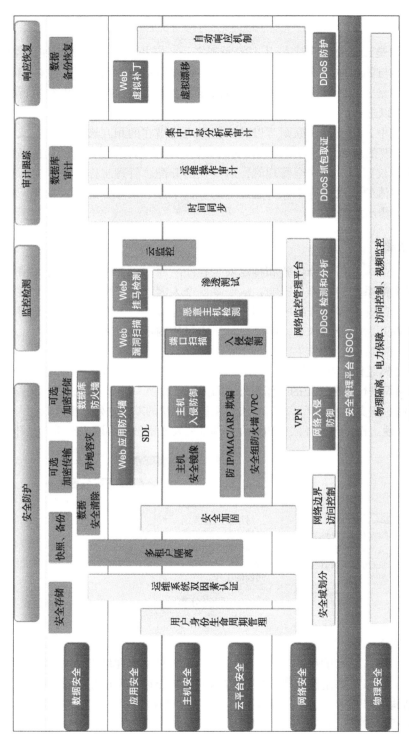

图 2-10   纵深防御

　　另外，云计算环境中的纵深防御还具有多点联动防御和入侵容忍的特性。在云计算环境中，多个安全节点协同防御、互补不足，会带来更好的防御效果。入侵容忍则是指当某一攻击面遭遇攻击时，可以通过安全设计手段将攻击限制在这一攻击层面，使攻击不能持续渗透下去。

　　根据木桶原理，系统的安全性取决于整个系统中安全性最低的部分，这个原理在云计算环境下同样适用。针对某一方面、采取某种单一手段增强系统的安全性，无法真正解决云计算环境下的安全问题，也无法真正提高云计算环境的安全性。云计算的安全需要从整个系统的安全角度出发进行考虑。

2.4.4　防御单元解耦

　　将防御单元从系统中解耦，使云计算的防御模块和服务模块在运行过程中不会相互影响，各自独立工作。这一原则主要体现在网络模块划分和应用模块划分两个方面。可以将网络划分成 VPC（Virtual Private Cloud）模式，保证各模块的网络之间进行有效的隔离。另一方面，将云服务商的应用和系统划分为最小的模块，这些模块之间保持独立的防御策略。另外，对某些特殊场景的应用还可以配置多层沙箱防御策略，如图 2-11 所示。

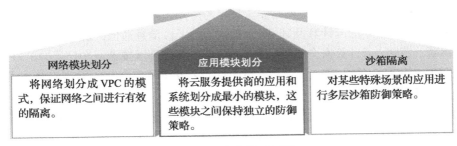

网络模块划分	应用模块划分	沙箱隔离
将网络划分成 VPC 的模式，保证网络之间进行有效的隔离。	将云服务提供商的应用和系统划分成最小的模块，这些模块之间保持独立的防御策略。	对某些特殊场景的应用进行多层沙箱防御策略。

图 2-11　防御单元解耦

2.4.5　面向失效的安全设计

　　面向失效的安全设计原则与纵深防御有相似之处。它是指在云计算环境下的安全设计中，当某种防御手段失效后，还能通过补救手段进行有效防御；一种补救手段失效，还有后续补救手段。这种多个或多层次的防御手段可能表现在时间或空间方面，也可能表现在多样性方面。

2.4.6　回溯和审计

　　云计算环境因其复杂的架构导致面临的安全威胁更多，发生安全事故的可能性更大，对安全事故的预警、处理、响应和恢复的效率要求也更高。因此，建立完善的系统日志采集机制对于安全审计、安全事件追溯、系统回溯和系统运行维护等方面来说就变得尤为重要。在云计算环境下，应该建立完善的日志系统和审计系统，实现对资源分配的审计、对各角色授权的审计、对各角色登录后的操作行为的审计等，从而提高系统对安全事故的审查和恢复能力。

2.4.7 安全数据标准化

由于目前的云计算解决方案很多，且不同的解决方案对相关数据、调用接口等的定义不同，导致目前无法定义一个统一的流程来对所有的云计算服务的安全数据进行采集和分析。目前已经有相关的组织对比进行了研究，如云安全联盟 CSA 提出的 CTP（云可信协议）协议以及动态管理工作组 DMTF 提出的 CADF（云审计数据互联）模型。

2.5 小结

云计算的灵活性和经济性吸引着越来越多的客户，但也有大量潜在客户因为担心云计算面临的安全风险而驻足不前。因此，在云计算建设和应用时采用多种安全设计，可以大大降低这些风险，逐渐消除客户的疑虑。解决了云计算的安全问题，云计算的发展前景将更为广阔，更好地为我们的工作、生活服务。

2.6 参考文献与进一步阅读

［1］ 徐蓉.理解云计算漏洞［J］.网络安全技术与应用，2015（08）：79-80.

［2］ 周勇.移动网络中的云计算及其安全问题探讨［J］.信息通信，2015（07）：229-230.

［3］ 王冉晴，范伟.云计算安全威胁研究初探［J］.保密科学技术，2015（04）：13-18.

［4］ 贾创辉，韦勇，颜顾.基于 Xen 架构的桌面云安全研究［J］.网络安全技术与应用，2014（09）：127-128.

［5］ 李峰.基于云计算的计算机系统面临的风险与对策［J］.中国西部科技，2014（03）：87-88.

［6］ 李亚方，俞国红.云计算安全防范及对策研究［J］.电脑知识与技术，2013（36）：46-48.

［7］ 姚平，李洪.浅谈云计算的网络安全威胁与应对策略［J］.电信科学，2013（08）：90-93.

［8］ 沈军，樊宁.电信 IDC 云计算应用与安全风险分析［J］.信息安全与通信保密，2012（11）：95-97.

［9］ 别玉玉，林果园.云计算中基于信任的多域访问控制策略［J］.信息安全与技术，2012（10）：39-45.

［10］ 白璐.信息系统安全等级保护物理安全测评方法研究［J］.信息网络安全，2011（12）：89-92.

［11］ 何明，沈军，金涛.云主机安全运营技术探析［J］.电信技术，2011（11）：9-11.

［12］ 黄虹.基于等级保护的网络物理安全建设［J］.科技广场，2010（01）：226-228.

［13］ 在云计算中使用虚拟化面临的安全问题［EB/OL］.http://chengfei.blog.51cto.com/503939/1532984.

［14］ 针对 SSL 的中间人攻击［EB/OL］.http://blog.csdn.net/ztclx2010/article/details/6891682.

云计算服务的安全能力与运维

第 **3** 章

主机虚拟化安全

虚拟化技术起源于 20 世纪 60 年代，是指将一个高性能物理服务器划分为多个独立的"虚拟机"，在用户看来，在虚拟机上操作和物理服务器上操作没什么区别。虚拟化是云计算的基础，云计算的重要特性（如动态伸缩、按需分配等）都需要虚拟化技术来提供支撑。虚拟化带来了 IT 资源整合以及访问终端的变革，但也引入了一些新的安全问题。本章将针对主机虚拟化技术及其面临的安全威胁展开讨论，并给出有针对性的主机虚拟化安全加固方案。

3.1 主机虚拟化技术概述

虚拟化技术经过半个多世纪的发展，已日趋成熟并逐渐得到广泛的应用，成为云计算的基础技术。

1959 年，在国际信息处理大会上，著名科学家克里斯托弗（Christopher Strachey）发表了一篇名为"大型高速计算机中的时间共享"（Time Sharing in Large Fast Computers）的学术报告。在该报告中，他提出了虚拟化的基本概念，同时这篇文章也被认为是对虚拟化技术的最早的论述。

1965 年，IBM 公司发布 IBM7044，它被认为是最早在商业系统中实现的虚拟化。它通过在一台大型主机上运行多个操作系统，形成若干个独立的虚拟机，让每一个用户可以充分利用整个大型机资源，有效解决了大型机资源利用率不足的问题。

1999 年，由于 X86 平台已具备高效的处理能力，VMware 公司在 X86 平台上推出了商用的虚拟化软件。这也标志着虚拟化技术从大型机时代走向了 PC 服务器的时代。

现在，随着云计算技术的快速发展，作为与云计算密不可分的虚拟化技术也得到了进一步的发展。越来越多的厂商，包括 VMware、Citrix、微软、Intel、Cisco 等都加入了虚拟化技术的市场竞争，虚拟化技术在未来将具有广阔的应用前景。

3.1.1 主机虚拟化的概念

有很多标准组织对**虚拟化**（virtualization）进行了定义。维基百科对于虚拟化的描述是：

在计算机技术中,虚拟化技术或虚拟技术是一种资源管理技术,是将计算机的各种实体资源(CPU、内存、磁盘空间、网络适配器等)予以抽象、转换后呈现出来,并可供分区、组合为一个或多个电脑配置环境。由此,打破实体结构间的不可切割的障碍,使用户可以比原本的配置更好的方式来应用这些电脑硬件资源。这些资源的新虚拟部分是不受现有资源的架设方式、地域或物理配置所限制。虚拟化资源一般包括计算能力和数据存储。开放网格服务体系(Open Grid Services Architecture,OGSA)对虚拟化的定义是:虚拟化是对一组类似资源提供的通用抽象接口集,进而隐藏了属性和操作间的差异。IBM 则认为,虚拟化是资源的逻辑表示,它不受物理限制的约束。

尽管不同的组织机构对虚拟化有不同的定义,但总的来说,我们可以这样理解虚拟化:虚拟化是对各种物理资源和软件资源的抽象利用。这里所说的资源包括硬件资源(如 CPU、内存、网络等),也包括软件资源(如操作系统、应用程序等)。对于用户来说,他只需要利用虚拟化环境来完成自己的工作,而不需要了解虚拟化逻辑资源的内部细节;在虚拟化环境下,用户可以在其中实现与在真实环境下相同的功能或部分功能。

主机虚拟化作为一种虚拟化实现方案,旨在通过将主机资源分配到多台虚拟机,在同一企业级服务器上同时运行不同的操作系统,从而提高服务器的效率,并减少需要管理和维护的服务器数量。与传统服务器相比,主机虚拟化在成本、管理、效率和灾备等方面,具有显著的优势。通过主机虚拟化实现方案,企业能够极大地增强 IT 资源的灵活性,降低管理成本并提高运营效率。

如图 3-1 所示,主机虚拟化架构通常由物理主机、虚拟化层软件和运行在虚拟化层上的虚拟机组成。物理主机是由物理硬件(包括 CPU、内存、I/O 设备)所组成的物理机器;虚拟化层软件又被称作 Hypervisor 或者虚拟机监视器(Virtual Machine Monitor,VMM),它的主要功能是将物理主机的硬件资源进行调度和管理,并将其分配给虚拟机,管理虚拟机与物理主机之间资源的访问和交互。虚拟机则是运行在虚拟化层软件之上的各个客户机操作系统,用户可以像使用真实计算机一样使用它们来完成工作。对于虚拟机上的各个应用程序来说,虚拟机就是一台真正的计算机。

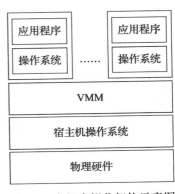

图 3-1 主机虚拟化架构示意图

3.1.2 主机虚拟化实现方案

在基本遵循主机虚拟化架构的前提下,业界主流公司都提出了其主机虚拟化解决方案,其典型代表有:VMware Workstation、Microsoft Virtual PC、Xen、KVM 等。

1. VMware Workstation

VMware Workstation 是一个基于主机的虚拟机产品,可以在 Windows、Linux 和 Macintosh 等主流操作系统上运行。它包含内核 VMM、虚拟机扩展驱动 VMX 和 VMware 应用程序三个模块,VMM 负责虚拟机的创建管理等核心工作;VMX 驱动运行在 Ring0 特权级,辅助 VMM 完成虚拟机操作系统触发的 I/O 操作；VMware 应用程序运行在 Ring3 特权级，是 VMware Workstation 的人机界面。当启动 VMware 应用程序时，VMX 驱动将 VMM 加载到核心区域，并赋予 VMM 和 VMX 驱动 Ring0 特权级，虚拟机操作系统能够探测到 VMX 和 VMware 应用程序，但是无法感知到 VMM。VMM 可以直接控制处理器内存，或者管理 VM 与主机通信来完成虚拟机 I/O 等特殊指令。

当虚拟机操作系统或在其之上运行的应用程序执行计算时，虚拟机可以获得处理器的控制权，程序直接在处理器硬件上执行。当虚拟机需要执行 I/O 操作或者执行敏感指令时，VMM 模块就会捕获这些指令并将处理器切换到 VMM 控制模式，在主机环境中由 VMX 模块或 VM 应用模拟执行 I/O，必要时由主机操作系统触发真实 I/O。由于 I/O 是由虚拟机操作系统引发，因此执行结果将通过 VMM 传递回虚拟机。虚拟机的处理器和内存调用基本是靠硬件实现，执行效率高，而 I/O 操作虚拟环境切换，导致虚拟机 I/O 性能较低。

2. Microsoft Virtual PC

微软公司的 Virtual PC 是一款基于主机操作系统的虚拟化产品，与 VMware Workstation 非常类似。Virtual PC 可以运行于 Windows 操作系统和 Macintosh 操作系统上，在操作系统上支持多个 Windows 操作系统实例及其应用程序的运行。与 VMware 相比，Virtual PC 有很多不足，如不支持 Windows 以外的操作系统（Linux、FreeBSD、Solaris 等）；Virtual PC 虚拟机不能修改已经赋予虚拟机使用的虚拟硬件设备，不支持 SCSI 设备，因此局限性比较大。Virtual PC 有一项特殊的功能，允许用户撤销在虚拟磁盘中所做的操作，使虚拟机恢复先前的状态，这在测试中非常有用。

3. Xen

Xen 采用半虚拟化技术，需要对操作系统进行修改才能与虚拟机监视器协同工作，这也就使得 Xen 无需硬件支持就能以较高效率实现虚拟化。在 Xen 中，虚拟机被称为域（Domain），其中，Domain 0 是一个管理域，它作为一个特殊域，可直接访问硬件资源，协助虚拟机监视器完成虚拟机的管理工作，为虚拟机监视器提供扩展服务。与 Domain 0 相比，普通虚拟机只能访问虚拟硬件资源，我们称之为普通域。虚拟机监视器运行在 Ring 0 特权级上，Domain 0 的内核运行在 Ring 1 上，它拥有系统 I/O 等硬件设备，负责向其他域提供虚拟硬件资源。Domain 0 作为整个系统的管理平台，可以通过超级调用（Hypercalls，是一种对 Hypervisor 的调用申请，类似于操作系统中的系统调用）来创建、保存、恢复、移植和销毁普通虚拟机。

Xen 普通虚拟机（Domain U）不能访问自身之外的任何硬件资源，包括虚拟机监视器拥有的硬件资源，但是可以通过 Hypercalls 向虚拟机监视器申请各种硬件服务，如内存更新、Domain 0 支持、处理器状态等，并且 Hypercalls 支持批处理调用，即能将 Hypercalls 集中在一个队列中统一处理，提高系统处理速度。

4. KVM

KVM 和 Xen 是两个比较接近的开源虚拟化实现方案，但是它们依然有很多不同。KVM 作为一个 Linux 内核核心模块，已经成为 Linux 的一个组成部分。KVM 虚拟化实现方案充分利用了 Linux 进程调度算法和内存管理技术，任何 Linux 内核性能的改进或版本提升均可直接应用于 KVM 虚拟化实现方案中，从而使 KVM 虚拟机获得性能上的提高。KVM 充分利用了 Linux 内核模块简单而高效的特点，修改 KVM 模块无需重新编译 Linux 内核，只需在 Linux 中重新加载修改后的 KVM 模块即可。

3.1.3　主机虚拟化的特性

在高性能的物理硬件产能过剩以及老旧硬件产能过低的情况下，为了实现硬件资源的合理分配和使用，虚拟化技术应运而生。不同类型的虚拟化技术使软件资源和硬件资源、底层资源和上层资源之间的耦合度降低，资源的利用方式也发生变化。以单个主机资源的利用方式为例，虚拟化前后，主机资源的利用方式发生的变化如图 3-2 及表 3-1 所示。

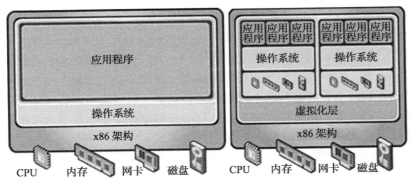

图 3-2　虚拟化前后的主机资源的利用方式

表 3-1　虚拟化前后对比

虚拟化前	虚拟化后
每台主机运行一个操作系统	一台主机可以运行多个操作系统
软硬件紧密结合，尤其是操作系统和硬件间的依赖度高	打破了操作系统和硬件的互相依赖，通过虚拟机封装技术，使操作系统和应用程序成为一个整体
在同一主机上运行多个应用程序通常会遭遇冲突	强大的安全和故障隔离
系统资源利用率低，尤其是 CPU 的利用率，一般保持在 10% 以下	系统资源利用率比较高，以 CPU 资源为例，一般保持在 70% 左右
硬件成本高昂而不够灵活	虚拟机可独立于硬件运行

主机虚拟化带来便利的同时也带来了新的挑战，主要体现在如何合理地分配一台物理主机的资源给多个虚拟机、如何确保多个虚拟机的运行不发生冲突、如何管理一个虚拟机和其拥有的各种资源、如何使虚拟化系统不受硬件平台的限制。这些与传统的资源利用的不同正是主机虚拟化技术的特性所在，同时也是服务器虚拟化（主机虚拟化在物理服务器上的实现）在实际环境中进行有效运用需要具备的特性，分别是：多实例、隔离性、封装性和高性能。

1）**多实例** 通过服务器虚拟化技术，实现了从"一个物理服务器一个操作系统实例"到"一个物理服务器多个操作系统实例"的转变。在一个物理服务器上虚拟出多台虚拟机，支持多个操作系统实例，这样就可以把服务器的物理资源进行逻辑整合，供多个虚拟机实例使用；可以根据实际需要把处理器、内存等硬件资源动态分配给不同的虚拟机实例；可以根据虚拟机实例的功能划分资源比重，对物理资源进行可控调配。与单服务器单操作系统的传统的服务器管理模式相比，多实例特性既可以利用有限的资源进行最大化的管理，又可以节省人力资源。

2）**隔离性** 虚拟机之间可以采用不同的操作系统，因此每个虚拟机之间是完全独立的。在一台虚拟机出现问题时，这种隔离机制可以保障其他虚拟机不会受其影响。其数据、文档、资料等集合不会丢失。也就是说，既方便系统管理员进行对每一台虚拟机进行管理，又能使虚拟机之间不受干扰，独立工作。而每个虚拟机内互访问，又可以通过所部署的网络进行通信，就如同在同一网域内每台计算机之间的数据通信一样。

3）**封装性** 采用了服务器虚拟化后，每台虚拟机的运行环境与硬件无关。通过虚拟化进行硬件资源分配，每台虚拟机就是一台独立的个体，可以实现计算机的所有操作。封装使不同硬件间的数据迁移、存储、整合等变得易于实现。在同一台物理服务器上运行的多个虚拟机会通过统一的逻辑资源管理接口来共用底层硬件资源，这样就可以将物理资源按照虚拟机不同的应用需求进行分配。将硬件封装为标准化的虚拟硬件设备，提供给虚拟机内的操作系统和应用程序使用，也可以保证虚拟机的兼容性。

4）**高性能** 服务器虚拟化是将服务器划分为不同的虚拟管理区域。其中的虚拟化抽象层通过虚拟机监视器或者虚拟化平台来实现，这会产生一定的开销，这些开销即为服务器虚拟化的性能损耗。服务器虚拟化的高性能是指虚拟机监视器的开销应控制在可承受的范围之内。

3.1.4 主机虚拟化的关键技术

在 x86 体系结构下，主机虚拟化的主要技术包括 CPU 虚拟化、内存虚拟化、I/O 虚拟化以及虚拟机的实时迁移。

1. CPU 虚拟化

CPU 虚拟化是 VMM 的核心部分，由于内存和 I/O 操作的指令都是敏感指令，因此对于内存虚拟化和 I/O 虚拟化的实现都是依赖于 CPU 虚拟化而完成的。所谓敏感指令，是指原本需要在操作系统最高特权级下执行的指令，这样的指令不能在虚拟机内直接执行，而是交由VMM 处理，并将结果重新返回给虚拟机。CPU 虚拟化的目的就是让虚拟机中执行的敏感指令能够触发异常而陷入到 VMM 中，并通过 VMM 进行模拟执行。在 x86 体系结构当中，处理器拥有 4 个特权级，分别是 Ring 0、Ring 1、Ring 2、Ring 3。运行级别依次递减。其中位于用户态的应用程序运行在 Ring 3 特权级上，而位于内核态的代码需要对 CPU 的状态进行控制和改变，需要较高的特权级，所以其运行在 Ring 0 特权级上。

在 x86 体系结构中实现虚拟化时，由于虚拟化层需要对虚拟机进行管理和控制，如果虚拟化层运行在 Ring 0 特权级上，则客户机操作系统只能够运行在低于 Ring 0 的特权级别。但由于在客户机操作系统中的某些特权指令，如中断处理和内存管理指令，如果没有运行在 Ring 0 特权级，则可能会出现语义冲突导致指令不能够正常执行。针对这样的问题，研究者们提出了两种解决方案，分别是全虚拟化（Full-virtualization）和半虚拟化（Para-virtualization），两者的区别如图 3-3 所示。

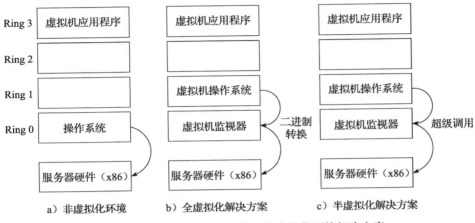

图 3-3 非虚拟化、全虚拟化、半虚拟化环境解决方案

全虚拟化采用了二进制动态代码翻译技术（Dynamic Binary Translation），这种方法在敏感指令之前插入陷入指令。当虚拟机需要执行这些敏感指令时，会先通过陷入指令陷入到虚拟机监视器中。虚拟机监视器将需要执行的敏感指令动态转换为具有相同功能的指令序列，再交由虚拟机执行。通过这样的方法，非敏感指令由虚拟机直接处理执行，而敏感指令则通过陷入虚拟机监视器进行指令转换后再执行。全虚拟化解决方案的优点是不需要对客户机操作系统进行修改，因此可以适配多种类型的操作系统，但缺点在于指令的动态转换需要一定的性能开销。

半虚拟化解决方案则通过对客户机操作系统进行修改来解决虚拟机敏感指令不能正常执行的问题。在半虚拟化中，被虚拟化平台托管的客户机操作系统通过修改其操作系统，将所有敏感指令替换成对底层虚拟化平台的超级调用。虚拟化平台也为这些敏感的特权指令提供了调用接口。形象地说，半虚拟化中的客户机操作系统被修改后，知道自己处在虚拟化环境中，从而主动配合虚拟机监视器，在需要的时候对虚拟化平台进行调用来完成相应指令的执行。半虚拟化解决方案的优点是其性能开销小于全虚拟化解决方案。但缺点在于，由于对客户机操作系统进行了修改，使得客户机操作系统能够感知到自己处在虚拟化环境中，不能够保证虚拟机监视器对虚拟机的透明性。而且半虚拟化对客户机操作系统版本有一定的限制，降低了客户机操作系统与虚拟化层之间的兼容性。

上述的全虚拟化与半虚拟化解决方案都属于通过软件方式来完成的虚拟化，但由于两者都存在一定的性能开销或者是增加了系统开发维护的复杂性。为了解决以上问题，产生了通过硬件来辅助完成 CPU 虚拟化的方式，即硬件辅助虚拟化技术。当今两大主流的硬件厂商 Intel 公司和 AMD 公司分别推出了各自的硬件辅助虚拟化技术 Intel VT 和 AMD-V。以 Intel VT 技术为例，它在处理器中增加了一套虚拟机扩展指令集（Virtual Machine Extensions，VMX）用于虚拟化环境的相关操作。Intel VT 技术将处理器运行模式分为根模式（root）和非根模式（non-root）。对于虚拟化层而言，它运行在根模式下。对于客户机操作系统而言，它运行在非根模式下。由于两种运行模式都具备从 Ring 0 到 Ring 3 的四个特权级，所以很好地保留了全虚拟化和半虚拟化的优点，同时又弥补了两者的不足。

2. 内存虚拟化

物理机的内存是一段连续分配的地址空间，虚拟机监视器上层的各个虚拟机共享物理机的内存地址空间。由于虚拟机对于内存的访问是随机的，并且又需要保证虚拟机内部的内存地址是连续的，因此虚拟机监视器就需要合理映射虚拟机内部看到的内存地址到物理机上的真实内存地址。虚拟机监视器对物理机上的内存进行管理，并根据每个虚拟机对内存的需求对其进行合理分配。所以，从虚拟机中看到的"内存"不是真正意义上的物理内存，而是经过虚拟机监视器进行管理的"虚拟"物理内存。在内存虚拟化当中，存在着虚拟机逻辑内存、虚拟机看到的物理内存以及真实物理主机上的内存三种类型，这三种内存地址空间也分别称为虚拟机逻辑地址、虚拟机物理地址以及机器地址，如图 3-4 所示。

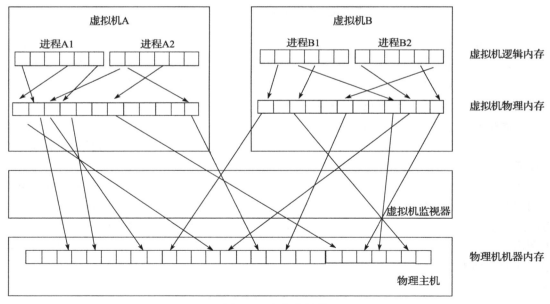

图 3-4　内存虚拟化

在内存虚拟化中，虚拟机逻辑地址与真实物理主机上的机器地址之间的映射是通过内存虚拟化中的内存管理单元来完成的。现阶段，内存虚拟化的实现方法主要有两种，分别是影子页表法和页表写入法，如图 3-5 所示。

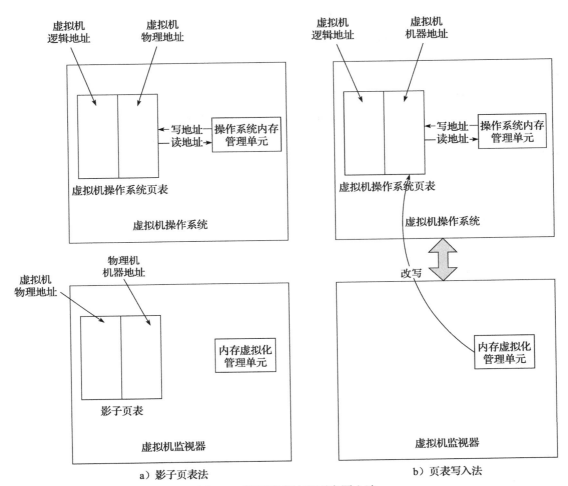

图 3-5　影子页表法和页表写入法

　　影子页表法是指在客户机操作系统中维护了虚拟机自己的页表。该页表中保存的是虚拟机逻辑地址到虚拟机物理地址的映射关系，而在虚拟机监视器当中，为每一台虚拟机也都维护了一套页表，该页表中保存的是当前客户机操作系统页表物理地址到真实物理机机器地址的映射关系。在客户机操作系统页表发生改变时，在虚拟机监视器中维护的页表也会随之更新，如同它的影子，所以被称作"影子页表"（Shadow Page Table）。

　　页表写入法是指每当客户机操作系统新创建一个页表时，虚拟机监视器也创建一套与当前页表相同的页表，这个页表中保存的是虚拟机物理地址与物理机机器地址之间的映射关系。在客户机操作系统对它自身所维护的这套页表进行写操作时，将会产生敏感指令并由虚拟机监视器剥夺客户机操作系统对其页表的写操作权限，然后由虚拟机监视器对客户机操作系统页表进行更新，使得客户机操作系统能直接从它自己的页表当中读取到真实物理主机的机器地址。

总的来说，影子页表法是一个从虚拟机逻辑地址到虚拟机物理地址再到物理机机器地址的二级映射关系，而页表写入法是一个从虚拟机逻辑地址到物理机机器地址的一级映射关系。但由于页表写入法在虚拟机监视器中需要对每一套虚拟机页表都维护一套页表，因此对系统性能的消耗比较大。

3. I/O 虚拟化

真实物理主机上的外设资源是有限的，为了使多台虚拟机能够复用这些外设资源，就需要虚拟机监视器通过 I/O 虚拟化来对这些资源进行有效地管理。虚拟机监视器通过截获客户机操作系统对外部设备的访问请求，再通过软件模拟的方式来模拟真实外设资源，从而满足多台虚拟机对外设的使用要求，如图 3-6 所示。

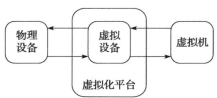

图 3-6　I/O 虚拟化

虚拟机监视器通过软件的方式模拟出来的虚拟设备可以有效地模拟物理设备的动作，并将虚拟机的设备操作转译给物理设备，同时将物理设备的运行结果返回给虚拟机。对于虚拟机而言，它只能够察觉到虚拟化平台提供的模拟设备，而不能直接对物理外设进行访问，所以这种方式所带来的好处就是，虚拟机不会依赖于底层物理设备的实现。

I/O 虚拟化的实现主要有全设备模拟、半虚拟化和直接 I/O 三种方式。

1）**全设备模拟**：该方法可以模拟一些主流的 I/O 设备，在软件实现中对一个设备的所有功能或者总线结构（例如设备枚举、识别、中断和 DMA）进行复制。该软件位于虚拟机监视器中，每当客户机操作系统执行 I/O 访问请求时，将会陷入到虚拟机监视器中，与 I/O 设备进行交互。这种方式的体系结构如图 3-7 所示。

如图 3-7 所示，从上往下依次有客户设备驱动、虚拟设备、I/O 堆栈、物理设备驱动和物理设备。其中 I/O 堆栈主要用于提供虚拟机 I/O 地址到物理主机地址的地址转换，处理虚拟机之间的通信，复用从虚拟机到物理设备的 I/O 请求，提供企业级的 I/O 特性。

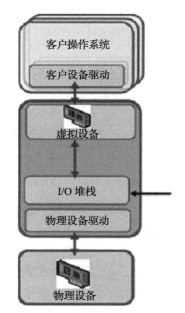

图 3-7　全设备模拟结构图

2）**半虚拟化**：半虚拟化中具有代表性的是 Xen 虚拟化解决方案中实现 I/O 虚拟化的方式。它由前端驱动和后端驱动两部分构成。前端驱动运行在 Domain U（其他虚拟机）中，后端驱动运行在 Domain 0（特权域）中，它们通过一块共享内存交互。前端驱动管理客户机操作系统的 I/O 请求，后端驱动负责管理真实的 I/O 设备并复用不同虚拟机的 I/O 数据。尽管与全虚拟化设备模拟相比，半 I/O 虚拟化的方法可以获得更好的设备性能，但其 I/O 虚拟化的运行机制也会带来更高的 CPU 开销。

3）**直接 I/O 虚拟化**：这是指让虚拟机直接访问设备硬件，它能获得近乎宿主机访问设备硬件的性能，并且 CPU 开销不高。目前，直接 I/O 虚拟化主要集中在大型主机的网络虚拟化方面，通过直接 I/O 虚拟化来为虚拟机分配独立的物理网络接口设备，以提高其网络交互能力。但是直接 I/O 虚拟化成本要求高，在商业大规模推广方面仍面临许多挑战。

4. 虚拟机实时迁移

虚拟机实时迁移是指在保证虚拟机上服务正常运行的同时，使虚拟机在不同的物理主机上进行迁移。整个迁移过程需要保证虚拟机是可用的，并且整个迁移过程是快速且平滑的，迁移过程对用户透明，即用户几乎不会察觉到在虚拟机使用过程中产生的任何差异。

整个实时迁移的过程需要虚拟机监视器的配合来完成虚拟机从源物理主机到目标物理主机上内存和其他数据信息的拷贝。在实时迁移开始时，虚拟机的内存页面和数据信息将不断从源物理主机拷贝到目标物理主机，直到最后一部分位于源物理主机中的虚拟机内存和数据被拷贝进目标物理主机后，目标物理主机上的虚拟机将开始运行，整个迁移过程不会影响源物理主机中虚拟机的工作，如图 3-8 所示。

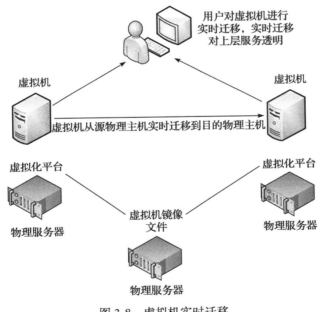

图 3-8　虚拟机实时迁移

利用虚拟机实时迁移技术，可以实现服务器的在线维护、在线升级和动态负载均衡，因此在云计算领域有着广阔的应用前景。

3.1.5　主机虚拟化的优势

虚拟化是基础设施整合中的重要技术。有了虚拟化技术，一些基础设施（如服务器、网络、存储等）可以被资源池化，并且经过抽象后提供给上层的计算单元，使上层的计算单元以为自己运行在独立的内存空间中，享有独立的网络、存储资源用于服务。同时，虚拟化技术的分区特性使得各种硬件资源被合理、高效地划分给不同的虚拟机；隔离特性使得多个不同虚拟机在同一主机上互不影响计算的效果；封装特性使得虚拟机更方便地迁移和备份；独立于硬件的特性使得虚拟机的配置更加方便。

由图 3-9 可以看出，目前虚拟化的市场还处于起步阶段，是 IT 行业新兴发展方向之一。图中，虚拟化的市场发展被分为了四个阶段，即降低成本、提高使用率、提高灵活性与更好地使 IT 配合业务。

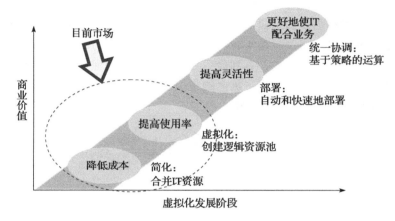

图 3-9　虚拟化的市场发展图

总而言之，主机虚拟化的优势主要体现在两方面：增加硬件的利用率以及提高生产率。

（1）增加硬件的利用率

以 CPU 的利用率为例，如图 3-10 所示，在宿主机进行虚拟化之前，主机上 CPU 的利用率一般在 10% 以下，偶尔会出现 CPU 的利用高峰，但是也没有超过 30%；在宿主机进行虚拟化之后，宿主机上的 4 个 CPU 的利用率均维持在 55%～80%，最低利用率也没有小于50%。可见，相较于传统主机而言，主机虚拟化技术极大提高了 CPU 的利用率。

（2）提高生产率

主机虚拟化在提高生产率方面的作用可通过以下几个例子来说明：

【例 3.1】　部署一个新的服务器。若采用传统的服务器架构，需要 3～10 天进行硬件采购，1～4 小时进行系统部署；采用虚拟化架构后，只需要 5～10 分钟的时间即可采用模板和部署向导初步完成一个系统的部署。

【例 3.2】　硬件的维护。若采用传统的服务器架构，需要 1～3 小时进行窗口维护，数天乃至数周进行变更管理准备；采用虚拟化架构后，可以通过虚拟化技术实现零宕机的硬件升级。

【例 3.3】　迁移集成服务器。采用传统的服务器架构，需要数天甚至数周进行变更管理准备，有时候，迁移能否成功还会受到其他环境因素的影响；采用虚拟化架构后，采用 P2V

（Physical To Virtual）技术，只需要一个小时左右便可以实现服务器的迁移。

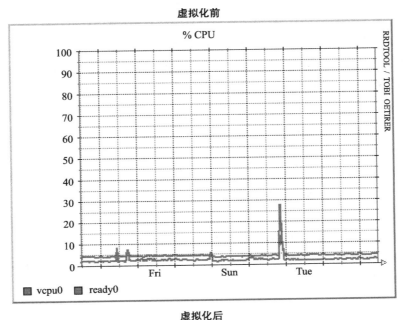

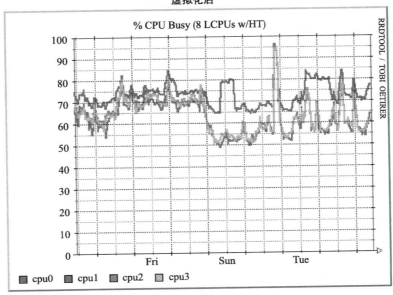

图 3-10 CPU 利用率对比图

【**例 3.4**】 移动服务器优化负载。采用传统的服务器架构，迁移过程大约需要 4 ~ 6 小时，所有的维护窗口中的服务全部中断，并且需要数天甚至数周的变更准备时间；采用虚拟化架构后，利用虚拟机实时迁移技术，可以在 2 ~ 5 分钟内实现无服务中断的迁移。

服务器虚拟化是虚拟化技术中出现时间最早的技术分支，也是虚拟化技术中最为成熟的领域。服务器虚拟化是将虚拟化技术应用于服务器上，将一个服务器虚拟化成若干个服务器使用。服务器虚拟化技术的多实例、强隔离、高性能、封装好等特性保证了它能有效地运用在实际的环境中，独特的优势使其受到很多大型企业的青睐。服务器虚拟化的主要优点可总结如下：

1）降低运营成本：服务器虚拟化厂商都提供了功能强大的虚拟化环境管理工具，可降低人工干预的频率，降低 IT 基础设施的运营成本。

2）提高应用兼容性：服务器虚拟化技术所具有的封装和隔离特性使管理员仅需构建一个应用版本，即可将其发布到被虚拟化封装后的不同类型的平台上。

3）加速应用部署：采用服务器虚拟化后，部署一个应用通常只需要几分钟至十几分钟的时间，且不需要人工干预，极大地缩短了部署时间，降低了部署成本。

4）提高服务可用性：服务器虚拟化技术可以方便地对运行中的服务器进行快照并备份成虚拟机镜像文件，支持虚拟机的动态迁移和恢复，提高了服务的可用性。

5）提升资源利用率：服务器虚拟化技术将原有的多台服务器整合到一台服务器上，提高了物理服务器的利用率。

6）动态调度资源：服务器虚拟化支持实时迁移，方便资源的整合和动态调度。同时，数据中心统一的资源池，使数据中心管理员可以灵活地调整分配资源。

7）降低能源消耗：服务器虚拟化可以将原来运行在各个服务器上的应用整合到少数几台服务器上，通过减少运行的服务器的数量，降低了能源消耗。

这些优势加速了服务器虚拟化技术的普及，使其应用领域越来越广泛。服务器虚拟化技术开启了基础硬件利用方式的全新时代，尤其为构建云计算基础架构奠定了重要的技术基础。在当今云计算盛行的 IT 时代，服务器虚拟化技术必将大行其道。

3.1.6 主机虚拟化上机实践

1. 单主机虚拟化上机实践

（1）实验目的

学习主机虚拟化环境的搭建过程和利用虚拟化管理软件对虚拟机进行可视化管理。

（2）实验环境

① Linux 操作系统（以 Ubuntu Desktop 操作系统为例）。

②可连通互联网的主机。

③ KVM、QEMU、虚拟机操作系统安装文件等。

（3）实验步骤

1）配置环境：配置环境的步骤如下。

①查看 CPU 是否支持硬件虚拟化，因为 KVM 需要硬件虚拟化功能支持。

```
Intel CPU :
grep vmx /proc/cpuinfo
AMD CPU :
grep svm /proc/cpuinfo
```

如果查询的信息中有"vmx"或"svm"字段，说明 CPU 可支持硬件虚拟化。

②配置安装源：Linux 默认安装源下载及安装速度较慢，因此需要修改软件安装源为适合本地环境的安装源以提高速度。修改 /etc/apt/sources.list 文件，此处将安装源改为" mirrors. ustc.edu.cn"（中国科技大学）。

```
$sudo vi /etc/apt/sources.list
// 在 vi 编辑环境中，将软件源替换为"mirrors.ustc.edu.cn"，在命令模式下使用以下命令行：
:1,$s/cn.archive.ubuntu.com/mirrors.ustc.edu.cn/g     // 根据操作系统版本不同
                                                       // 此处安装源为"cn.archive.
                                                       // ubuntu.com"，不同 Ubuntu
                                                       // 版本可能有所不同
:1,$s/security.ubuntu.com/mirrors.ustc.edu.cn/g        // 根据操作系统版本不同
                                                       // 此处安装源为"security.
                                                       // ubuntu.com"，不同 Ubuntu
                                                       // 版本可能有所不同
:wq                                                    // 保存退出 vi 环境

$sudo apt-get update
$sudo apt-get upgrade
```

③安装 KVM、QEMU 及配套软件。

```
$sudo apt-get install kvm qemu libvirt-bin virtinst virt-manager virt-viewer
xtightvncviewer

// 查看 KVM 是否安装成功

# virsh -c qemu:/// system list
 Id    Name                           State
----------------------------------------------------
// 如果显示以上信息，则说明 KVM、QEMU 安装成功！
```

④使用命令行建立虚拟机，安装操作系统，使用虚拟机。

```
# qemu-img create -f qcow2 ubuntu.img 10G

# qemu-system-x86_64 -hda ubuntu.img  -cdrom < 虚拟机操作系统安装文件 > -boot d -m 1024

# qemu-system-x86_64 -hda ubuntu.img  -m 1024
// 启动完成后，系统会提示如下信息：
VNC server running on '127.0.0.1:5901'  // 不同环境下，端口号会有所不同

// 在 Ubuntu 桌面上新开一个 Terminal，在命令行输入：
#vncviewer :5901
```

之后，就可以在新窗口中查看和操作普通操作系统一样操作虚拟机，显示效果如图3-11所示：

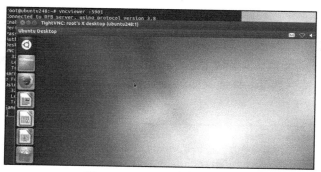

图 3-11 Ubuntu 虚拟机桌面

⑤通过 virt-manager 管理虚拟机。在用户界面上，打开 Terminal 终端，输入以下命令：

```
#virt-manager
```

系统弹出如图 3-12 所示的窗口：

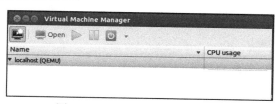

图 3-12 virt-manager 管理界面

后续的操作都在这个环境下进行。

a）将已有的虚拟机镜像文件加入到 virt-manager 中。点击界面上侧工具栏第一个图标，弹出"新增虚拟机"窗口，在"安装选项"中选择"导入有磁盘镜像"，之后选择第④步创建的虚拟机镜像，按照提示进行操作，完成虚拟机镜像的导入操作。

b）在 virt-manager 中新建虚拟机。在 virt-manager 中，点击界面上侧工具栏第一个图标，弹出"新增虚拟机"窗口，在"安装选项"中选择"本地安装媒介"，之后选择虚拟机操作系统的安装镜像所在位置，之后按照提示进行操作，完成虚拟机操作系统的导入操作。如图 3-13 所示。

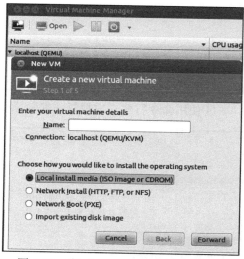

图 3-13 在 virt-manager 中创建虚拟机

c）在 virt-manager 中拷贝现有虚拟机。在 virt-manager 中现有的虚拟机实例上单击右键，在右键菜单上选择"Clone"，如图 3-14 所示。

之后，按照系统提示完成虚拟机克隆操作，就能够以现有虚拟机为模板创建新的虚拟机。如图 3-15 所示。

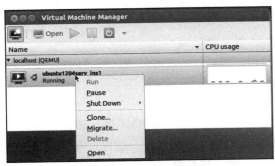

图 3-14　在 virt-manager 中拷贝现有虚拟机

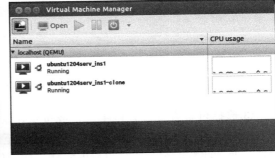

图 3-15　拷贝虚拟机完成

2. 阿里云虚拟化上机实践

（1）实验目的

使用阿里云进行虚拟机的创建与管理。

（2）实验环境

阿里云平台

（3）实验步骤

步骤 1：配置选型

阿里云推荐以下几种配置组合方案，能够满足大部分用户的需求。

- **入门型**：1vCPU+1GB+1MB，适用于访问量较小的个人网站。
- **进阶型**：1vCPU+2GB+1MB，适用于流量适中的网站、简单开发环境、代码存储库等。
- **通用型**：2vCPU+4GB+1MB，能满足 90% 云计算用户，适用于企业运营活动、并行计算应用、普通数据处理。
- **理想型**：4vCPU+8GB+1MB，用于对计算性能要求较高的业务，如企业运营活动、批量处理、分布式分析、APP 应用等。

注意　这些推荐配置只是作为开始使用云服务器 ECS 的参考。阿里云提供了灵活、可编辑的配置修改方式。如果在使用过程中，发现配置过高或过低，可以随时修改配置。

步骤 2：创建 Linux 实例

这里只介绍新购实例。如果已有镜像，可以使用自定义镜像创建实例。新购实例的操作步骤如下：

①登录云服务器管理控制台。如果尚未注册，单击免费注册。

②定位到云服务器 ECS →实例。单击"创建实例"。如图 3-16 所示。

图 3-16 阿里云中创建 Linux 实例

③选择付费方式，有包年包月或按量付费。关于两种付费方式的区别，请参见计费模式。如果选择"按量付费"，请确保账户余额至少有 100 元。如无余额，请进入充值页面充值后再开通。注意：对于按量付费的实例，即使停止实例，也会继续收费。如果不再需要该按量付费的实例，请及时释放实例。如图 3-17 所示。

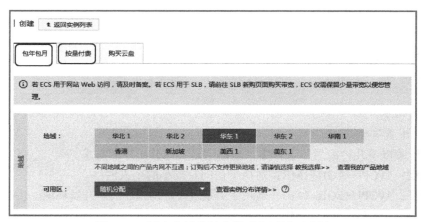

图 3-17 创建实例的付费类型和可用区选择

④选择地域。所谓地域，是指实例所在的地理位置。可以根据用户所在的地理位置选择地域。与用户距离越近，延迟相对越少，下载速度相对越快。例如，如果用户都分布在杭州地区，则可以选择华东 1。

在这里需要注意：
- 不同地域间的内网不能互通。
- 实例创建完成后，不支持更换地域。
- 不同地域提供的可用区数量、实例系列、存储类型、实例价格等也会有所差异，请根据业务需求进行选择。

⑤选择网络类型。目前，大部分地域提供两种网络类型。网络类型一旦选择后，不能更

改，因此请慎重选择。

如果想使用经典网络，选择"经典网络"。然后点击"选择安全组"。如图 3-18 所示。

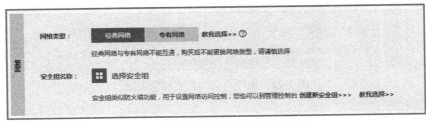

图 3-18　创建实例的网络和安全组选择

如果需要使用逻辑隔离的专有网络，选择"专有网络"。如图 3-19 所示。

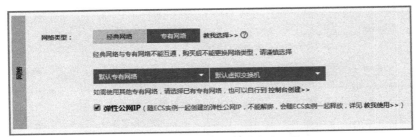

图 3-19　创建逻辑隔离的专有网络

⑥选择实例，包括实例系列、I/O 优化实例和实例规格。关于实例规格的详细介绍，请
参考实例规格族。其中，实例系列 II 是实例系统
I 的升级版，能提供更高的性能，推荐使用。推
荐选择 I/O 优化，挂载后可以获得 SSD 云盘的全
部性能。如图 3-20 所示。

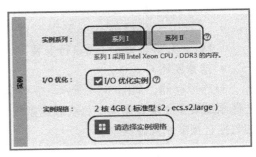

⑦选择网络带宽。如果选择 0MB，则不分
配外网 IP，该实例将无法访问公网。如果选择了
按量付费，同时选择 0MB 固定带宽，则同样不
分配外网 IP，而且不支持 0MB 带宽升级，因此
请谨慎选择。

图 3-20　创建实例的规模和系列

按固定带宽付费如图 3-21 所示。

图 3-21　创建实例的带宽付费模式

按使用流量付费如图 3-22 所示。

图 3-22 创建实例的带宽峰值设定

⑧选择镜像。可以选择公共镜像，包含正版操作系统，购买完成后再手动安装部署软件；也可以选择镜像市场提供的镜像，其中集成了运行环境和各类软件。公共镜像中的操作系统 License 无须额外费用（海外地域除外）。如图 3-23 所示。

图 3-23 创建实例的操作系统来源选择

⑨选择操作系统。选择操作系统的时候，应注意以下几个问题：
- 最流行的服务器端操作系统，强大的安全性和稳定性。
- 免费且开源，轻松建立和编译源代码。
- 通过 SSH 方式远程访问您的云服务器。
- 一般用于高性能 Web 等服务器应用，支持常见的 PHP/Python 等编程语言，支持 MySQL 等数据库（需自行安装）。
- 推荐使用 CentOS。

⑩选择存储，如图 3-24 所示。系统盘为必选，用于安装操作系统。可以根据业务需求，选择添加最多 4 块数据盘，每块数据盘最大 32TB。用户还可以选择用快照创建磁盘，把快照的数据直接复制到磁盘中。

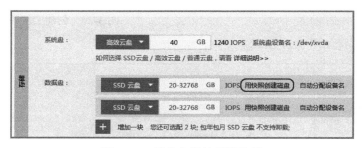

图 3-24 创建实例的存储选择

⑪设置实例的登录密码和实例名称，如图 3-25 所示。请务必牢记密码。也可以在创建完成后再设置密码。

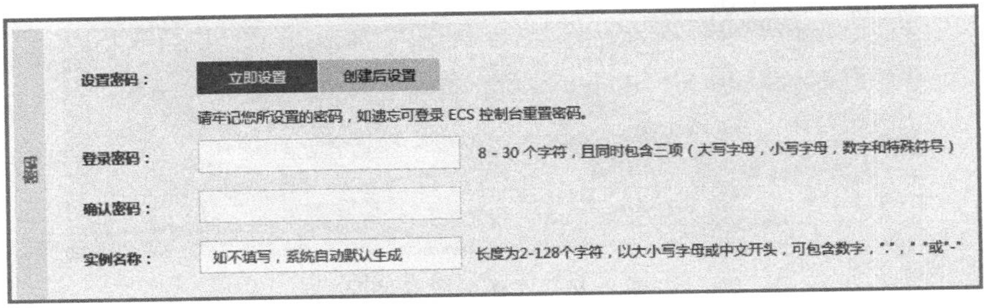

图 3-25　创建实例的系统密码

⑫设置购买的时长和数量。

⑬单击页面右侧价格下面的"立即购买"。

⑭确认订单并付款。

至此，实例创建完成，你会收到短信和邮件通知，告知实例名称、公网 IP 地址、内网 IP 地址等信息。之后，就可以使用这些信息登录和管理实例。

步骤 3：登录 Linux 实例

根据使用的本地操作系统，可以从 Windows、Linux、Mac OS X 等操作系统登录 Linux 实例。

步骤 4：格式化和挂载数据盘

如果在创建实例时选择了数据盘，那么在登录实例后，系统需要先格式化数据盘，然后挂载数据盘。另外，还可以根据业务需要，对数据盘进行多分区配置。建议使用系统自带的工具进行分区操作。

注意：云服务器 ECS 仅支持对数据盘进行二次分区，而不支持对系统盘进行二次分区（不管是 Windows 还是 Linux 系统）。如果强行使用第三方工具对系统盘进行二次分区操作，可能引发未知风险，如系统崩溃、数据丢失等。

本操作适用于非 I/O 优化 +SSD 云盘 Linux（Redhat、CentOS、Debian、Ubuntu）实例。

①使用管理终端或远程连接工具，输入用户名 root 和密码登录到实例。

②运行 fdisk -l 命令查看数据盘。注意：在没有分区和格式化数据盘之前，使用 df -h 命令是无法看到数据盘的。在下面的示例中，有一个 5GB 的数据盘需要挂载。如图 3-26 所示。

③如果执行了 fdisk -l 命令后，没有发现 /dev/xvdb，则表示你的实例没有数据盘，因此无需挂载。

④运行 fdisk/dev/xvdb，对数据盘进行分区。根据提示，依次输入 n、p、1，两次按回车，wq，分区就开始了。如图 3-27 所示。

⑤运行 fdisk -l 命令，查看新的分区，可以看到新分区 xvdb1 已经创建好。如下面示例中的 /dev/xvdb1。如图 3-28 所示。

```
[root@AY11092611360929c66a0 ~]# df -h
Filesystem          Size  Used Avail Use% Mounted on
/dev/hda1           62G   467M  62G   1% /
tmpfs               753M  0     753M  0% /dev/shm
[root@AY11092611360929c66a0 ~]# fdisk -l

Disk /dev/hda: 68.7 GB, 68719476736 bytes
255 heads, 63 sectors/track, 8354 cylinders
Units = cylinders of 16065 * 512 = 8225280 bytes

   Device Boot      Start         End      Blocks   Id  System
/dev/hda1   *           1        8094    65015023+  83  Linux
/dev/hda2            8095        8351     2064352+  82  Linux swap / Solaris

Disk /dev/xvdb: 96.6 GB, 96636764160 bytes
255 heads, 63 sectors/track, 11748 cylinders
Units = cylinders of 16065 * 512 = 8225280 bytes
```

图 3-26　实例的磁盘情况

```
[root@AY11092611360929c66a0 ~]# fdisk /dev/xvdb
Device contains neither a valid DOS partition table, nor Sun, SGI or OSF disklabel
Building a new DOS disklabel. Changes will remain in memory only,
until you decide to write them. After that, of course, the previous
content won't be recoverable.


The number of cylinders for this disk is set to 11748.
There is nothing wrong with that, but this is larger than 1024,
and could in certain setups cause problems with:
1) software that runs at boot time (e.g., old versions of LILO)
2) booting and partitioning software from other OSs
   (e.g., DOS FDISK, OS/2 FDISK)
Warning: invalid flag 0x0000 of partition table 4 will be corrected by w(rite)

Command (m for help): n
Command action
   e   extended
   p   primary partition (1-4)
p
Partition number (1-4): 1
First cylinder (1-11748, default 1):
Using default value 1
Last cylinder or +size or +sizeM or +sizeK (1-11748, default 11748):
Using default value 11748

Command (m for help): wq
The partition table has been altered!

Calling ioctl() to re-read partition table.
Syncing disks.
```

图 3-27　对实例的数据盘进行分区操作

```
[root@AY11092611360929c66a0 ~]# fdisk -l

Disk /dev/hda: 68.7 GB, 68719476736 bytes
255 heads, 63 sectors/track, 8354 cylinders
Units = cylinders of 16065 * 512 = 8225280 bytes

   Device Boot      Start         End      Blocks   Id  System
/dev/hda1   *           1        8094    65015023+  83  Linux
/dev/hda2            8095        8351     2064352+  82  Linux swap / Solaris

Disk /dev/xvdb: 96.6 GB, 96636764160 bytes
255 heads, 63 sectors/track, 11748 cylinders
Units = cylinders of 16065 * 512 = 8225280 bytes

   Device Boot      Start         End      Blocks   Id  System
/dev/xvdb1              1       11748    94365778+  83  Linux
```

图 3-28　查看创建好的分区

⑥运行 mkfs.ext3 /dev/xvdb1，对新分区进行格式化。格式化所需时间取决于数据盘大小。也可自主决定选用其他文件格式，如 ext4 等。如图 3-29 所示。

```
[root@AY11092611360929c66a0 ~]# mkfs.ext3 /dev/xvdb1
mke2fs 1.39 (29-May-2006)
Filesystem label=
OS type: Linux
Block size=4096 (log=2)
Fragment size=4096 (log=2)
11796480 inodes, 23591444 blocks
1179572 blocks (5.00%) reserved for the super user
First data block=0
Maximum filesystem blocks=4294967296
720 block groups
32768 blocks per group, 32768 fragments per group
16384 inodes per group
Superblock backups stored on blocks:
        32768, 98304, 163840, 229376, 294912, 819200, 884736, 1605632, 2654208,
        4096000, 7962624, 11239424, 20480000

Writing inode tables: done
Creating journal (32768 blocks): done
Writing superblocks and filesystem accounting information: done

This filesystem will be automatically checked every 24 mounts or
180 days, whichever comes first.  Use tune2fs -c or -i to override.
```

图 3-29　格式化新分区

⑦运行 echo /dev/xvdb1 /mnt ext3 defaults 0 0>>/etc/fstab 写入新分区信息。完成后，可以使用 cat /etc/fstab 命令查看写入的信息，如图 3-30 所示。

```
[root@AY11092611360929c66a0 ~]# cat /etc/fstab
LABEL=/              /                    xfs       defaults         1 1
tmpfs                /dev/shm             tmpfs     defaults         0 0
devpts               /dev/pts             devpts    gid=5,mode=620   0 0
sysfs                /sys                 sysfs     defaults         0 0
proc                 /proc                proc      defaults         0 0
LABEL=SWAP           swap                 swap      defaults         0 0
/dev/xvdb1           /mnt                 ext3      defaults         0 0
```

图 3-30　写入新分区信息

注意　Ubuntu 12.04 不支持 barrier，所以对该系统正确的命令是：echo /dev/xvdb1 /mnt ext3 defaults 0 0>>/etc/fstab。

如果需要把数据盘单独挂载到某个文件夹，比如单独用来存放网页，可以修改以上命令中的 /mnt 部分。

运行 mount /dev/xvdb1 /mnt 挂载新分区，然后执行 df -h 查看分区。如果出现数据盘信息，说明挂载成功，可以使用新分区了。

```
# mount /dev/xvdb1 /mnt
# df -h
Filesystem        Size  Used Avail Use% Mounted on
/dev/xvda1         40G  1.5G   36G   4% /
tmpfs             498M     0  498M   0% /dev/shm
/dev/xvdb1        5.0G  139M  4.6G   3% /mnt
```

3.2 主机虚拟化的主要安全威胁

主机虚拟化提供给用户使用的不是物理意义上的服务器，而是虚拟服务层中的一个操作系统实例。通过主机虚拟化，管理员不仅可以在物理服务器上部署多个虚拟服务器，并为其安装操作系统，还可以根据不同业务需求定制虚拟机的内存、CPU、存储容量等。这样不但提高了服务器的利用率，还降低了硬件成本，缩短了服务器的配置时间，并能保持业务的连续性等。与物理服务器一样，虚拟服务器上同样存在安全风险。因此，在部署、使用、分配、管理虚拟服务器时必须加强安全风险防范意识。

1. 虚拟机之间的安全威胁

传统网络是从客户端发起访问到服务器的纵向流量结构，纵向流量必然要经过外置的硬件安全防护机制，如防火墙等。即使在虚拟化后，传统的安全防护设备也可以实现对纵向流量的安全防护和业务隔离。与传统的安全防护不同，在虚拟化环境下可能存在多租户服务模型。多个虚拟机可在同一台物理主机上交互数据从而产生横向流量，这些数据不经过外置的硬件安全防护机制，管理员无法对这些横向流量进行有效监控或者实施高级的安全策略，例如，入侵防御规则或防火墙规则，如图 3-31 所示。在服务器的虚拟化过程中，一些虚拟化厂商通过在服务器 Hypervisor 层集成虚拟交换机的特性，也可以实现一些基本的访问允许或拒绝规则，但是很难集成更高级的安全检测防护引擎来检测虚拟机之间的流量漏洞攻击行为。当多个虚拟机共享硬件资源，且虚拟机横向流量又不被外部感知的情况下，一台虚拟机受到攻击后，宿主机乃至整个网络都会遭受严重威胁。

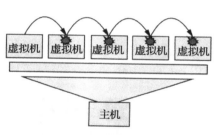

图 3-31　虚拟机之间的攻击面

2. 虚拟机与宿主机之间的安全威胁

宿主机是虚拟机的物理基础，虚拟机存在于宿主机中，且与宿主机共享硬件。宿主机的运行是虚拟机运行的前提与基础，因此宿主机的安全至关重要。一旦宿主机被控制，利用宿主机的高特权极，攻击者可以对同一宿主机上的虚拟机进行攻击（如图 3-32 所示）。攻击者甚至可以通过提升重要的访问权限，以使其可以访问宿主机的本地网络和相邻系统。

3. 虚拟机控制中心的安全威胁

通过虚拟机控制中心，管理员可以管理部署在不同位置上的虚拟机，并应用自动化策略执行和快速部署等功能使日常工作变得简单、快捷、高效，从而使数据中心的虚拟化环境更加易于管理，并能大大降低相关成本。因为虚拟机控制中心对其管理的所有虚拟机拥有高级别访问控制权限，所以确保虚拟机控制中心的安全非常重要。否则，一旦虚拟机控制中心被入侵，那么所有虚拟机乃至数据中心都会面临极大威胁。

4. 虚拟机蔓延（泛滥）及管理疏漏的隐患

导致虚拟机蔓延（泛滥）的因素有很多，如僵尸虚拟机。这些虚拟机在完成工作后被丢弃，不会被关闭，也不会被删除，但它们继续消耗资源。由于长期处于无人看管状态，虚拟机一旦形成蔓延趋势，就会造成巨大浪费。同时，口令的时限、漏洞的出现等问题都会成为虚拟机管理的安全隐患。

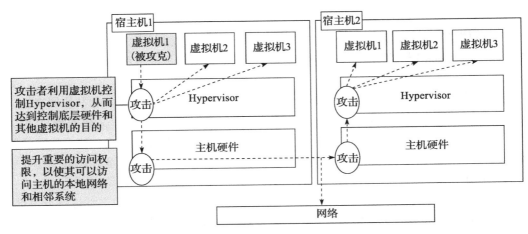

图 3-32　虚拟机与宿主机之间的安全威胁

在虚拟机出现后，安全管理上会变得更为繁琐。虚拟机口令、宿主机口令、虚拟机控制中心口令、虚拟机漏洞、宿主机漏洞等每个细节都不容忽视。同样，在部署虚拟机时使用连续 IP 地址，主机、虚拟机管理口令相同等这些看似方便的管理方式，会在未来带来较大麻烦。总之，虚拟机如管理不善，很可能会演变为整个数据中心的灾难。

虚拟机是主机虚拟化的基础运算单元，一旦虚拟机被劫持或攻陷，造成的损失是无法估量的。通常对虚拟机攻击方式是以下一种或多种方式的结合：

- **社会工程**：攻击者可通过各种社交渠道获得有关目标的结构、使用情况、安全防范措施等有用信息从而提高攻击成功率。
- **口令破解**：攻击者可通过获取口令文件，然后运用口令破解工具获得口令，也可通过猜测或窃听等方式获取口令。
- **地址欺骗**：攻击者可通过伪装成被信任的 IP 地址等方式来骗取目标的信任。
- **连接盗用**：在合法的通信连接建立后，攻击者可通过阻塞或摧毁通信的一方来接管已经过认证建立起来的连接，从而假冒被接管方与对方通信。
- **网络窃听**：网络的开放性使攻击者可通过直接或间接窃听获取所需信息。
- **数据篡改**：攻击者可通过截获并修改数据或重放数据等方式破坏数据的完整性。
- **恶意扫描**：攻击者可编制或使用现有扫描工具发现目标的漏洞，进而发起攻击。
- **破坏基础设施**：攻击者可通过破坏 DNS 或路由信息等基础设施，使目标陷于孤立。
- **数据驱动攻击**：攻击者可通过施放病毒、特洛伊木马、数据炸弹等方式破坏或遥控目标。
- **服务拒绝**：攻击者可直接发动攻击，也可通过控制其他主机发起攻击，使目标瘫痪，如发送大量的数据洪流阻塞目标。

本节将重点分析目前主流的主机虚拟化面临的安全威胁，包括虚拟机信息窃取及篡改、虚拟机逃逸、Rootkit 攻击、拒绝服务攻击和侧信道攻击等。

3.2.1 虚拟机信息窃取和篡改

虚拟机信息主要通过镜像文件及快照来保存的。虚拟机镜像无论在静止还是运行状态都有被窃取或篡改的脆弱漏洞，另外，包含重要敏感信息的虚拟机镜像和快照以文件形式存在，能够轻易通过网络传输到其他位置。

建立客户机镜像文件及快照不会影响客户机的脆弱性。然而，对于镜像和快照来说，最大的安全性问题就是它们像物理硬盘一样包含敏感数据（例如，密码、个人数据等）。因为镜像文件和快照与硬盘相比更易移动，所以更应重视在镜像或快照是的数据的安全性。快照比镜像具有更大风险，因为快照包含在快照生成时的 RAM 内存数据，甚至包含从没存在硬盘上的敏感信息。

我们可以将系统或应用程序部署到镜像文件中，然后通过这个镜像文件进行分发部署，这样可以节省大量的时间。增加镜像文件保护能力，能够提高业务系统的安全性、连续性和健壮性。由于镜像文件易于分发和存储，需要防止其未经授权的访问、修改和重置。

随着在组织机构内的服务器和桌面虚拟化工作的不断推进，管理镜像文件成为一个巨大的挑战。一个镜像文件越长时间没运行，就会在它再一次加载时出现越多的脆弱点。因此，应检查所有的镜像以确保长时间未运行的镜像文件也定期更新。当用户和管理者可以创建自己的镜像文件时，跟踪这些镜像文件也是一个麻烦的问题。这些镜像可能没有做到适当的防护，尤其在没有可参照的安全基线的时候（例如，提供一个不同的预安全地镜像），这会增加被攻陷的风险。

伴随着虚拟化工作推进，另一个潜在的问题是镜像文件的增殖，也叫无序蔓延。创建一个镜像只需要几分钟，如果没有任何安全性的考虑，就会创建很多没必要的镜像文件。多余的镜像文件会成为攻击者另一个潜在的攻击点。另外，每一个镜像都需要独立的安全性维护工作，加大了安全维护的工作量。因此，组织机构应该减少建造、存储和使用不必要的镜像，实施完善的镜像管理流程，通过管理流程来管理镜像尤其是服务器镜像的创建、安全性、分发、存储、使用、退役和销毁工作。

同样，也需要考虑快照的管理。某些情况下，组织机构会规定不允许存储快照，因为被恶意软件感染的系统在后期恢复快照时有可能重新加载恶意软件。

3.2.2 虚拟机逃逸

利用虚拟机，用户能够分享宿主机的资源并实现相互隔离。理想情况下，一个程序运行在虚拟机里，应该无法影响其他虚拟机。但是，由于技术的限制和虚拟化软件的一些 bug，在某些情况下，虚拟机里运行的程序会绕过隔离限制，进而直接运行在宿主机上，这叫做虚拟机逃逸。由于宿主机的特权地位，出现虚拟机逃逸会使整个安全模型完全崩溃。当虚拟机逃逸攻击成功之后，对于 Hypervisor 和宿主机都具有极大的威胁。对于 Hypervisor 而言，攻击者有可能获得 Hypervisor 的所有权限。此时，攻击者可以截获该宿主机上其他虚拟机的 I/O 数据流，并加以分析获得用户的相关数据，之后进行更进一步的针对用户个人敏感信息的攻击，更有甚者，倘若该宿主机上的某个虚拟机作为基本运行，攻击者便可以通过 Hypervisor 的特权，对该虚拟机进行强制关机或删除，造成基本服务的中断；对于宿主机而言，攻击者有可能获得宿主机操作系统的全部权限。此时，攻击者可以对宿主机的共享资源进行修改或替换，使得该宿主机上的所有虚拟机访问到虚假或篡改后的资源，从而对其他虚拟机进行攻击。由于攻击者获得了最高权限，则可以修改默认用户的基本信息，并降低虚拟机监视器的稳健性，从而对整个虚拟化平台造成不可恢复的灾难，使得其上的所有虚拟机都丢失重要信息。

目前对于虚拟机逃逸攻击，尚没有很好的安全对策，主要是针对云计算服务角色给出一些安全防范建议。例如，及时发现漏洞、开发漏洞补丁、使用强制访问控制措施限制客户虚拟机的资源访问权限、及时度量 Hypervisor 完整性等。

但这些安全防范建议均不能真正解决虚拟机逃逸攻击带来的危害。针对虚拟机逃逸漏洞，还是应该采用纵深防御的安全防护方法，从攻击检测、预防、避免攻击蔓延和 Hypervisor 完整性防护等多个方面，并结合可信计算技术，建立一个多层次的安全防护框架。

3.2.3　Rootkit 攻击

"Rootkit"中 Root 一词来自 UNIX 领域。由于 UNIX 主机系统管理员账号为 root，该账号拥有最小的安全限制，完全控制主机并拥有了管理员权限被称为"root"了主机。然而，能够"root"一台主机并不意味着能持续地控制它，因为管理员完全可能发现主机遭受入侵并采取应对措施。因此 Rootkit 的初始含义就是"能维持 root 权限的一套工具"。

简单地说，Rootkit 是一种特殊的恶意软件，它的功能是在安装目标上隐藏自身及指定的文件、进程和网络链接等信息，持久并毫无察觉地驻留在目标计算机中，对系统进行操纵，并通过隐秘渠道收集数据。Rootkit 的三要素就是：隐藏、操纵、收集数据。Rootkit 通常和木马、后门等其他恶意程序结合使用。

Rootkit 并不一定是用于获得系统 root 访问权限。实际上，Rootkit 是攻击者用来隐藏自己的踪迹和保留 root 访问权限的工具。通常，攻击者通过远程攻击获得 root 访问权限，或者首先通过密码猜测或者密码强制破译的技术获得系统的访问权限。进入系统后，如果还未获得 root 权限，再通过某些安全漏洞获得系统的 root 权限。接着，攻击者会在侵入的主机中安装 Rootkit 后门，然后将通过后门检查系统中是否有其他用户登录，如果只有自己，攻击者便开始着手清理日志中的有关信息，隐藏入侵踪迹。通过 Rootkit 的嗅探器获得其他系统的用户和密码之后，攻击者就会利用这些信息侵入其他系统。

在发现系统中存在 Rootkit 之后，能够采取的补救措施也较为有限。由于 Rootkit 可以将自身隐藏起来，因此可能无法知道它们已经在系统中存在了多长的时间，也不知道 Rootkit 已经对系统中的哪些信息造成了损害。对于找出的 Rootkit，最好的应对方法便是擦除并重新安装系统。虽然这种手段很严厉，但是这是得到证明的唯一可以彻底删除 Rootkit 的方法。

3.2.4   分布式拒绝服务攻击

分布式拒绝服务攻击（DDoS）是目前黑客经常采用而难以防范的攻击手段。

DoS（Denial of Service，拒绝服务攻击）有很多攻击方式，最基本的 DoS 攻击就是利用合理的服务请求来占用过多的服务资源，从而使合法用户无法得到服务的响应。

DDoS 攻击手段是在传统的 DoS 攻击基础之上产生的一类攻击方式。单一的 DoS 攻击一般是采用一对一的方式，当攻击目标的各项性能指标（CPU 速度低、内存小或者网络带宽小等）不高时，它的效果是明显的。随着计算机与网络技术的发展，计算机的处理能力迅速提高，内存大大增加，同时也出现了千兆级别的网络，这使得 DoS 攻击的困难程度大大增加，分布式拒绝服务攻击（DDoS）便应运而生。高速广泛连接的网络在给大家带来方便的同时，也为 DDoS 攻击创造了极为有利的条件。在低速网络时代时，黑客占领攻击用的傀儡机时，总是会优先考虑离目标网络距离近的机器，因为经过路由器的跳数少、效果好；而现在电信骨干节点之间的连接都是以 G 为级别，这使得攻击可以从更远的地方或者其他城市发起，攻击者的傀儡机位置可以分布在更大的范围，选择起来更加灵活。因此，现在的 DDoS 能够利用更多的傀儡机，以比从前更大的规模来攻击受害者主机。

DDos 攻击的后果有很多。例如，被攻击主机上存在大量等待的 TCP 连接；网络中充斥着大量无用的数据包，且源 IP 地址为假；制造高流量无用数据，造成网络拥塞，使受害主机无法正常和外界通信；利用受害主机提供的服务或传输协议上的缺陷，反复高速地发出特定的服务请求，使受害主机无法及时处理所有的正常请求；严重时会造成系统死机等。

3.2.5   侧信道攻击

基于虚拟化环境提供的逻辑隔离，采用访问控制、入侵检测等方法可以增强云计算环境的安全性，但是底层硬件资源的共享却容易面临侧信道攻击的威胁。

侧信道攻击是一个经典的研究课题，由 Kocher 等人于 1996 年首先提出。侧信道攻击是针对密码算法实现的一种攻击方式，当密码算法具体执行时，执行过程中可能泄露与内部运算紧密相关的多种物理状态信息，比如声光信息、功耗、电磁辐射以及运行时间等。这些通过非直接传输途径泄露出来的物理状态信息被研究人员称为侧信道信息（Side-Channel Information，SCI）。攻击者通过测量采集密码算法执行期间产生的侧信道信息，再结合密码算法的具体实现，就可以进行密钥的分析与破解。而这种利用侧信道信息进行密码分析的攻击方法则被称为侧信道攻击。

针对侧信道攻击，安全芯片可以提供大量的解决方案。安全芯片可以采用混淆时序、能耗随机等手段使黑客无从辨别，也就难以解密。

3.3   主机虚拟化安全的解决方案

针对主机虚拟化面临的安全风险，本节将从不同层面有针对性地采取安全加固方案，制定相应的安全措施，以解决主机虚拟化的安全问题。

3.3.1　虚拟化安全防御架构

　　通过虚拟化安全防御架构（如图 3-33 所示），我们可以构建从物理硬件到宿主机、虚拟机监视器再到虚拟机的安全加固方案，从而增强虚拟化环境的安全性，在一定程度上抵御主机虚拟化平台的攻击威胁。

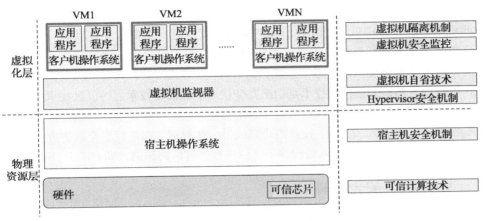

图 3-33　虚拟化安全防御架构

　　在虚拟化安全防御架构中，针对来自不同层级的安全威胁，我们给出了相应的安全防护措施。在物理资源层，通过可信计算技术来保证宿主机硬件（BIOS、操作系统引导程序等）的安全性；通过宿主机安全机制来保障宿主机操作系统的安全可靠。在虚拟化层，通过 Hypervisor 安全机制来确保虚拟机监视器的安全运行，通过虚拟机自省技术实现在 Hypervisor 中监测虚拟机的行为，通过虚拟机隔离机制和虚拟机安全监控来确保虚拟机安全稳定运行；随着虚拟可信计算技术的发展，可以为每个虚拟机配置一个虚拟可信根，通过虚拟可信根来保障虚拟机的安全运行。接下来，将详细介绍虚拟化安全防御架构中涉及的关键技术，并给出主机虚拟化安全实践案例。

3.3.2　宿主机安全机制

　　利用宿主机实施对虚拟机的攻击具有极大的安全风险。入侵者如果能够访问物理宿主机，就可以对虚拟机展开各种形式的攻击，如图 3-34 所示。

　　攻击者可以在不用登录虚拟机系统的情况下，直接使用宿主机系统特定的热键来杀死虚拟机进程、监控虚拟机资源使用情况或关闭虚拟机；可以暴力删除虚拟机；可以利用软驱、光驱、USB、内存盘等窃取存储在宿主机操作系统中的虚拟机镜像文件；可以在宿主机中使用网络嗅探工具捕获网卡中进出的流量，或通过分析和篡改达到窃取虚拟机数据或破坏虚拟机通信的目的。

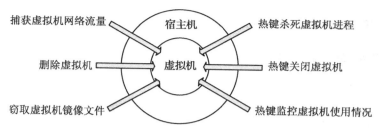

图 3-34   利用宿主机攻击虚拟机

由此可见，防止虚拟机遭受攻击、保护宿主机安全具有重要意义。目前，完善且行之有效的安全机制绝大多数传统计算机系统都已经具备，如入侵检测、物理安全、操作系统安全等，而这些传统的安全技术对于虚拟系统仍然有效。

以入侵检测为例，入侵检测技术是动态安全技术中的核心技术之一。该技术能够主动识别和响应主机中的入侵行为，对主机、网络和应用程序等进行全面、实时地监控。国内外对入侵检测技术的研究相对较早，取得了较多的研究成果。在对宿主机进行安全防护方面，根据检测对象的不同可以部署不同类型的入侵检测系统以进行针对性的检测，如 HIDS、NIDS 等。

3.3.3　Hypervisor 安全机制

Hypervisor 是虚拟化平台核心，它位于虚拟化架构的中间层，负责虚拟机的运行维护、资源分配等，同时为虚拟机提供基本硬件设施的虚拟和抽象，因此保证 Hypervisor 的安全性对提高虚拟化平台的安全性具有重要意义。目前，主流的虚拟化软件（如 VMware、Xen、KVM、Virtual Box 等）都发现了安全漏洞，针对 Hypervisor 的恶意攻击（如虚拟机逃逸、VMBR 等）逐渐增加。同时，伴随着 Hypervisor 代码量的增加，功能更加复杂，安全漏洞也会随之增加。如今业界的研究重点主要分为两个方面，即 Hypervisor 自身安全加固和 Hypervisor 防护能力提升。

1. Hypervisor 自身安全加固

（1）构建轻量级 Hypervisor

在通用安全计算机系统中，TCB（Trusted Computing Base，可信计算基）构成了计算机系统安全保障的基础，其自身具有高度的可靠性，也可以为整个系统（包括系统内核、敏感信息处理程序等）提供安全保护。代码量越大，TCB 越大，就可能带来更多的安全漏洞，降低自身的安全性。因此，若尽量简化 Hypervisor 的设计，降低其实现的复杂度，只提供最低限度得到硬件抽象接口的功能，则更容易保证 Hypervisor 自身的安全性。近年来，在构建轻量级 Hypervisor 方面，不断有学者取得研究成果。

在构建轻量级 Hypervisor 的研究中，主要应该包括以下几个方面：

- 精简 Hypervisor 代码，尽量简化功能，减少代码中存在的漏洞。
- 为虚拟机提供良好的隔离性，防止恶意虚拟机利用 Hypervisor 的漏洞威胁其他虚拟机。

- 增强虚拟机中 I/O 操作的安全性，I/O 操作虚拟机需要与外部设备进行交互，Hypervisor 需要对其进行模拟，若模拟操作出现问题，则会影响整个平台上所有的虚拟机。

典型的轻量级 Hypervisor 应用有 Trustvisor、Secvisor 和 Cloudvisor 等。以 Trustvisor 为例，Trustvisor 利用硬件虚拟化的支持，构造了一个具有特定功能的轻型 Hypervisor，代码量约为一万行，大大降低了 TCB 的规模；在功能方面，Trustvisor 也尽量简化，引入了程序逻辑片的概念，同时设计了安全客户模式、传统客户模式和主模式，为程序逻辑片建立安全的隔离环境，保障应用程序安全敏感片段和具有机密性、完整性需求的数据。目前，构建专用 Hypervisor 或将 Hypervisor 管理功能和安全功能分离，是构建轻量级 Hypervisor 的主要方法，但难点在于分离之后如何继续保持 Hypervisor 的特性和功能，这是需要进一步研究的课题。

（2）保护 Hypervisor 的完整性

在 Hypervisor 自身安全加固中，另外一个重要方向是利用可信计算技术，对 Hypervisor 的完整性进行度量及报告，保证 Hypervisor 的可信性。可信计算技术中的完整性保护技术，由完整性度量和完整性验证两个部分组成。完整性度量过程中最重要的是可信链关系的构建，比如在系统启动时刻，从可信度量根开始，逐级度量硬件平台、操作系统、应用程序等。完整性验证是指将完整性度量结果进行数字签名后提供给远程验证方，远程验证方利用传递来的信息验证计算机系统的可信性。这种方式可以从根本上提高虚拟化平台的安全性和可信性，保护 Hypervisor 的完整性，确保 Hypervisor 安全可信。

2. 提高 Hypervisor 的防护能力

通过构建轻量级的 Hypervisor，或是利用可信计算技术保护 Hypervisor 完整性，技术实现的难度均比较大，有些甚至需要对 Hypervisor 进行修改，不适用于虚拟化大规模部署的环境。相比之下，利用一些传统的安全防护技术，增强 Hypervisor 的防御能力将更加容易实现。

（1）构建虚拟防火墙

虚拟机之间的流量在同一个虚拟交换机和端口组上传输时，网络流量不经过物理网络，只经过物理主机内部的虚拟网络。物理防火墙只能保护连接到物理网络中的服务器和设备，而虚拟网络流量在物理防火墙保护区域之外，因此物理防火墙难于保护使用虚拟流量通信的虚拟机。此问题可以结合使用虚拟防火墙和物理防火墙解决。利用虚拟机防火墙可以查看虚拟网卡的网络流量，对虚拟机之间的虚拟网络流量进行监控、过滤和保护。

（2）主机资源合理分配

默认情况下，云平台上所有的虚拟机对物理机提供的资源有相同的使用权限。若物理机没有对资源分配进行有效的管理，则某些虚拟机可能会占用过多资源导致其他虚拟机资源匮乏，影响其他虚拟机正常运行。因此，监控 Hypervisor 分配的资源十分必要，这可以采取以下措施来实现：一方面，通过有效的管理机制保证优先级高的虚拟机能够优先访问宿主机资源；另一方面，将主机资源划分为不同的资源池，使虚拟机只能使用所在资源池中的资源，降低资源抢占带来的风险。

（3）细粒度的权限访问控制

当用户具有管理员权限时，可能会由于执行危险操作，如重新配置虚拟机、改变网络配置、窃取数据、改变其他用户权限等，威胁云平台的安全。因此，有必要细粒度地分配用户的权限，确保用户只能获取其所需要的权限，降低特权操作给 Hypervisor 带来的安全风险。

3.3.4 虚拟机隔离机制

在虚拟化技术出现以前，机器与机器之间的隔离是物理隔离，即每台计算机都拥有自己的硬件设备，互不干扰。在这种情况下，计算机之间的访问只能是通过网络实现（如图 3-35 所示），安全机制基本上就是网络层面的防护。在虚拟化技术出现之后，特别是近几年发展势头迅猛的云计算平台应用虚拟化技术后，一个物理节点部署有上百台或者更多虚拟机，这些虚拟机使用的都是由 Hypervisor 提供的虚拟资源，而真正的硬件资源则由所有的虚拟机共享使用。因此，一台虚拟机可能通过某

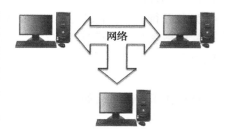

图 3-35　虚拟化技术之前计算机之间的关系图

种方式访问本来属于另一台虚拟机的资源，从而给云租户带来安全威胁。如图 3-36 所示，虚拟化环境下，假如节点 1 要访问节点 2，依然要通过网络实现，如果节点 1 上的虚拟机通过某种方式攻击其他虚拟机（比如 VM3），如果无法检测和分析这样的攻击行为就会给云计算平台造成严重的安全威胁。

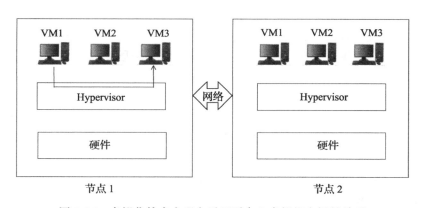

图 3-36　虚拟化技术出现之后云平台上虚拟机之间的关系

综上所述，虚拟机之间的隔离就显得颇为重要。而虚拟机之间的隔离根据是否位于同一节点可以分为同一宿主机之间的隔离和不同宿主机之间的隔离两种情况。

1. 同一宿主机的虚拟机之间的隔离

（1）Hypervisor 提供的安全隔离机制

虚拟机对宿主机而言是一个普通的进程，Hypervisor 保证每一个进程都有自己独立的虚拟地址空间，不同进程的虚拟地址空间互不干扰，从而保证虚拟机之间不会相互影响。但是如果恶意用户利用 Hypervisor 的漏洞突破逻辑隔离的限制，那么他仍然可以访问不属于自己

的资源。可以通过 Hypervisor 安全机制（参见 3.3.3 节）来保证 Hypervisor 的安全性，确保 Hypervisor 提供的安全隔离机制正常运行。

（2）sVirt 标签技术

sVirt 标签技术本质上是利用 Selinux 系统的对进程的强制访问控制策略。由于虚拟机本身在宿主机中是作为一个进程存在，SVirt 就把这种强制访问控制应用到了虚拟机上。一般而言，虚拟机和其镜像文件以及其他所需资源的标签是一一对应的，其他的虚拟机没有权限访问。这样就阻止了一台虚拟机攻击其他的虚拟机或者宿主机。不过这种方式需要在宿主机中配置 Selinux 策略，而策略的编写以及部署对运维人员是很大的挑战。

2. 不同宿主机的虚拟机之间的隔离

不同宿主机的虚拟机之间的隔离实际上就是物理主机之间的隔离，这种隔离其实就是传统的物理隔离。由于虚拟机之间的访问必须要通过网络，一般会采取划分 VLAN、设立防火墙等技术保证虚拟机之间的隔离。

3.3.5 虚拟可信计算技术

虚拟可信计算技术将可信计算的思想与虚拟化技术结合，通过可信计算技术来保障虚拟化平台的安全。

1. 可信计算概述

从目的上来看，可信计算就是在进行运算的同时进行安全防护，使计算结果总是和预期的一样，计算过程可测可控、不被干扰，从而保证平台的可信。从实现方式上讲，可信计算是以 TPM 或者 TCM 硬件芯片为可信根，可信根中存储原始度量值，这个度量值基于硬件保护，恶意程序无法篡改。在此基础上，从可信度量根开始，由系统加电层层度量，形成一条完整的可信链，直到整个计算机操作系统成功启动。从工作方式上看，操作系统启动过程中的度量为静态度量，它用于保证操作系统基础环境的完整可信；与之相对的是动态度量，它用于保证操作系统及应用程序在运行过程中的安全可靠。

可信计算平台包括以下几个部分：硬件 TPM、可信软件栈（TSS）、信任根和信任链机制、度量存储报告机制等。

（1）硬件 TPM

TPM 芯片是可信计算平台的信任根（可信存储根和可信报告根），一方面存储度量值，另一方面向上层提供安全性报告。之所以使用硬件芯片，一方面是因为硬件芯片处理速度快，能提高效率；另一方面是因为只要是软件就有漏洞，就有被绕过或者利用的可能，硬件可以较好地保障安全性。其结构如图 3-37 所示。

其中 I/O 部件完成总线协议的编码和译码，并实现

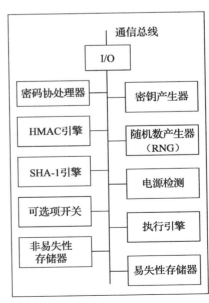

图 3-37 TPM 芯片架构图

TPM 与外部的信息交换。密码协处理器用来实现加密、解密、签名和验证签名的硬件加速。TPM 采用 RSA 密码算法，也允许使用 ECC 或者 DSA 等密码算法。HMAC 引擎是实现基于 SHA-1 的 Hash 函数消息认证码 HMAC 的硬件引擎。SHA-1 引擎是 Hash 函数 SHA-1 的硬件执行引擎。密钥产生器用于产生 RSA 密钥对。随机数发生器是 TPM 内置的随机源，用于产生随机数。电源检测部件管理 TPM 的电源状态。执行引擎包含 CPU 和相应的嵌入式软件，通过软件的执行来完成 TPM 的任务。非易失性存储器主要用于存储嵌入式操作系统及其文件系统，存储密钥、证书、标识等重要数据。易失性存储器是用于 TPM 内部工作的存储器。

（2）可信软件栈（TSS）

TSS 可信软件栈是可信计算平台上 TPM 的支撑软件。其主要功能是为操作系统和应用软件提供使用 TPM 的应用接口。TSS 可以分为 TSS 服务提供层（TCG Service Provider，TSP）、TSS 核心服务层（TCG Core Service，TCS）和 TSS 设备驱动库（TCG Device Driver Library，TDDL），各个层次都定义了规范化的接口。TSP 主要作为本地与远程应用的可信代理，TCS 用于提供公共服务的集合，而 TDDL 负责与 TPM 的交互。其结构如图 3-38 所示。

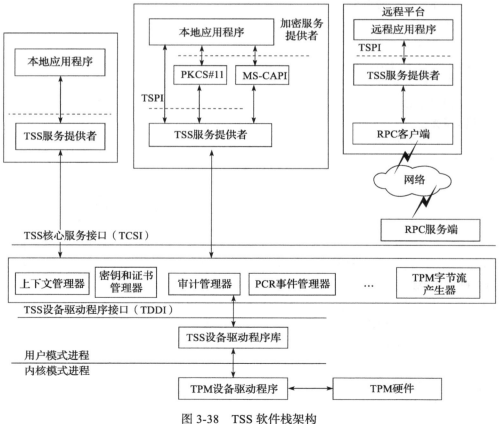

图 3-38　TSS 软件栈架构

内核模式进程的核心软件是 TPM 设备驱动程序模块，它是直接驱动 TPM 的软件模块，由 TPM 的嵌入式操作系统确定。用户模式进程的核心软件是 TSS 设备驱动程序接口（TDDI）和 TSS 核心服务接口（TCSI）。其中 TDDI 是一个与 TPM 设备驱动程序进行交互的 API 库，以方便与 TPM 的交互。例如，向 TPM 发送数据或者从 TPM 接收数据，查询 TPM 的状态等。TSS 核心服务（TCG Core Service，TCS）的主要功能是管理 TPM 的资源，例如上下文管理、密钥和证书管理、事件管理和 TPM 参数块产生等。用户程序层的核心软件是 TSS 服务提供者（TCG Service Provider，TSP），TSP 给应用提供最高层的 API 函数，以共享对象和动态链接库的方式被应用程序调用，使应用程序何可方便地使用 TPM。工作流程如下：应用程序将数据和命令通过 TSS 服务提供的接口发给 TSS 服务提供者，TSS 服务提供者处理后通过 TSS 核心服务接口再传给 TSS 设备驱动接口。TSS 设备驱动接口处理后传给 TPM 设备驱动程序。TPM 设备驱动程序处理并驱动 TPM。TPM 给出的响应反向经 TPM 设备驱动程序、TSS 设备驱动程序接口、TSS 核心服务接口、TSS 服务提供者传给应用。

（3）信任根和信任链机制

信任根是可信计算机系统的基点。根据 TCG 的定义，一个可信计算平台必须包含三个信任根：可信度量根、可信存储根和可信报告根，分别用于对计算平台的可信性进行度量，对度量的可信值进行存储，当访问客体询问可信状态时提供报告。这一机制称为度量存储报告机制，这是可信计算机系统确保自身可信，并向外提供可信服务的一项重要机制。可信度量根是对平台进行可信度量的基点。可信存储根是平台可信性度量值的存储基点。可信报告根是平台向访问客体提供平台可信性状态报告的基点。可信链传递如图 3-39 所示。

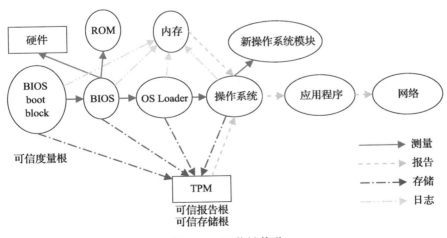

图 3-39　可信链传递

1）度量

可信计算技术以 BIOS Boot Block 和 TPM 芯片为根，其中 BIOS Boot Block 是可信度量根 RTM，TPM 芯片是可信存储根 RTS 和可信报告根 RTR。从 BIOS Boot Block 出发，经过

BIOS，到 OSloader，再到 OS，构成了一条信任链。沿着这个信任链，一级度量一级，从而确保整个平台系统资源的完整性。

对信任链的度量采用度量其中软硬件程序数据完整性的方法。而对系统数据完整性的度量，则采用密码学 Hash 函数来检测系统的数据完整性是否受到破坏。这需要在系统处于良好状态时（通常是系统初始化完成时），以其 Hash 值作为度量基准值并将其进行安全存储。在系统启动时，重新计算 Hash 值，并与基准值进行比较，如果不同，系统完整性被破坏。

2）存储

为了节省成本，TPM 芯片只保留了有限的存储空间。为了节省存储空间，TPM 采用一种扩展计算 Hash 值的方式来进行信任链的度量，通过一个平台配置寄存器（Plat Configure Register，PCR）来迭代计算存储信任链中各对象的 Hash 值，即将现有值与新值相连，再次计算 Hash 值并被作为新的度量值存储到平台配置寄存器 PCR 中。

$$\text{New PCRi} = \text{Hash}(\text{Old PCRi} \parallel \text{New Value})(\text{其中符号} \parallel \text{表示连接})$$

除了将 Hash 扩展值存储到平台配置寄存器 PCR 中之外，还将各种资源的配置信息和操作记录作为日志存储到磁盘中。由于磁盘的存储空间很大并且很便宜，因此可以记录较为详细的日志。值得注意的是，存储在 PCR 中的 Hash 值与存储在磁盘中的日志是互相关联印证的。PCR 在 TPM 芯片内部，安全性高；日志在磁盘上，安全性低。但由于它们彼此的关联印证关系，即使攻击者篡改了磁盘上的度量日志，通过分析 TPM 中的 PCR 值也可以发现这种篡改。

3）报告

在度量、存储之后，当访问客体询问时，可以提供报告，供访问客体判断平台的可信状态。向访问客体提供的报告内容包括 PCR 值和日志。为了确保报告内容的安全，还必须采用加密、数字签名和认证技术。这一功能被称为平台远程证明。

2. 虚拟可信计算

可信计算技术能够保障物理计算平台的可信性，伴随着云计算的发展需求，虚拟机可信性保障也成为一个热点问题。在可信计算技术的基础上，将可信计算芯片进行虚拟化，这样就产生了虚拟可信计算技术。虚拟可信计算技术可以为每个虚拟机维护一个虚拟的 TPM（即vTPM）。随着虚拟机的启动，以 vTPM为可信根，层层度量，建立可信链，保障虚拟机的可信性。

虚拟可信计算基本架构如图 3-40所示。图 3-40 通过软件构建了 vTPM 组件。从 VM 视角来看，每个与其对应的

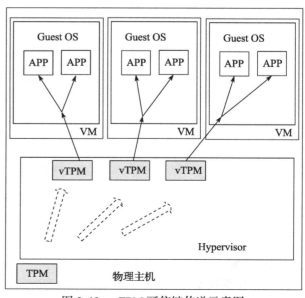

图 3-40　vTPM 可信链传递示意图

vTPM 组件就是其物理 TPM 设备。可在这个 "TPM" 的基础上,在 VM 中可以像使用硬件 TPM 一样完成可信计算功能。为了保证 vTPM 的可信性,需要建立从硬件 TPM 到 vTPM 间的可信链,保证二者之间的可信关联。

3.3.6　虚拟机安全监控

自云计算诞生以来,虚拟机监控一直是一个炙手可热的话题。从云服务商的角度,他们要尽可能地获取更多的关于 VM 运行状态的信息,从而保证每一台虚拟机健康运行,继而保证整个云计算平台的安全可靠。从用户的角度,他们也需要了解自己虚拟机的运行状态。因此,虚拟机监控是必不可少的,本节将介绍当前针对云平台虚拟机监控的相关技术。

1. 安全监控架构研究

近年来,很多学者致力于基于虚拟机的安全监控架构的研究。目前,存在两种主流的虚拟机安全监控架构:一种是基于虚拟机自省技术的监控架构,即将监控模块放在 Hypervisor 中,通过虚拟机自省技术对其他虚拟机进行检测;另一种是基于虚拟化的安全主动监控架构,它通过在被监控的虚拟机中插入一些钩子函数(hook),从而截获系统状态的改变,并跳转到单独的安全虚拟机中进行监控管理。

2. 安全监控的分类

从虚拟机安全监护实现的角度来看,基于虚拟化安全监控的相关研究可以分为两大类,即内部监控和外部监控。内部监控是指在虚拟机中加载内核模块来拦截目标虚拟机的内部事件,而内核模块的安全通过 Hypervisor 来进行保护。外部监控是指通过 Hypervisor 对目标虚拟机中的事件进行拦截,从而在虚拟机外部进行检测。

(1)内部监控

基于虚拟化的内部监控模型的典型代表系统是 Lares 和 SIM,图 3-41 描述了 Lares 内部监控系统的架构。

在 Lares 内部监控系统的架构中,安全工具部署在一个隔离的虚拟机中,该虚拟机所在的环境在理论上被认为是安全的,称为安全域,如 Xen 的管理虚拟机。被监控的客户操作系统运行在目标虚拟机内,同时该目标虚拟机中会部署一种至关重要的工具——钩子函数。钩子函数用于拦截某些事件,如进程创建、文件读写等。由于客户操作系统不可信,这些钩子函数需

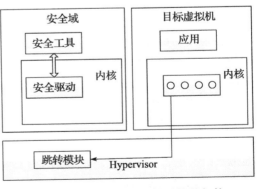

图 3-41　Lares 内部监控系统的架构

要得到特殊的保护。这些钩子函数在加载到客户操作系统时,向 Hypervisor 通知其占据的内存空间,使 Hypervisor 中的内存保护模块能够根据钩子函数所在的内存页面对其进行保护。Hypervisor 中还有一个跳转模块,作为目标虚拟机和安全域之间通信的桥梁。为了防止恶意攻击者篡改,钩子函数和跳转模块必须是自包含的,不能调用内核的其他函数,同时它们都

必须很简单，可以方便地被内存保护模块所保护。

利用该架构进行一次事件拦截响应的过程为：当钩子函数探测到目标虚拟机中发生了某些事件时，它会主动陷入到 Hypervisor 中去，通过 Hypervisor 中的跳转模块，将目标虚拟机中发生的事件传递给安全域中的安全驱动，进而传递给安全工具；然后，安全工具根据发生事件执行某种安全策略，产生响应，并将响应发送给安全驱动，从而对目标虚拟机中的事件采取响应措施。

这种架构的优势在于，事件截获在虚拟机中实现，而且可以直接获取操作系统的语义，减少了性能开销。然而，这种方式也存在不足：一方面，它需要在客户操作系统中插入内核模块，造成对目标虚拟机的监控不具有透明性，钩子函数也需要 Hypervisor 提供足够的保护以防止客户机修改。另一方面，内存保护模块和跳转模块与目标虚拟机的操作系统类型以及版本是紧密相关的，不具有通用性，这些不足限制了内部监控架构的进一步研究和使用。

（2）外部监控

基于虚拟化的外部监控模型的典型代表是 Liveware，图 3-42 描述了 Livewire 外部监控系统的架构。

对比图 3-41 和图 3-42 可以看出，外部监控架构中安全工具和客户操作系统的部署和内部监控架构相同，分别位于两个彼此隔离的虚拟机中，增强了安全工具的安全性。与内部监控架构不同的是，外部监控架构的监控点部署在 Hypervisor 中，它不仅是安全域中的安全工具和目标虚拟机之间通信的桥梁，还用于拦截目标虚拟机中发生的事件，并重构出高级语义，

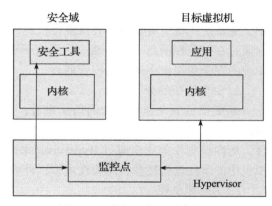

图 3-42 外部监控系统架构图

然后传递给目标虚拟机。由于 Hypervisor 位于目标虚拟机的底层，监控点可以观测到目标虚拟机的状态（如 CPU 的信息、内存页面等），故在 Hypervisor 的辅助下，安全工具能够对目标虚拟机进行检测。

根据上述事件拦截响应过程可知，外部监控必须包含两种基本功能：事件拦截和语义重构。事件拦截是指拦截虚拟机中发生的某些事件，从而触发安全工具对其进行检测。语义重构是指由低级语义（二进制）重构出高级语义（操作系统级语义）。由于 Hypervisor 位于目标虚拟机的下层，它只能获取低级语义（如寄存器和内存页面）。监控工具是针对操作系统层的语义，因此两者之间存在语义鸿沟。为了使监控工具能够理解目标虚拟机中的事件，必须对其进行语义重构。语义重构的过程与客户操作系统的类型和版本密切相关，且目前并没有一种万全之策彻底解决语义重构的问题。

从以上的研究可以看出，现有的工作多集中在利用 Hypervisor 来保护目标虚拟机中的钩子函数或从目标虚拟机外部查看内部状态，虽然这两种监控方式都能很好地实现虚拟机的安全监控，但是仍然存在一些不足，需要研究者对其进行后续研究。其不足之处主要体现在两个方

面：第一，现有的研究工作缺乏通用性；第二，虚拟机监控与现有安全工具存在融合问题。

1）通用性问题：在云计算环境中，单个物理节点上会同时运行多个虚拟机，并且虚拟机中的客户操作系统是多种多样的（可能会有 Linux、Windows 等），监控工具需要对各种不同类型的虚拟机进行有效的监控。然而，目前所有的监控工具都是针对特定类型的客户操作系统实现特定的安全功能，当在某个物理节点上创建一个新的虚拟机，或者从另外一个物理节点上迁移新的虚拟机时，特定的监控工具就会失效。因此现有的监控工具不能满足监控通用性的要求，构建通用的安全监控机制十分必要。

2）虚拟机监控与现有安全工具融合的问题：在传统环境下，为了提高计算系统的安全性，研究者开发了大量的安全工具。在虚拟化环境下基于 Hypervisor 可以更好地监控虚拟机的内部运行状态。然而，Hypervisor 获取的是二进制语义，传统的安全工具无法直接使用。因此，为了更好地利用已有的安全工具，基于虚拟化的安全监控需要与现有的安全工具进行有效的融合。一方面，利用语义恢复来实现从二进制语义到系统级语义的转换，同时为安全工具提供标准的调用接口，使安全工具直接或者稍作修改来适应于虚拟计算环境；另一方面，语义恢复给安全工具带来了额外的性能开销，为了使安全监控具有更大的实用价值，研究者需要考虑在语义信息的全面性和系统开销之间进行综合权衡。

3.3.7　虚拟机自省技术

1. 虚拟机自省概述

在虚拟化环境下，虚拟机监视器具有较高的权限、较小的可信基以及良好的隔离性。如果能将安全工具部署在虚拟机监视器中来对虚拟机进行监控，将会很大程度地提高安全工具本身的安全性，虚拟机自省使这个设想成为可能。随着虚拟化技术的发展，借助虚拟机自省技术进行安全研究工作已成为一种趋势。

虚拟机自省（Virtual Machine Introspection，VMI）最早于 2003 年由 Garfinkel 和 Rosenblum 提出，它通过获取虚拟机所依托物理硬件级别的状态（如物理内存页、寄存器）和事件（如中断、内存读取），推导甚至控制虚拟机内部行为。这项技术已经在恶意软件分析、入侵检测系统和内存取证等方面得到广泛应用。虚拟机自省要实现对虚拟机内部的细粒度监控，包括 CPU 状态、内存、磁盘、网络信息等。早期通过在虚拟机中直接安装监控程序对虚拟机的运行状态进行监控，当人们认识到使用这种方法监控程序易受攻击之后，监控程序开始以驱动的形式部署到虚拟机的内核以降低受攻击的可能性。而在虚拟化环境中，人们意识到可以将监控程序部署在 VMM 中对虚拟机进行监控，并且有诸多好处时，VMI 的研究随之变得广泛。

2. 虚拟机自省的实现方式与难点

目前虚拟机自省的实现方式可以分为两大类，区别在于是否需要在虚拟机中安装代理或者对虚拟机监视器进行修改。

第一大类有三种不同的实现方式，第一种实现方式是直接在虚拟机中安装监控代理，代理以普通程序的形式存在，负责捕获虚拟机的状态信息，传递给虚拟机外的监控程序。这种实现方式的优点是捕获的虚拟机信息语义精确且具有很高的效率，缺点是容易受到恶意软件的攻击和控制，结构如图 3-43 所示。

第二种方式是监控代理以内核驱动的方式安装在虚拟机内核中，虽然安全性有所提高，但因为依旧是基于主机的，所以仍然容易受到攻击。这种方式如图 3-44 所示。

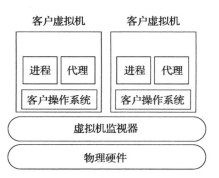

图 3-43   虚拟机第一种自省实现方式

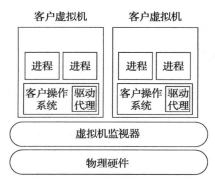

图 3-44   虚拟机第二种自省实现方式

第三种方式是通过陷阱、断点或者回滚等和钩子函数相似的机制来实现虚拟机自省，属于无代理方式，利用虚拟化环境的特点，通过修改虚拟化监视器并在其上添加钩子获得虚拟机的运行状态，实施监控。由于虚拟机监视器比虚拟机具有更高的权限，客户虚拟机中的恶意软件无法控制虚拟机监视器，安全性比之前两种方式都有所提高。这种方式的结构如图 3-45 所示。

第二大类虚拟机自省的实现方式无需在被监控虚拟机中安装任何代理，直接在虚拟机监视器上利用虚拟机自省工具获得被监控虚拟机的内部运行信息进行监控，虽然获得的信息没有安装代理的方式详细，而且需要进行语义重构，但是因安全性更高、消耗资源更少而成为一种趋势。其结构如图 3-46 所示。

图 3-45   虚拟机第三种自省实现方式

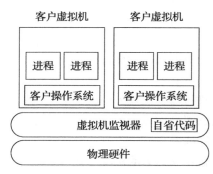

图 3-46   虚拟机第二类自省实现方式

在应用虚拟机自省技术的过程中，通过无代理方式，从虚拟机外部直接获取虚拟机内部信息都需要面对语义鸿沟问题。语义鸿沟是指从低级数据源中解读出高级语义信息的问题，这个问题成为了虚拟机自省技术面临的一大难题。

3.3.8 主机虚拟化安全最佳实践

1. 实验目的

使用阿里云进行主机虚拟化安全管理。

2. 实验环境

阿里云云盾

3. 实验步骤

阿里云的云盾提供了 DDOS 防护、主机防护、安全体检、安全预警功能。下面对这些功能进行实践。

（1）进入阿里云控制台

首先，通过阿里云控制台 http://home.console.aliyun.com/，进入云盾的控制台，在此处可以查看云盾的综合安全情况。当云中的主机没有受到攻击或出现其他异常的情况时，如图 3-47 所示。

图 3-47 安全状态

点击"查看安全周报"，可以看到安全周报的详细情况。此外，右侧的"41762 次"是指当前用户的所有云服务器当天受到的 DDoS+ 密码暴力破解 +Web 攻击的次数。"207 天"指的是用户自购买 ECS 当天起云盾防护的天数。

当存在攻击或其他异常的情况时，综合安全情况面板如图 3-48 所示。

图 3-48 云盾查看综合安全情况

（2）进入云盾控制台首页

上面介绍了云盾的综合安全情况，详细的安全情况需要进入云盾控制台首页。该页面显示用户所有 ECS、SLB 实例列表，还可以 TAB 切换的方式展示不同类型实例的列表。"安全概述"会显示用户当前所有云服务器的安全状况、异常或者安全。

当用户的云服务器受到攻击（DDoS 攻击、密码暴力破解或 Web 攻击）或者有异常的情况（检测出后门、异地登录、存在 Web 漏洞）会显示异常。没有攻击或者异常的情况，会显示安全的状态。

此外，云盾还将提示用户当前出现不同问题分类的云服务器台数，点击不同的分类会显示出现安全问题的云服务器列表。每个不同问题分类会显示出现攻击或者异常事件的总数，如 DDoS 攻击 100 次，数据统计周期为一天；拦截密码破解 3 次，数据统计周期为 7 天，并且有 3 台云服务器出现密码破解。如图 3-49 所示。

拦截DDoS攻击(1天)	拦截密码破解(7天)	检测后门数量(7天)	检测异地登录(7天)	Web攻击拦截(7天)	发现Web漏洞(7天)
0	**1**	**24**	**4**	**0**	**11**
0台出现攻击行为	3台出现密码破解	0台检测出后门	2台检测出异地登录	0台检测出Web攻击	2台发现Web漏洞

图 3-49　云盾拦截到的各种攻击概览

（3）实例列表

该页面显示某一类型的所有实例列表，显示每个实例的 IP 地址、实例名称、节点位置、DDoS 防护、主机防护、安全体检的异常信息，在操作区可以查看监控报表和安全设置。如图 3-50 所示。

实例IP/名称	节点位置(香港) ▼	DDoS防护 ❓	主机防护 ❓	安全体检 ❓	操作
115.28.132.87 ATXI4052611370442590dZ	cn-qingdao-cm5-a01	正常	异常 ①	危险 ①	查看监控报表 | 安全设置

图 3-50　云盾实例列表

用户可以通过点击 DDoS 防护、主机防护、安全体检项目来查看每个防护项的异常数据。如图 3-51 所示。

此外，用户还可以点击 IP 地址链接和查看监控报表进入某一个实例的实例详情页（DDoS 防护报表），点击安全设置链接进入某一个实例的安全设置详情页。

图 3-51　针对某个防护项的具体数据

（4）批量安全设置

批量安全设置功能是指用户可以在实例列表中选择多个实例后，点击列表下方的安全设置按钮对多个实例进行安全设置，如图 3-52 所示。

图 3-52　使用云盾对实例进行安全设置

（5）搜索实例

用户通过实例名称和云服务器 IP 可以进行精准搜索，查看实例安全详情，并可以进入每个实例的详情页查看每项防护的监控报表和安全设置。

（6）DDoS 防护

用户可以通过 DDoS 防护页面查看一天内的 DDoS 防护情况。针对 DDoS 攻击，用户可以查看流量和报文速率两种类型的防护报表，对遭受到的 DDoS 攻击进行了解和评估。如图 3-53 所示。

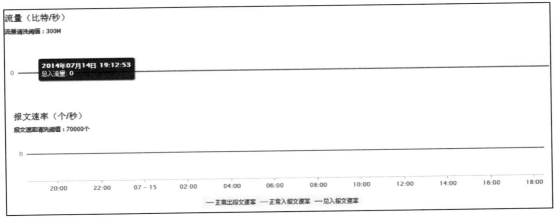

图 3-53　流量和报文速率的防护报表

（7）主机防护

用户可以通过查看主机防护报表查看不同主机入侵防护类型的报表。如图 3-54 所示。

图 3-54　主机防护总览报表

（8）攻击数据总览

用户可以通过防护总览来查看每种防护类型的数据统计，如图 3-55 所示，检测出异地登录次数 1 次。

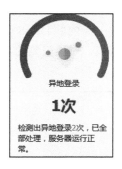

图 3-55　异地登录告警

（9）密码破解拦截

用户可以查看进行密码破解攻击的源 IP 信息、攻击的时间、拦截状态（被破解 / 已拦截）、拦截次数，同时可以进行删除该条记录的操作。如图 3-56 所示。

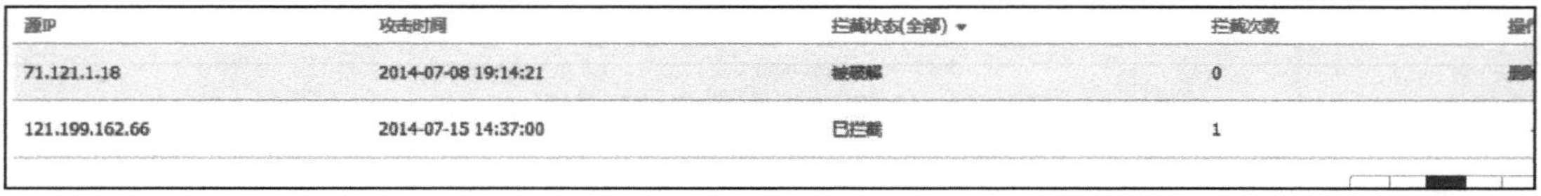

源IP	攻击时间	拦截状态(全部) ▼	拦截次数	操作
71.121.1.18	2014-07-08 19:14:21	被破解	0	
121.199.162.66	2014-07-15 14:37:00	已拦截	1	

图 3-56　密码拦截告警

（10）后门检测

用户可以查看后门的地址、检测出来的时间、后门的状态（待处理、已删除、已忽略），同时可以进行筛选，用户可以对后门进行删除、恢复、忽略三种操作。

（11）异地登录

用户可以查看异地登录的信息、登录的地点、IP 地址、异地登录的时间、状态（已确认、待确认），同时可以进行筛选，用户可以确认某条异地登录信息为本人操作，同时可以取消确认操作。如图 3-57 所示。

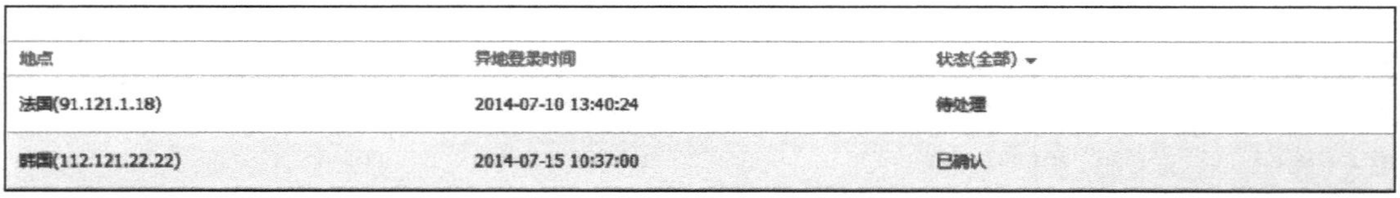

地点	异地登录时间	状态(全部) ▼
法国(91.121.1.18)	2014-07-10 13:40:24	待处理
韩国(112.121.22.22)	2014-07-15 10:37:00	已确认

图 3-57　异地登录具体捕获的攻击

（12）Web 攻击拦截

用户可以查看某个实例下被保护的网站数量、拦截的 Web 攻击次数。此外，用户还可以添加、删除某个实例下被保护的网站域名。如图 3-58 所示。

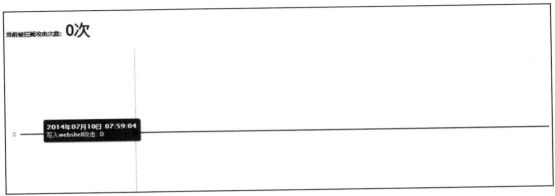

图 3-58　Web 攻击次数查询

除了上述保障主机虚拟化安全的服务之外，云盾还提供了安全体检、安全周报和报警机制等功能，下面对这些安全功能进行简要介绍。

（1）安全周报

用户可以通过安全周报查看该用户下所有云服务器一周内的安全状况数据报表，包括密码破解拦截、网站 Web 攻击防护、网站后门入侵防护、异地登录提醒、DDoS 防护、Web 漏洞体检。如图 3-59 所示。

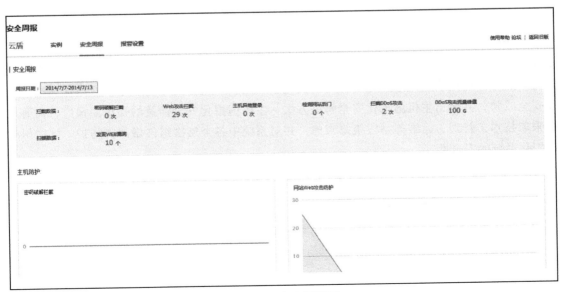

图 3-59　安全周报页

（2）报警设置

用户可以设置短信提醒和邮件提醒，针对密码破解拦截、DDoS 防护、端口安全检测、异地登录提醒、Web 漏洞检测、网站后门等检测服务选择开启、关闭提醒服务。此外，用户还可以自行选择仅 10:00 ~ 20:00 接收提醒或者 24 小时内均接受提醒。如图 3-60 所示。

图 3-60　报警设置页

3.4　小结

虚拟化技术作为云计算的基础支撑技术，主机虚拟化安全是衡量云计算服务安全能力的重要考核指标。主机虚拟化安全也成为云计算领域重要的研究课题。本章以主机虚拟机概念为切入点，详细阐述主机虚拟化的特性、关键技术及技术优势，分析了主机虚拟化面临的主要安全威胁，并给出主机虚拟化安全解决方法。主机虚拟化安全涉及的知识面很广，需要综合采取技术、管理、运维等手段统筹考虑，并对系统中各个层次组件做严密防护，才能保障虚拟化系统的安全性。

3.5　参考文献与进一步阅读

［1］　崔泽永.基于 KVM 的虚拟机调度方法研究［D］, 北京：北京工业大学，2011：43-47.

［2］　陈滢，王庆波，金泽.虚拟机化与云计算［M］.北京：电子工业出版社，2009：35-42.

［3］　基于虚拟化技术的云计算平台架构研究［EB/OL］. http://www.voipchina.cn/bencandy.

php?fid=92&id=41383.

［ 4 ］ 阿里云云服务器 Linux 系统挂载数据盘图文教程［ EB/OL ］. http://www.jb51.net/article/54834.htm.

［ 5 ］ 阿里云 Linux 主机安装从初始环境到完成配置全过程［ EB/OL ］. http://blog.csdn.net/qfatao/article/details/21874613.

［ 6 ］ 云计算虚拟化环境下的安全防护［ EB/OL ］. http://www.chinabyte.com/114/12243614.shtml.

［ 7 ］ 范英磊 . 分布式防火墙的研究与设计［ D ］, 山东: 山东科技大学, 2004: 4-6.

［ 8 ］ Rootkit［ EB/OL ］. http://baike.baidu.com/item/rootkit.

［ 9 ］ 郑磊 . 基于 TNC 的可信云计算平台设计［ D ］, 河南: 郑州大学, 2013: 9-12.

［ 10 ］ 沈昌祥, 张焕国, 冯登国, 曹珍富, 黄继武 . 信息安全综述［ J ］中国科学, 2007, 37（ 2 ）.

［ 11 ］ 分布式拒绝服务攻击［ EB/OL ］. http://system32.blog.51cto.com/468259/155010.

［ 12 ］ 项国富, 金海, 邹德清, 陈学广 . 基于虚拟化的安全监控［ J ］软件学报, 2012.

［ 13 ］ 任国力 . 基于 VMI 的入侵检测系统的研究与实现［ D ］, 上海: 华南理工大学, 2014.

网络虚拟化安全

云计算虽然进入了快速发展的阶段，但是业务的快速增加却给数据中心的网络管理带来了极大的挑战，因此，网络虚拟化和软件定义网络（Software Defined Network，SDN）近年来备受关注。网络虚拟化为租户提供相互独立、可管理的虚拟网络资源，SDN 以软件可编程的方式管理虚拟和物理网络资源。本章将介绍网络虚拟化技术及安全分析、VPC 和虚拟化网络安全服务。

4.1 网络虚拟化技术概述

计算机网络发展至今已有四十余年历史，它已经深入我们生活的各个方面。然而，随着网络规模的不断扩大，传统的网络架构的僵化现象越发明显，已经很难满足现在复杂多样的网络需求。此外，互联网的基础服务提供商构成复杂，他们之间存在着巨大的利益冲突，这使得新的网络技术的引入和已有网络技术的调整都变得非常困难。这些问题都是促进网络虚拟化产生的条件。

网络虚拟化与服务器虚拟化是虚拟化技术的两个重要分支，它们之间有很多相似之处。网络虚拟化泛指用于抽象物理网络资源的技术，目的是旨在一个共享的物理网络资源层上创建多个抽象的虚拟网络，这些虚拟网络彼此隔离，并且可以各自独立地进行部署和管理。网络虚拟化概念和相关技术的引入可以很好地解决传统网络架构僵化的问题，使得网络架构的动态化和多样化成为可能。

早期的网络虚拟化技术主要应用于网络服务与硬件设施解耦，期间诞生了一些具有标志性的技术，如虚拟局域网（VLAN）、虚拟专用网（VPN）等，但早期的网络虚拟化技术主要是为了解决一些具体问题，缺少广泛的应用场景。云计算的出现为网络虚拟化技术的发展和推广提供了一个绝佳的机会。至此，云计算环境下的网络虚拟化技术产生并开始飞速发展。

4.1.1 传统网络虚拟化技术——VLAN

1. VLAN 的定义

VLAN（Virtual Local Area Network）即虚拟局域网，是一种通过将局域网划分成多个逻辑隔离的网段，使得不同的网段处于不同的广播域，从而解决以太网广播问题和安全问题的技术。它通过在二层数据帧帧头中增加 VLAN 头，用 VLAN ID 把用户划分为更小的网络组，限制不同的组间用户的二层互访，从而实现二层网络的隔离问题，解决了共享式以太网和交换式以太网的广播风暴问题。这里的每个网络组就构成一个虚拟局域网。IEEE 于 1999 年发布了用于规范 VLAN 实现方法的 IEEE 802.1Q 标准，进一步完善了 VLAN 的体系结构，统一了不同厂商的 VLAN 帧格式，使得不同厂商之间的 VLAN 互通成为可能。

2. VLAN 的帧格式

为使交换机能够分辨不同 VLAN 的报文，IEEE 802.1Q 协议标准规定，在传统以太网数据帧中的 DA&SA（目的 MAC 地址和源 MAC 地址）之后封装 4 个字节的 802.1Q VLAN 标签，即 VLAN Tag，用以标识 VLAN 的相关信息。VLAN 的数据帧封装格式如图 4-1 所示。

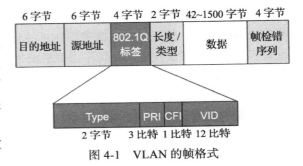

图 4-1 VLAN 的帧格式

VLAN 标签中的四个字段分别标识了该数据帧不同的信息，各个字段的具体含义如下：

- Type：表示此帧的类型为 802.1Q Tag，长度为 2 字节，取值为 0x8100。
- PRI：表示帧的优先级，长度为 3 比特，可取 0 ~ 7 之间的值，值越大优先级越高。该优先级主要为 QoS 差分服务提供参考依据。
- CFI：规范格式指示符字段，占 1 比特。0 表示规范格式，应用于以太网；1 表示非规范格式，应用于令牌环网。
- VID：VLAN 标识符。长度为 12 比特，可配置的 VLAN ID 取值范围为 1 ~ 4094。通常 VLAN 0 和 VLAN 4095 预留，VLAN 1 为默认 VLAN，一般用于网管。

3. VLAN 的不足

VLAN 在传统以太网中得到了广泛的应用，给以太网的管理带来诸多便利，包括实现了跨不同交换机的同一子网通信，控制了局域网的广播风暴问题，简化了网络管理等。但当将其应用于云计算环境时，却暴露出一些不足，主要包括以下两点：

- VLAN 的数量限制。VLAN ID 的可取值范围限制了一个二层网络最大可配置的 VLAN 数，4096 个 VLAN 远不能满足大规模云计算数据中心的需求。
- 无法满足云计算多租户环境下不同租户虚拟网络 IP 地址重叠的问题。

4.1.2 云环境下的网络虚拟化技术

VLAN 良好的网络隔离能力使其在传统虚拟网络领域大行其道，学校、公司等组织内部通常都依赖于 VLAN 技术进行隔离。随着虚拟化技术的迅猛发展，业务部署模式正由传统的数据中心向云方式转变，由于传统数据中心存在高投入、资源难以伸缩等问题，云服务以其按需自助、资源池化等特点日益吸引客户。但是，现在数据中心架构普遍存在以下三个问题。

（1）虚拟机的迁移受到数据中心网络架构的限制

云计算平台的高可用性和动态伸缩依赖于虚拟机迁移。例如，云计算平台的资源调度服务会将某台服务器 A 上几个零散的虚拟机迁移到服务器 B，然后关闭服务器 A 以实现节能，这种迁移操作对用户来说是透明的。在虚拟机迁移过程中想要保证虚拟机的业务不中断，就必须保证虚拟机的 IP、MAC 地址等配置不发生变化，但是为了适应大规模网络中虚拟机迁移需求所推出的 TRILL、SPB、FabricPath 等技术却因为需要升级硬件支持而不能广泛应用，因此迫切需要新技术来解决虚拟机迁移而二层网络环境不改变的问题。

（2）物理网络设备的 MAC 地址表容量有限带来的虚拟机规模限制问题

在云计算数据中心大规模二层网络环境下，数据流需要通过物理交换机的 MAC 地址表来完成网络寻址，保证数据包准确到达目的地，因此云计算环境下接入层交换机的 MAC 地址表容量大小直接决定了云环境下虚拟机的数量。尤其是低成本的接入层交换机由于表项有限，极大地限制了云数据中心的虚拟机数量。

（3）网络隔离能力不足

当前主流的网络隔离技术 VLAN 在云计算平台中使用时存在几个典型的问题：第一，VLAN 的数量在数据头定义中仅有 12 比特，即可用数量最大为 4096 个，在云计算多租户环境下，这 4096 个 VLAN 隔离域明显无法满足用户的需求。第二，由于当前的 VLAN 均采用在交换机上静态配置的模式，所以交换机上的端口几乎全部都是 Trunk 口（允许多个 VLAN 标签通过），在 VLAN 下的一个广播数据包都有可能在整个网络中进行泛洪，这对网络的交换能力是一种极大的浪费。

因此，传统的网络虚拟技术已经无法满足云计算环境的需求，在"大二层"技术推动网络虚拟化的技术革新下，Overlay 网络应运而生。

Overlay 与基于底层的 Underlay 相对应，是一种在底层物理网络之上再叠加一层网络的技术，即在底层网络框架不变的情况下在上层承载业务，并且做到不同业务间的分离，它与 VPN 技术类似，但是是一个更大范围下的"VPN"，如图 4-2 所示。

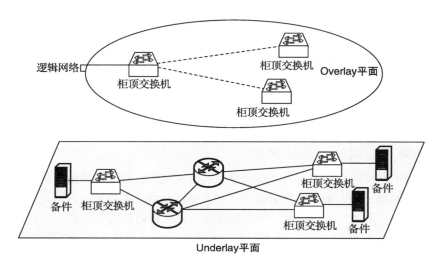

图 4-2　Overlay 与 Underlay

随着基于主机虚拟化的 Overlay 技术出现，主流的 Hypervisor 中的虚拟交换机都已提供了对 Overlay 技术的支持，在更靠近业务应用的地方提供网络虚拟化服务，从而使得虚拟机上业务的二层通信可以直接承载于 Overlay 网络之上。得益于 IP 封装技术，内层的虚拟机内部网络参数被完整保留，原有硬件设备无需升级，同时封装后的数据包只表现出隧道端点的网络参数，这大大降低了接入层物理交换机的 MAC 地址表项容量，并且 Overlay 技术使用 24 比特作为标识位，大大扩展了隔离域的数量。这使得之前的三个问题迎刃而解，下面将介绍几种典型的 Overlay 技术。

1. VxLAN

VxLAN（Virtual extensible Local Area Network，虚拟扩展局域网）是为了解决前面提到的三个问题而提出的 Overlay 网络封装方案，它由 VMware、Cisco、Broadcom 三家行业巨头联合新兴的网络设备公司 Arista 等其他厂商共同开发，用于构建虚拟网络的覆盖技术。VxLAN 技术目前已经使用在诸如 OpenStack、NSX-V 等云计算解决方案中。

VxLAN 使用的是一种在原有数据包的基础上，将整个以太网报文封装在 UDP 传输层上的隧道协议，在外层封装的为 VTEP（隧道端点）的网络信息，VxLAN 数据包的封装和解封均需要 VTEP 参加，VTEP 可以部署在虚拟机中，也可以部署在物理机中。具体的数据包结构如图 4-3 所示。

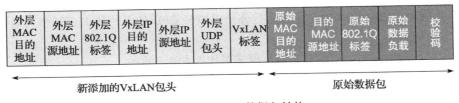

图 4-3　VxLAN 数据包结构

其中新添加的外层 MAC、IP 包头为 VTEP 的网络信息，UDP 包头和 VxLAN 标签比较关键，UDP 目的端口 4789 是 VxLAN 的默认端口，同时 UDP 封装头中含有原始二层帧头的 Hash 结果（容易实现基于等价多路径的负载均衡）。VxLAN 标签中含有 VNI，其功能类似于 VLAN Tag，标记 VxLAN 的编号，原始数据包即为一开始封装前的数据包（在云计算平台中即为虚拟机的原始数据包）。

通过上面的描述我们可以知道，VxLAN 的通信过程比较简单，仅仅经过 VTEP 封装后就可以当作一个正常的 UDP 进入物理网络，到达目的 VTEP 后解封交由上层，对上层应用而言"感觉"自己就在同一个二层网络环境下。

2. NVGRE

NVGRE（Network Virtualization using Generic Routing Encapsulation，基于通用路由封装的网络虚拟化）由 Intel、HP、DELL 等公司向 IETF 提出。同 VxLAN 相比，它不具有类似于 VxLAN 记录内层数据包二层帧头的结构，而是将原数据包封装在 GRE 内（VxLAN 封装在 UDP 中），包结构如图 4-4 所示。

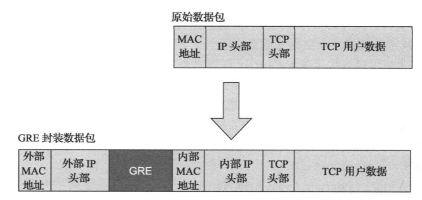

图 4-4 NVGRE 包结构

NVGRE 定义了一个 TNI，完成类似于 VNI 的功能，其他的功能、通信方式等都与 VxLAN 大致相同，这里不再赘述。

3. STT

STT（Stateless Transport Tunneling，无状态隧道传输）协议是 Nicira.com 向 IETF 提交的一个隧道协议草案。和上面两种隧道封装类似，STT 是一个 MAC over IP 的协议，将内层帧封装在 IP Payload 中，比较特殊的是 STT 协议在 STT 头部之前加了一个 TCP 头部将自己伪装成 TCP 数据包，以便网卡对数据包进行分片以减轻 CPU 的分片压力。其余的通信流程等与上述基本类似。

以上三种网络虚拟化技术的隧道封装模式对比如表 4-1 所示。

表 4-1　三种网络虚拟化技术的隧道封装模式对比

对比项	VxLAN	NVGRE	STT
提出者	VMware、Cisco、Broadcom	Intel、HP	Nicira
封装原理	数据包封装于 UDP 头	数据包封装于 GRE 头	数据包封装于类似 TCP 头
封装优势	可以进行负载均衡、IP 包过滤等	便于利用现有技术	对网卡分片降低 CPU 负担
封装劣势	需要对设备进行升级	不支持负载均衡和 IP 包过滤等功能	私有协议，不能用于硬件交换机
部署位置	物理交换机或者虚拟交换机	物理交换机或者虚拟交换机	虚拟交换机

近些年开发的大部分物理交换机都提供了对 VxLAN 的支持，可以直接对 VxLAN 流量进行封装和解封装，软件交换机（如 Open vSwitch 等）也全面支持 VxLAN 封装。

此外，各大厂商在自己的云计算解决方案中均使用了自己的隧道封装技术。如 VMware 的 NSX-V 中使用 VxLAN 作为隧道封装方案；微软的 Microsoft Hyper-V 虚拟化平台中则采用自己的 NVGRE 作为封装方案；而 STT 作为 Nicira 的私有协议，在被 VMware 收购后主要运用在 NSX-HM 网络中以减轻 CPU 负担。值得一提的是，当前最活跃的开源云计算平台 OpenStack 使用 VxLAN 作为其 Overlay 方案。

4.1.3 软件定义网络与 OpenFlow

1. 软件定义网络

SDN 是由美国斯坦福大学 Clean Slate 研究组提出的一种新型网络创新架构，核心理念是将网络功能和业务功能抽象化，并且通过外置控制器来控制这些抽象化的对象。SDN 将传统网络设备紧耦合的网络架构拆分成应用、控制和转发三层分离的架构，控制功能被转移到了服务器，上层应用和底层转发设备被抽象成多个逻辑实体。

SDN 的架构以及各层次的功能如图 4-5 所示。

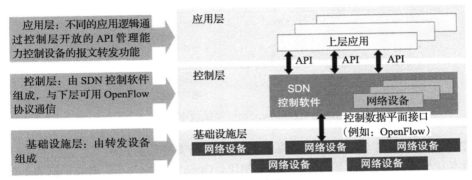

图 4-5 SDN 架构

SDN 架构主要由应用层、控制层和基础设施层（转发层）组成。其中，应用层和控制层的通信接口统称为北向接口，常用的北向接口技术主要有 RSETful、SOAP 等。控制层与基础设施层（转发层）的通信接口统称为南向接口，目前常用的南向接口协议为 OpenFlow。

SDN 具有三个主要特征：控制与转发分离、集中化的网络控制和开放的编程接口。

- 控制与转发分离：这是 SDN 最显著的特征，转发层只负责对数据包进行转发，而对数据包进行转发的规则由控制层管理和下发。
- 集中化的网络控制：SDN 的控制与转发分离的特点使得对网络设备的集中控制成为可能。
- 开放的编程接口：通过开放的南向和北向接口，使应用和网络实现更好地结合在一起，用户的各种复杂的网络需求能够更好地实现。

2. OpenFlow 和 Open vSwitch

OpenFlow 是一种新型网络协议，作为控制器（如 Ryu、ONOS、ODL 等）与网络设备（如 OVS 等）通信的标准接口，起源于斯坦福大学的 Clean State 项目组。OpenFlow 的典型应用架构如图 4-6 所示，网络设备（主要为交换机）上维护一个或若干个流表，并且数据流只按照这些流表中指定的动作执行。流表的生成、维护和流表项的下发、更新等完全由外置的控制器来完成。流表项是由一些关键字段和相应的执行动作组成的规则，并且每个关键字段可以通配，网络管理

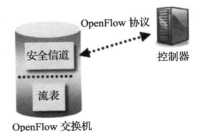

图 4-6 OpenFlow 应用架构

人员可以对流表项中具体的关键字段进行配置来实现任意粒度的流转发规则。控制器和网络
设备通过一条安全通道来进行通信，其中的数据包则根据 OpenFlow 协议进行封装。

自 2009 年年底发布第一个正式版本以来，OpenFlow 协议已经经历了 1.1、1.2、1.3 以
及 1.4 等版本的演进过程。2012 年，OpenFlow 管理和配置协议也发布了第一个版本（OF-
CONFIG1.0&1.1），用于配合 OpenFlow 协议进行自动化的网络部署。图 4-7 给出了 OpenFlow 协议
各个版本的演进过程和主要变化，目前使用和支持最多的是 OpenFlow 1.0 和 OpenFlow 1.3 版本。

图 4-7　OpenFlow 协议版本发展

2012 年 4 月发布的 OpenFlow 1.3 版本已成为长期支持的稳定版本，并且也是广泛使用
的一个版本。与 OpenFlow 1.0 和 1.2 等版本相比，OpenFlow 1.3 不仅增加了流表支持的匹配
关键字，还增加了 Meter 表，用于控制关联流表的数据包的传送速率，但控制方式目前还相
对简单。OpenFlow 1.3 改进了版本协商过程，允许交换机和控制器根据自身兼容性协商可以
支持的 OpenFlow 协议版本。同时，增加了辅助连接，以提高交换机的处理效率和实现应用
的并行性。此外，还支持 IPv6 扩展头和 Table-miss 表项。

Open vSwitch(简称 OVS) 是一种支持 OpenFlow 协议的、高质量的开源多层虚拟交换机，
它旨在通过编程扩展来实现高效的网络自动化转发。Open vSwitch 支持多种虚拟化技术，包
括 Xen、KVM 和 VirtualBox。其架构如图 4-8 所示。

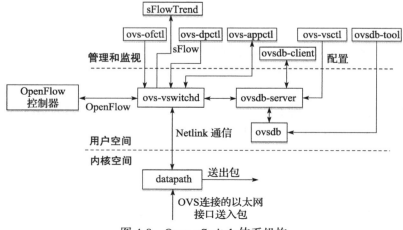

图 4-8　Open vSwitch 体系机构

Open vSwitch 主要包括三个部分：一个运行在用户空间的守护进程（ovs-vswitchd）、一个数据库服务器（ovsdb-server）和一个运行在内核空间的模块（datapath）。其中，数据库服务器主要用于存储 ovs-vswitchd 在配置时的参数以及各组件的统计和状态信息。当 Open vSwitch 接收到数据包或发送数据包时，对其进行处理的主要是 Open vSwitch 的内核模块 datapath 和其在用户空间的守护进程 ovs-vswitchd。另外，Open vSwitch 还提供了一些管理和监视工具，主要包括：

- ovs-ofctl：对 Switch 进行管理配置。
- sFlowTrend：通过 sFlow 技术对流量进行监视。
- ovs-dpctl：对内核模块进行管理。
- ovs-appctl：对 OVS 的守护进程进行查询和管理，主要是日志等方面。
- ovs-vsctl：查询和配置 ovs-vswitchd。
- ovsdb-tool：对数据库进行管理。

当 Open vSwitch 的内核模块截获到数据包后，分别在内核模块 datapath 和用户空间的进程 ovs-vswitchd 中对该数据包进行两次不同粒度的流表匹配。当匹配到其中的某条流表项时，数据包按照其中指定的动作进行处理。如果两次匹配都没有找到相应的流表项，Open vSwitch 将此数据包按照 OpenFlow 协议进行封装，并发送给 OpenFlow 控制器，由控制器来决定此数据包的处理方法，并将处理方法和更新流表项的消息都回复给 Open vSwitch。当下一次 Open vSwitch 再收到这种数据包时，直接按照新添加的流表项进行快速转发，不用再发送给控制器。

4.1.4　IaaS 环境下网络安全域的划分与构建

网络安全域是指在云计算平台中具有相同安全需求、共享相同的安全策略（例如边界控制策略、边界管控策略等）、相互之间信任的主机集合。一个典型的网络安全域划分实例如图 4-9 所示。

当用户访问某网站时，访问请求首先会到达 Web 域，此域的功能是接受用户请求，并通过 SSH 请求对应 APP 返回信息，APP 域中运行的 APP 所需要的相关数据必须通过 MySQL 接口从 DB 域的数据库中获得。通过不同域间的访问控制，可以保证核心区域（如 DB 域）的安全性。

可以看到，通过划分不同的域，结合边界访问控制技术就可以做到整个业务系统的纵深防御，在某个域发

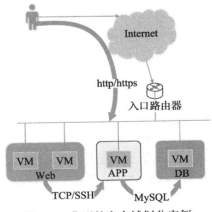

图 4-9　典型的安全域划分实例

生问题时，也可以保证其他的域和其他域内信息不受影响。因此，域的合理划分是保障网络正常运行的重要手段。

随着云计算时代的到来，越来越多的用户将自己的业务迁移到云计算环境上。和传统

IDC 不同的是，同一台物理机上承载着不同租户的虚拟机和业务，同时不同租户的虚拟网络实际上也承载于同一物理链路之上。因此在传统 IDC 当中，以物理机作为域隔离的最小粒度显然在云环境下已经不再适用。与此同时，由于云环境下多租户共享、服务器虚拟化的特征使得传统的域划分方式已经失效，这确实给云环境下域的划分带来了更多的挑战。

针对当前的云计算环境 IaaS 平台模式下的虚拟网络，每个租户的资源以云平台的虚拟机形式呈现，和传统网络一样，一个大型租户的虚拟网络也需要划分安全域，以保证内部数据的安全，只不过现在划分的粒度已经从物理机到了虚拟机，如图 4-10 所示。

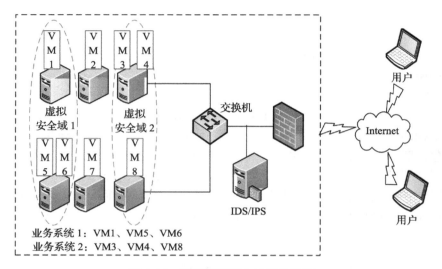

图 4-10   虚拟网络安全域划分实例

根据 OpenStack 安全组 OSSG 提出的《 OpenStack 安全指南》，可以明确一个云平台网络中大致需要如下安全域：

（1）公有的安全域

这一安全域是云平台内部完全不可信的网络区域，其功能类似于上面的 Web 域，它可能面向整个用户（可能包含恶意用户）和开放的互联网，任何在其中传输的数据都需要考虑安全措施。

（2）用户安全域

用户安全域是用户业务产生的数据，具体而言就是租户租用的虚拟机产生的相关数据，由于此域完全由租户掌控，因此对于云提供商来讲，只有在通过足够的安全手段保证虚拟机的绝对可信和租户的绝对合法前提下才能信任这一区域。

（3）管理信息安全域

该域内是云平台管理信息和内部服务的交互区域，是云平台中的核心区域。在这一区域上传输着云平台信息、配置参数、API 调用、租户的用户名和密码等敏感信息，这些信息具有极高的保密性和完整性的需求，因此该域是可信的。

（4）数据安全域

数据安全域中保护的内容主要是云平台中的相关数据，典型的如镜像数据、存储数据等，这些数据依然拥有较高的保密性和完整性需求，同时还可能要保证高可用需求。

目前不同安全域的划分和域间隔离主要采用网络隧道等技术进行实现，后面将结合阿里云中的 VPC 进行具体讲解。

4.2 虚拟网络安全分析

云计算使用虚拟网络技术将逻辑网络和物理网络分离，以满足云计算多租户、按需服务的特性，但同时也带来了新的安全问题。

4.2.1 网络虚拟化面临的安全问题

网络虚拟化主要面临如下一些问题：

1. 物理安全设备存在监控死角

在虚拟化环境中，虚拟机与外界进行数据交换的数据流有两类，即跨物理主机的虚拟机数据流和同一物理主机内部的虚拟机数据流。前者一般通过隧道或 VLAN 等方式进行传输，可以使用 IDS/IPS 等安全设备在传输通道上进行监控，但后者只在物理主机中通过虚拟交换机进行交换，传统的安全设备无法对其进行监控。攻击者可以在内部虚拟网络中发动任何攻击，而不会被安全设备所察觉。如图 4-11 所示，攻击者在虚拟机 VM1 中攻击 VM2，数据流量没有经过物理交换机，也不会传输到防火墙 IDS。可见，虚拟化改变了数据的流向，增大了物理设备不可见的区域，增加了整个虚拟网络的安全管理难度。

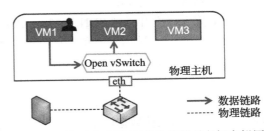

图 4-11 物理安全设备无法观测到内部虚拟网络的数据交互

2. 虚拟网络的数据流难以理解

虽然安全设备无法获得物理主机内部的 VM 间的数据包，但可以获取跨物理主机间 VM 的数据流。尽管如此，传统的安全设备还是不能理解这些数据流，也就无法应用正确的安全策略。例如，在图 4-12 中，租户 X 和租户 Y 分别在两台物理主机上租用了一台虚拟机，当租户 X 从 VM1 向 VM3 发数据包时，防火墙能接收到物理主机 1 到物理主机 2 的数据包，但不知道到底是租户 X 还是租户 Y 的程序在发送数据包，也不知道是哪两台 VM 在通信。此外，很多虚拟机之间的数据包是经过虚拟网络隧道传输的，所以传统的网络安全设施可能无法解析这些封装后的数据流。

3. 安全策略难以迁移

虚拟化解决方案的优点是弹性和快速。例如，当 VM 从一台物理主机无缝快速地迁移到另一台物理主机时，或当增加或删除 VM 时，网络虚拟化管理工具可快速调整网络拓扑，在旧物理网络中删除 VM 的网络资源（地址、路由策略等），并在新的物理网络中分配 VM 的网络资源。相应地，安全解决方案也应将原网络设备和安全设备的安全控制（ACL 和 QoS）跟随迁移，然而现有安全产品缺乏对安全策略迁移的支持，导致安全边界不能适应虚拟网络的变化。

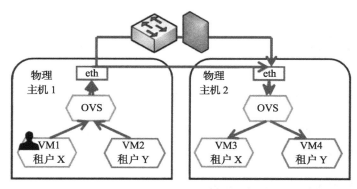

图 4-12   物理安全设备不能理解跨物理主机间的数据流

4. 网络流量不可见

在传统网络中，所有数据包经由交换或路由设备，这些设备可以感知并学习当前环境的数据流量，可以针对目前的网络状况动态调整路由策略。但基于 OpenFlow 的 SDN 架构中的网络控制器只会收到底层设备发来的部分数据包，并不了解控制域中大部分直接被转发的数据流具体内容。

5. 控制器的单点失效

除了传统网络升级到 SDN 后网络层的新问题外，SDN 本身也会存在漏洞，特别是复杂的 SDN 的控制器。数据平面和控制平面的分离主要是通过控制器实现的，所以控制器就成为网络虚拟化的重要设施。然而，控制器需要应对各种动态的网络拓扑，解析各种类型的数据包，接收上层应用的信息，并控制底层网络设备的行为，所以其功能实现将会非常复杂，也就可能存在不少漏洞。若攻击者攻破控制器，就可以向所有的网络设施发送指令，导致整个网络瘫痪；或将某些数据流重定向到恶意 VM，造成敏感信息的泄露。

6. 多应用不一致策略导致绕过控制器

控制器控制整个网络的拓扑，处理几百甚至上千个应用的路由策略，每个应用的路由路径可能不同，如果这些不同应用产生的路由项之间存在不一致，就可能出现非法路径。Porras 等人提出如图 4-13 所示的攻击场景，系统根据安全策略应禁止主机 10.0.0.2 与主机 10.0.0.4 通信，但如果控制器中有三项看似合法的不同应用需要的路由策略，那么当数据包从 10.0.0.2 传输到 10.0.0.3 时，会在交换机上被替换掉源和目的地址，成为从 10.0.0.1 传输到 10.0.0.4 的数据包，最终被允许转发，而这原本应该是被禁止的。可见，控制器中的路由项如果不一致，攻击者就有可乘之机，可以绕过控制器实施攻击。

7. 控制信息难验证

除了攻击控制器外，控制器和网络设备间的通信也可能存在安全问题。虽然 OpenFlow 协议规定两者通信可使用加密的通道，但如何保证交互双方可信是一个问题。一方面，若攻击者假冒网络控制器发送恶意控制命令，即可改变网络拓扑，破坏安全策略，或修改数据流绕过防火墙。另一方面，攻击者也可以通过控制某些网络设施，向控制器发送伪造的数据包，影响控制器对网络流量的判断。如果不解决网络虚拟化后产生的安全威胁，就可能会破坏整个网络的可用性和可靠性，造成租户的隐私泄露，并给攻击者后续攻击内部 VM 提供条件。

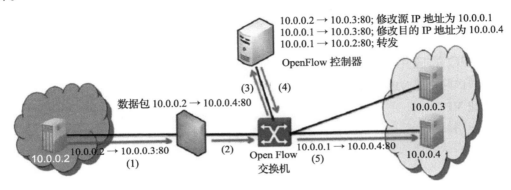

图 4-13　控制器上三条合法策略组形成一条非法路径

4.2.2　SDN 面临的安全威胁

SDN 的集中化控制、可编程等特征带来的益处显而易见，但这样的网络结构也会产生一定的安全隐患。负责管理 OpenFlow 协议的开放网络联盟（ONF）曾指出两个潜在的 SDN 安全问题，也是必须封堵的两个网络攻击途径：集中控制是一个"潜在的单点攻击和故障源"；控制器与数据转发设备之间的南向接口很容易"受到攻击而降低网络的可用性、性能和完整性"。

具体来说，SDN 集中化控制的网络结构使 SDN 控制器成为攻击者的主要攻击目标，因为它既是一个集中的网络干扰点，也是一个潜在的单点故障源。Voodoo Security 安全咨询师和 IANS 领导成员 Dave Shackleford 说："如果不注意控制器，那么它会成为攻击者的最主要目标，他们可能会轻松攻破它，修改代码库，改变流量控制，从而在一些位置过滤或藏匿数据，任由攻击者操控数据。"

此外，控制器与转发设备之间的南向接口也很容易成为攻击者的目标。由于缺乏健全的身份认证机制，攻击者可以控制甚至伪造虚拟转发设备，从而通过伪造、篡改数据包等方式导致转发平面的性能下降、可用性和完整性遭到破坏，攻击者甚至还能够通过伪造大量的请求流表数据包等方法威胁控制平面的安全。

4.3　VPC

4.3.1　VPC 的概念

VPC（Virtual Private Cloud，虚拟私有云）可以帮助用户基于云平台构建出一个隔离的网络环境。用户可以完全掌控自己的虚拟网络，包括选择自有 IP 地址范围、划分网段、配置路由表和网关等。此外还可以通过专线 /VPN 等连接方式将 VPC 与传统数据中心组成一个按需定制的网络环境，实现应用的平滑迁移上云。

VPC 主要起到网络层面的功能，其目的是让用户可以在云平台上构建出一个隔离的、自己能够管理配置和策略的虚拟网络环境，从而进一步提升用户在云环境中的资源的安全性。由于用户可以掌控并隔离 VPC 中的资源，因此对用户而言这就像是一个自己私有的云计算环境。

4.3.2 VPC 的应用

本小节以阿里云 VPC 产品为例，介绍 VPC 常用功能及设置方法。

1. 创建 VPC

（1）应用场景

- 用户需要隔离的安全网络环境。
- 用户需要独立管理虚拟网络，包括选择 IP 地址范围、划分网段、配置路由表和网关等。
- 用户可以通过专线或者 VPN 等连接方式将专有网络与传统数据中心组成一个按需定制的网络环境，实现应用的平滑迁移上云。

（2）前提条件

用户需要确定要部署的地域（region）。

（3）创建专有网络

在指定的地域创建 1 个专有网络，应注意：

- 专有网络只能指定 1 个网段，网段的范围包括 10.0.0.0/8、172.16.0.0/12 和 192.168.0.0/16 及它们的子网，默认为 172.16.0.0/12。
- 专有网络创建后无法修改网段。
- 每个专有网络包含的云产品实例不能分布在不同地域，可以分布在同一地域的不同可用区内。
- 每个专有网络包含的云产品实例数量不超过 5000 个。
- 创建专有网络时，会自动创建 1 个路由器和 1 个路由表。每个专有网络只允许有 1 个路由器和 1 个路由表。

（4）操作步骤

1）打开阿里云专有网络控制台：https://vpc.console.aliyun.com/#/overview/resources。

2）在页面的最上面了解已经开通专有网络的地域，并了解用户自己要创建的专有网络的地域。如图 4-14 所示。

说明：因为实例无法在不同地域的专有网络中启动，所以请确保后续操作在相同的地域中。

3）在左侧导航窗格中选择“专有网络”，进入专有网络列表页。如图 4-15 所示。

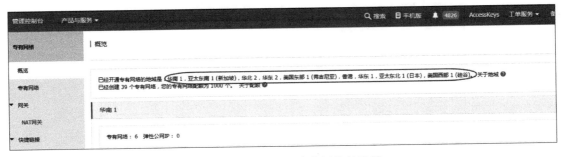

图 4-14　确认已开通专有网络的地域

图 4-15　专有网络列表

4）在最上面的专有网络列表中选择地域。例如选择地域"华北 2"。

说明：本文以地域"华北 2"为例。

5）单击右上角的"创建专有网络"按钮，弹出"创建专有网络"窗口。如图 4-16 所示。

6）在配置页面上的"专有网络名称"（例如 helloVPC）、"描述""网段"（例如 192.168.0.0/16）输入相应的内容。

- 专有网络名称：方便用户创建专有网络和子网后在控制台识别。
- 描述：可选，用户可根据自身习惯填写，以便后续更好地在控制台识别。
- 网段：有三个选项 192.168.0.0/16、172.16.0.0/12、10.0.0.0/8。

7）当创建的专有网络"状态"为"可用"时，完成专有网络的创建。如图 4-17 所示。

图 4-16　创建专有网络

图 4-17　完成专有网络创建

2. VPC 下内网隔离设置

假设在一个 VPC 中有三台虚拟交换机，属于三个不同的网段，比如 172.16.1.0/16、172.16.2.0/16 和 172.16.3.0/16，由于是放在一个路由器下面，所以默认是可以互相访问的，我们通过配置安全组规则，使得三个网段两两不能访问。

1）首先创建三个安全组，为了便于分辨，可以用网段命名，选择所属专有网络，如图 4-18 和图 4-19 所示。

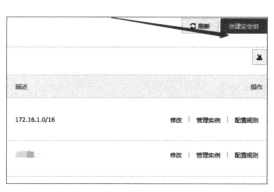

图 4-18　安全组列表

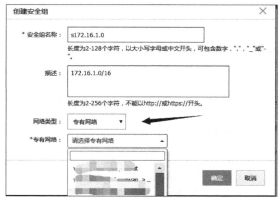

图 4-19　创建安全组

2）给这个安全组添加管理实例，如图 4-20 所示。

图 4-20　管理实例

3）选择配置规则，首先添加允许规则，允许 0.0.0.0 网段访问，优先级可以设置为 100，优先级数字越小，优先级越高。如图 4-21 所示。

4）添加拒绝规则，禁止 172.16.2.0/16 网段访问，优先级数字设置小一点，优先级会高于第一个，如图 4-22 所示。

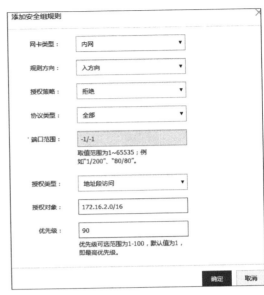

图 4-21　添加允许规则　　　　　　　　图 4-22　添加拒绝规则

5）使用同样的方法，添加拒绝 172.16.3.0/16 网段访问的规则。

如果这个 VPC 下只有这三个网段，如此设置就可以实现网段 172.16.2.0/16、172.16.3.0/16 到 172.16.1.0/16 的访问控制。

想要设置两两网段的访问控制，再在另外两个安全组里填写如上规则即可。

3. VPC 中的 RDS 切换到不同的网段使用

在 VPC 里有两个交换机，分别为 172.16.0.0/24 和 172.18.0.0/24 两个网段。RDS 挂接在 172.16.0.0/24 网络，现在把 RDS 连接到 172.18.0.0/24 的交换机上，设置方法如下：

1）切换 RDS 为经典网络。如图 4-23 所示。

2）切换 RDS 为专有网络。如图 4-24 所示。

3）选择对应的交换机。如图 4-25 所示。

需要说明的是：

- 切换 IP 会导致 RDS 的闪断。
- RDS 白名单需要添加新的 IP 地址。
- 需设置好连接 RDS 程序的自动重连机制。

4. VPC 网络环境下 Linux 系统配置 SNAT 实现无公网 ECS 通过有 EIP 的服务器代理上网

VPC 网络环境下，无公网的机器若要通过一台有 EIP 的机器上网，则操作方法如下：

1）将 EIP 绑定到某台 ECS 上，然后测试通过 EIP 登录 SSH。如图 4-26 所示。

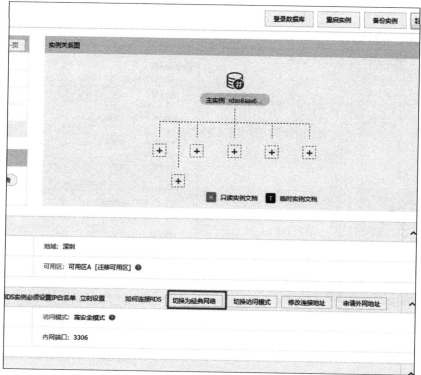

图 4-23 切换 RDS 为经典网络

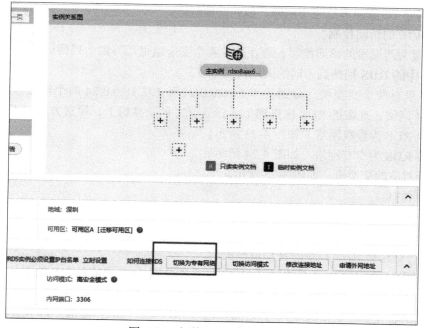

图 4-24 切换 RDS 为专有网络

图 4-25　选择虚拟交换机

```
Xshell:\> ssh root@112.[    ].71


Connecting to 112.[    ].71:22...
Connection established.
To escape to local shell, press 'Ctrl+Alt+]'.


Welcome to aliyun Elastic Compute Service!

[root@iZ9476537g0Z ~]#
[root@iZ9476537g0Z ~]#
[root@iZ9476537g0Z ~]# ifconfig
eth0      Link encap:Ethernet  HWaddr 00:16:3E:00:04:A3
          inet addr:172.16.3.2  Bcast:172.16.3.255  Mask:255.255.255.0
          UP BROADCAST RUNNING MULTICAST  MTU:1500  Metric:1
          RX packets:9315 errors:0 dropped:0 overruns:0 frame:0
          TX packets:5474 errors:0 dropped:0 overruns:0 carrier:0
          collisions:0 txqueuelen:1000
          RX bytes:12280455 (11.7 MiB)  TX bytes:355941 (347.5 KiB)
          Interrupt:165

lo        Link encap:Local Loopback
          inet addr:127.0.0.1  Mask:255.0.0.0
          UP LOOPBACK RUNNING  MTU:16436  Metric:1
          RX packets:0 errors:0 dropped:0 overruns:0 frame:0
          TX packets:0 errors:0 dropped:0 overruns:0 carrier:0
          collisions:0 txqueuelen:0
          RX bytes:0 (0.0 b)  TX bytes:0 (0.0 b)

[root@iZ9476537g0Z ~]#
```

图 4-26　测试通过 EIP 登录 SSH

2）开启 IP 转发功能。如图 4-27 所示。

```
sed -i 's/net.ipv4.ip_forward = 0/net.ipv4.ip_forward = 1/g' /etc/sysctl.conf
```

```
[root@iZ9476537g0Z ~]# sysctl -p
net.ipv4.ip_forward = 1
```

图 4-27　开启 IP 转发功能

运行 sysctl -p 命令让 IP 转发生效。

3）为 iptables 添加 SNAT 转换。172.16.3.0 是内网网段，172.16.3.2 是绑定了 EIP 的机器的内网 IP。

```
iptables -t nat -I POSTROUTING -s 172.16.3.0/24 -j SNAT --to-source 172.16.3.2
```

4）添加 VPC 路由，如图 4-28 所示。

图 4-28　添加 VPC 路由

5）测试是否可以访问，如图 4-29 所示。

```
[root@iZ94hthfcnfZ ~]# ifconfig eth0
eth0      Link encap:Ethernet  HWaddr 00:16:3E:00:00:FB
          inet addr:172.16.3.1  Bcast:172.16.3.255  Mask:255.255.255.0
          UP BROADCAST RUNNING MULTICAST  MTU:1500  Metric:1
          RX packets:8980 errors:0 dropped:0 overruns:0 frame:0
          TX packets:5605 errors:0 dropped:0 overruns:0 carrier:0
          collisions:0 txqueuelen:1000
          RX bytes:12157002 (11.5 MiB)  TX bytes:381152 (372.2 KiB)
          Interrupt:165
```

图 4-29　测试是否可以访问

6）将 EIP 绑定在 172.16.3.2 机器上，如图 4-30 所示。

```
[root@iZ94hthfcnfZ ~]# curl -I http://www.aliyun.com
HTTP/1.1 200 OK
Server: Tengine
Date: Tue, 08 Sep 2015 10:35:48 GMT
Content-Type: text/html; charset=utf-8
Connection: close
Vary: Accept-Encoding
Vary: Accept-Encoding
Vary: Accept-Encoding
Set-Cookie: SERVERID=fc842f8da117cfca564fd3fe53bf665a;1441708548;1441708548;Path
=/
```

图 4-30　EIP 绑定在 172.16.3.2 机器

7）关闭 ip_forward 再次测试，如图 4-31 所示。

```
[root@iZ9476537g0Z etc]# sysctl -p
net.ipv4.ip_forward = 0
```

图 4-31　关闭 ip_forward 再次测试

8）若无反应则测试成功，如图 4-32 所示。

```
[root@iZ94hthfcnfZ ~]# curl -I http://www.aliyun.com
^C
[root@iZ94hthfcnfZ ~]# ping -c 2 www.taobao.com
PING www.taobao.com.danuoyi.tbcache.com (140.205.132.129) 56(84) bytes of data.
```

图 4-32　无反应则测试成功

4.4　网络功能虚拟化与安全服务接入

4.4.1　网络功能虚拟化

在传统的网络环境中，网络运营商通常采用并维护着大量的专用硬件设备，随着网络服务的不断增加，这些网络硬件也需要随之更新或者添加，一方面增加了经济成本，另一方面随着设备数量的增多，管理维护的难度也不断增加，由此便催生出了网络功能虚拟化（Network Function Virtualization，NFV）的技术。

1. 概述

NFV 最初由网络运营商提出，其目标是通过 IT 虚拟化技术，将现有的各种网络设备功能（例如深度包检测、负载均衡、数据交换等）虚拟到符合行业标准的物理设备（服务器、交换机、存储设备或最终用户端）中，从而改变当前的网络运营架构模式。NFV 将网络功能从传统的设备中抽象出来，运行在 IT 工业标准设备中，从而减少迁移、部署带来的成本。

2. NFV 与 SDN 的关系

网络功能虚拟化和软件定义网络两者高度互补，但又不完全相互依赖。从解决问题的角度来看，NFV 和 SDN 强调的重点也不相同。

SDN 诞生于园区网络，其强调控制与转发功能的分离，通过集中化的管理，采用开放的标准接口对网络进行抽象，达到更快、更灵活地管理网络的目的。而 NFV 则由网络运营商推动，旨在解决当前不断增长的专用网络设备部署的问题。NFV 可以不依赖于 SDN 部署，同时两者也可以相互结合。

图 4-33 展示了传统的路由器服务部署模型，每一个使用服务的客户都需要一台路由器来提供服务。

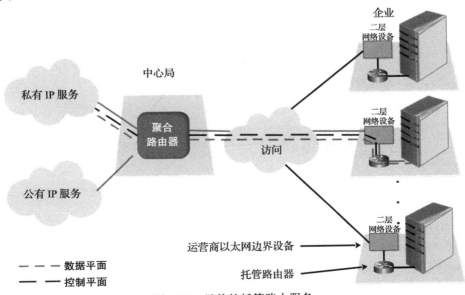

图 4-33　目前的托管路由服务

引入 NFV 后，使用虚拟路由器的功能，所有的用户站点通过左侧的网络接口设备（NID）——虚拟路由器来使用服务。如图 4-34 所示。

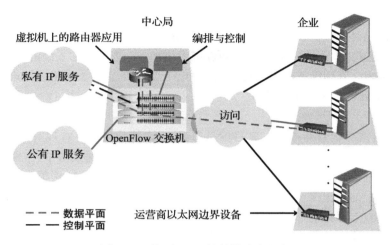

图 4-34 使用 NFV 的托管路由服务

在 NFV 的基础上再引入 SDN，将转发平面和控制平面分离开来，数据包的转发控制被提升到控制平面，而具体的转发动作由转发平面来执行。如图 4-35 所示。

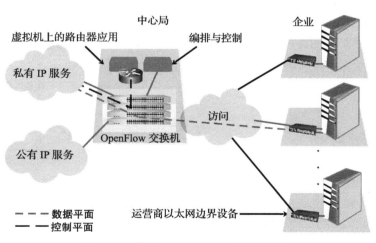

图 4-35 使用 NFV 和 SDN 的托管服务

3. NFV 的适用场景

随着云计算、大数据的发展，越来越多的业务需求出现，这一方面给网络运营商的扩容、维护带来了巨大压力，另一方面也要求运营商以更低的成本来进行流量经营，以提升数据流量的收入。因此，网络运营商需要一个更加开放、灵活、高效的架构，通过 NFV 的技术，将硬件和软件功能解耦，可实现硬件资源的高效利用，同时增强系统的灵活部署和维护。

虽然 NFV 的发展如火如荼，但是并不能适用于任何场景，例如那些支持低延迟、高吞吐量数据传输的网络产品就不太适合使用 NFV，这些网络产品通常有着较高的性能要求，采用高性能的交换机或路由器来实现。NFV 比较适用于 CPU 密集的场景，例如移动核心网。

4. NFV 面临的挑战

NFV 在发展的同时，也面临着一些挑战。

1）可移植性 / 互通性：就目前的数据中心而言，尚未形成统一的标准，在调用和执行虚拟化设备时，不同的运营商很难定义一个统一的标准接口，因此可移植性和互通性的问题就凸显出来。

2）从传统设备迁移并与现有系统的兼容：网络功能虚拟化打破了传统的网络运营的架构模式，因此 NFV 的发展需要考虑与网络运营商原有的网络设备的共存、迁移问题。换言之，NFV 应该是能够在传统物理网络设备和虚拟化网络设备的混合模式下协同工作的。

3）安全性：NFV 的引入需要考虑运营商的网络安全性，同时可用性也不能受到影响。网络功能虚拟化应能够容许网络功能失败后按需重建来提高网络的安全性和可用性。

4）管理和业务流程：在开放和标准的架构下，管理和业务流程的一致性需要得到保证。NFV 通过提供软件网络一体设备的方式，将北向接口的管理、业务与定义好的标准和需求快速统一起来。

5）性能问题：虚拟化核心网的性能瓶颈主要集中在 I/O 接口数据转发上，那么工作的挑战就在于如何尽可能地保持性能指标不至于下降太多。

6）标准问题：NFV 的标准制定与传统电信标准化工作有很大差异，因为 NFV 虚拟化架构需要标准化的内容不只在网络架构或是网络功能上面，更多的是集中在管理接口上，并且目前关于虚拟化架构的接口以及协议标准化涉及多个组织，所以关于 NFV 的标准化工作任重而道远。

4.4.2　云环境中的安全服务接入

针对 IaaS 虚拟网络的环境，基于软硬件的传统安全服务对虚拟网络环境是透明的，所以传统的诸如虚拟防火墙、漏洞扫描等安全服务要接入云环境下多租户的网络中，也需要考虑新的方法和技术。

1. 安全服务的分类

当前主流相对成熟的网络安全服务（诸如防火墙、漏洞扫描、入侵检测系统等）根据工作模式大致分为两种类型。

- 类型 1：安全服务组件本身不发送通信流，只是对接收到的数据流进行处理，以实现系统安全保护。例如，防火墙对经过的数据流进行通信过滤、IDS 依据接收到的通信流进行入侵检测判定等。
- 类型 2：安全服务组件本身需要发送通信流，依据所发送的数据包的回复信息，综合判定系统的安全状态并给出安全评估报告。例如，漏洞扫描、端口扫描等安全服务。

2. 类型 1 的安全服务接入

类型 1 的安全服务本身不产生任何数据流，而只是对流经的数据流进行处理与转发等。

此时，安全服务工具除需要具有软件实现的基础外，还应具有某种类型的载体来承载该软件，并通过引流等方式使得指定虚拟机的通信流量可送达至安全服务工具，从而使得安全服务工具能够服务于租户虚拟机。

同时，承载安全服务软件的载体应能够运行于虚拟化网络之上，且能够与现有的软件安全工具很好地兼容、很容易配置安全软件运行时所需的上下文环境。此外，载体本身应具有较好的可管理性和灵活性，能够依据业务需求快速地实例化以实现安全服务供应。

由于虚拟网络已构建于传统基础设施之上，因此使虚拟机流量送至安全服务工具的实现方式，应当尽可能地兼容于现有网络基础设备以及网络协议，避免新设备投入过大及协议改造开销。

综合考虑上述因素构建类型 1 的安全服务接入模型，如图 4-36 所示。

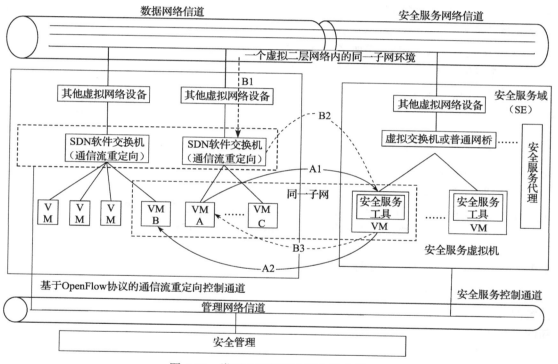

图 4-36　类型 1 网络安全服务接入模型

此类基于轻量级虚拟机构建的网络安全服务，不仅可以通过定制具备不同操作系统的虚拟机模板来满足安全软件工具的上下文环境，还可以充分利用 IaaS 管理工具已经具有的虚拟机全生命周期管理能力，实现对安全管理工具的有效管理。

网络方面，为使虚拟机通信流可流经网络安全服务虚拟机，同时兼容于现有传统网络设备及网络协议、以较小的复杂度实现，可采用下述方式进行：首先，将安全服务虚拟机配置于租户相同子网，使得两者二层网络可达；之后，通过在虚拟机网络接口处部署支持OpenFlow 协议的软件交换机（如图 4-36 中所示的通信流重定向模块），以按需修改特定通信流二层地址的方式使得指定通信流可被重定向至安全服务虚拟机处。此时，业务数据网络信道与安全服务网络信道共同构成了虚拟机的通信网络。

3. 类型 2 的安全服务接入

类型 2 的安全服务本身需要发送通信流，通过通信反馈信息综合评估系统安全状态，此类安全服务接入方式适合漏洞扫描等工具的接入。同样，除安全服务工具需要有软件实现的基础外，还需考虑安全服务组件所发出的通信以何种方式送达租户网络。虽然此类安全服务也可以采用类型 1 中的方式，直接将安全服务工具封装于虚拟机中，并将其实例化于租户虚拟机所在的网络，从而解决网络接入的问题，但该方式往往忽略了安全工具本身支持多任务并行处理的能力。以漏洞扫描系统为例，其本身具有可并行扫描多个网络内目标主机的能力，采用类型 1 安全服务接入方式将使该能力得不到发挥；同时，由于漏洞扫描引擎及漏洞扫描插件一般需要占用较大的存储空间，随着租户数量增多，所实例化的漏洞扫描虚拟机引入的开销也是需要考虑的问题。

因此，针对此类安全服务应用，构建了如图 4-37 所示的类型 2 安全服务接入模型。这种模型根据传统安全检测工具及虚拟网络的特点，通过构建独立的安全服务节点，利用 SDN 动态地构建虚拟网络链路的方式，使得单一的安全服务引擎可以同时实例化出多个独立的安全服务实例来为多个不同目标对象同时提供服务，即以"一虚多"的思想同时提供多个安全服务实例。

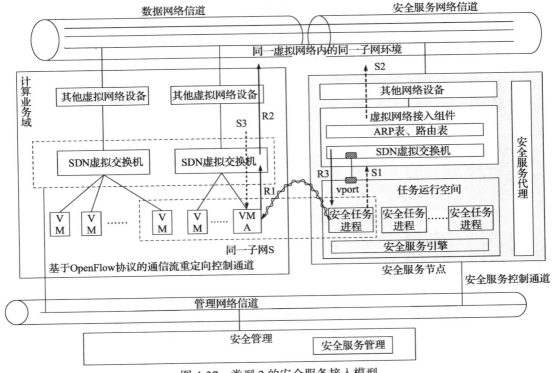

图 4-37　类型 2 的安全服务接入模型

其中：

- 安全服务管理模块：管理和调度安全任务，包括安全任务实例化、任务进度查询、结果查询等。
- 安全服务代理：接收服务管理模块下发的指令，管理安全任务进程、虚拟网络资源以及将安全任务通信接入租户网络，并保障不同安全任务之间的隔离性。
- 任务运行空间：为安全服务（安全服务引擎与安全任务进程）提供运行时网络环境。
- 虚拟网络资源组件：将安全任务接入目标虚拟机网络，并保障不同安全任务之间的网络隔离性。

4.4.3 安全服务最佳实践

1. 阿里云云盾

阿里云云盾是阿里巴巴集团多年安全技术研究积累的成果，结合阿里云云计算平台强大的数据分析能力，为互联网用户提供 DDoS 防护、CC（Challenge Collapsar，挑战黑洞）攻击防护、云服务器入侵防护、Web 攻击防护、弱点分析、安全态势感知、渗透测试、信息内容安全检测及管控等安全服务，帮助用户应对各种攻击、安全漏洞问题，以确保云服务稳定正常。

云盾具体设置方法如下：

1）打开 www.aliyun.com，点击管理控制台，以会员账号登录。

2）点击左侧云盾管理控制台，点击"网络安全"→"基础防护"，点击对应 ECS 服务器的"查看详情"，如果服务器数量比较多，可以在"云服务器 ECS"列表中通过"实例 IP"和"实例名称"搜索服务器，再点击对应服务器的"查看详情"。如图 4-38 所示。

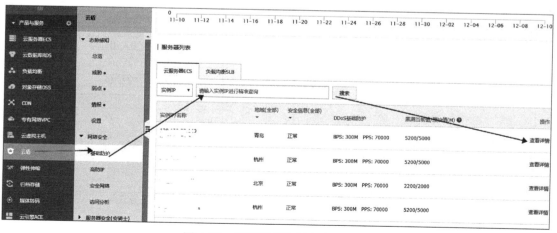

图 4-38　云盾管理控制台基础防护

3）进入页面后，在"CC 防护"区点击"已启用"开启 CC 防护，点击"关闭"则关闭 CC 防护功能，在"每秒 HTTP 请求数"中可以对每秒 HTTP 请求数设置清洗阈值，达到阈值后便会触发云盾的清洗。如图 4-39 所示。

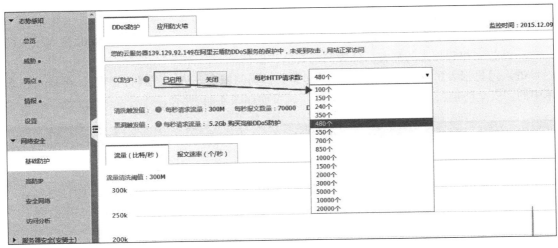

图 4-39　云盾管理控制台 DDoS 防护

4）点击"DDoS 防护高级设置",可以设置清洗阈值,选择"自动设置"后系统会根据云服务器的流量负载动态调整清洗阈值,选择"手动设置"可以手动对流量和报文数量的阈值进行设置,当超过此阈值后云盾便会开启流量清洗。如图 4-40 所示。

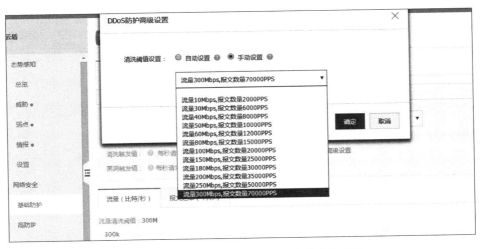

图 4-40　云盾管理控制台 DDoS 防护高级设置

2. 网站漏洞扫描

网站漏洞扫描又称为网站漏洞体检,是云解析和云盾合作,提供对网站的 SQL 注入、XSS 跨站脚本等各项高危安全漏洞进行检测,并将检测报告提供给用户的服务。

网站漏洞扫描的必要性如下：

- 避免网站用户受到侵害：如避免通过 XSS 等漏洞泄露访问者的身份和密码，使网站用户隐私信息被泄露。
- 避免网站受到侵害：如避免通过 XSS 等漏洞设置钓鱼、挂马或通过 SQL 注入获取网站控制权等带来的危害，保障网站安全和信誉。

进入阿里云 / 万网"管理控制台"，选择要扫描的域名，进入"解析管理"，选择左侧菜单中的"安全防护"，找到"网站漏洞体检"，页面如图 4-41 所示。

图 4-41　网站漏洞体检

3. Web 虚拟防火墙接入

（1）实验目的

实验目的：创建和使用 Web 防火墙服务。

（2）实验环境

实验环境：阿里云云盾

（3）实验步骤

1）登录云盾控制台 – 网络安全 –Web 应用防火墙控制台的地址如下：

https://yundun.console.aliyun.com/#/waf/setting

注：如未开通请先开通该服务。

2）添加防护业务：

- 域名：需要接入的域名（支持泛解析，a.com 和 www.a.com 是两个不同的域名）。
- 协议类型：业务对外提供的协议类型（如果有 HTTPS 业务，需要在此处勾选 HTTPS

协议，证书在配置完成后上传）。

- 源站 IP：业务对应的真实服务器地址。

3）上传 HTTPS 证书（如有）。

4）修改电脑的本地 hosts 文件，让本地的访问经过 Web 应用防火墙，在不变更业务的情况下，即可进行业务通过 Web 防火墙后的测试，hosts 文件修改方式请参照帮助文档。

5）修改 DNS 记录，切换部分链路（移动、海外线路或小流量运营商）流量到 Web 应用防火墙，并使用 17 号测试平台测试对应运营商的业务连通性和访问速度情况。

6）确认切换的部分业务是否正常。

7）修改 DNS 记录，切换全部链路流量到 Web 应用防火墙，并使用 17 测平台测试所有运营商的业务连通性和访问速度情况。（DNS 配置方式参见 https://help.aliyun.com/document_detail/35620.html。）

8）确认全部业务是否正常。

4.5　小结

随着云计算应用规模不断增大和业务快速变化，实体和虚拟网络的融合、快速管理和可扩展性将成为巨大的挑战，网络虚拟化已受到越来越多的关注，网络虚拟化技术是未来网络发展的主要趋势，但是也会引发许多安全问题。应该把握网络发展的趋势，重视虚拟化网络的安全。

4.6　参考文献与进一步阅读

［1］陶松 . 基于 SDN 的网络虚拟化安全研究［J］. 电脑知识与技术，2015（15）：23-25.

［2］易文平 . 谈网络虚拟化安全［J］. 信息与电脑（理论版），2013（12）：118-119.

［3］温涛，虞红芳，李乐民 . 网络虚拟化的过去、现在和未来［J］. 中兴通讯技术，2014（03）：2-7.

［4］VLAN 技术白皮书［EB/OL］. http://www.lwlm.com/wangluojishulunwen/200806/84537p2.html.

［5］刘宇宸 . 数据中心网络负载均衡中的带宽碎片问题研究［D］. 上海交通大学，2014.

［6］解读 SDN 起源：OpenFlow 协议标准演进过程［EB/OL］. http://digi.163.com/14/0617/06/9UU064N900163HE0.html.

［7］曹兴 . SDN 距离国内应用还有多远？［N］. 网络世界，2014-08-11（033）.

［8］虚拟化网络安全问题阻碍 SDN 发展步伐［EB/OL］. http://tc.people.com.cn/n/2014/0319/c183175-24677480.html.

［9］阿里云重大策略转型杀入混合云市场［EB/OL］. http://tech.huanqiu.com/cloud/2015-

07/7071252.html.

［10］　AWS 云平台的服务概览［EB/OL］. http://blog.csdn.net/yzhou86/article/details/42963533.

［11］　ubuntu 下搭建 udhcpd 服务器［EB/OL］. http://www.cnblogs.com/sunshore/p/3884739.html.

［12］　席晓 . SDN 与 NFV 技术对运营商网络的影响究竟有多大？［J］. 通信世界,2015（12）:28-29.

［13］　李晨，段晓东，陈炜，程伟强 . SDN 和 NFV 的思考与实践［J］. 电信科学,2014（08）:23-27.

第 **5** 章

身份管理与访问控制

在传统的 IT 应用场景中，应用程序部署在机构的控制范围之内，信任边界处于 IT 部门的检测控制之下，并且几乎是静态的。当采用云计算服务之后，机构的信任边界将变成动态的，并且迁移到 IT 部门的控制范围之外。这种控制权的丢失，对已有的信任管理和控制模式造成了巨大挑战。本章将介绍云计算环境下的认证和授权管理，利用身份管理与访问控制提高运营效率，进行合规性管理，实现新的 IT 交付和部署模式。

5.1 身份管理

身份管理的主要目的是让用户更方便和更高效地建立其在 IT 环境中的身份，包括用户身份整个生命周期的自动化管理以及围绕用户身份管理的各种业务流程的自动化。通过在云环境中提供集中的用户认证和授权管理来构建应用的安全域，可以使系统和安全管理人员对用户和各种资源进行集中管理、集中认证、集中权限分配、集中审计，从技术上保证安全策略的实施。

5.1.1 基本概念

当用户开始使用云服务时，是否能提供安全、稳定、易用的认证机制成为用户评估云服务提供商的重要因素。云服务提供商必须解决与身份认证有关的挑战，例如凭证管理、强认证（通常定义为多因素身份认证）、委派身份认证及跨越所有云服务类型的信任管理。

云服务提供商应该支持各种强认证，例如一次性密码、生物特征识别、数字证书和 Kerberos 等身份认证方式，为用户提供全方位的认证服务。

目前云平台中使用的典型认证方法包括如下几类：

- 常见的 API 认证方法，如 HmacSHA1、RsaSHA1 等。
- 跨域认证协议，如 Kerberos 等。
- 多因素认证方式，包括一次性密码、生物特征识别等。

1. 常用的认证算法

认证技术中的常用认证算法主要包括 SHA-1、RSA、HmacSHA1 等。

（1）SHA1 算法

SHA1 算法是建立在 SHA-1 函数之上的安全认证协议算法。SHA-1 函数是由美国国家标准技术局和美国国家安全局设计的与 DSS（Digital Signature Standard，数字签名标准）一起使用的安全散列 SHA，它具有以下几个特征：

1）可以作用于一个最大长度不超过 264 位的数据块。

2）产生一个固定长度的输出（160 位）。

3）对任意给定的 x，$H(x)$ 计算相对容易，使得软件或硬件的实现可行。

4）对任意给定码 h 找到 x 满足 $H(x) = h$ 在计算上是不可行的（单向性）。

5）对任意给定的数据块 x 而言，找到既满足 $H(y) = H(x)$，但 $y \neq x$ 的 y 是非常困难的。

6）找到任意数据对 (x, y)，满足 $H(x) = H(y)$ 是计算不可行的。

前 3 个特点是在消息认证的实际应用中所需要的。第 4 个特点是"单向"特性，即数据容易正向生成验证码，但验证码反向却很难恢复原数据。第 5 个特点保证对给定数据很难用替换数据生成相同的散列值。第 6 个特点可以防止诸如"生日攻击"等复杂类型的外来攻击，进一步加强了 SHA1 算法抗强碰撞的能力。

（2）RSA 算法

RSA 作为公钥加密体制中最重要的加解密协议之一，在 1977 年由罗纳德·李维斯特（Ronald Rivest）、阿迪·萨莫尔（Adi Shamir）和伦纳德·阿德曼（Leonard Adleman）一起提出，当时他们都在麻省理工学院工作，RSA 算法的名字就来自于他们三人姓氏的首字母。RSA 利用大整数因数分解的数学困难问题来设计，目前，除了暴力破解方式，还没有发现其他有效的破解方法。因此，RSA 算法依然可以抵抗绝大多数针对密码的攻击，其通过私钥加密、公钥解密的方式完成对私钥持有者身份的认证过程。

（3）HmacSHA1

HmacSHA1 是一种安全的基于加密 Hash 函数和共享密钥的消息认证协议。它可以有效地防止数据在传输过程中被截获和篡改，维护了数据的完整性、可靠性和安全性。

2. 常用的认证协议

在常用认证算法的基础上，近年来常用的认证协议主要有基于口令的认证、基于挑战 / 应答的认证，经典跨域认证协议（如 Kerberos）和多因素认证技术。

（1）基于口令的认证

利用口令来确认用户的身份是当前最常用的认证技术。系统通过用户输入的用户名和密码查找对应口令表里的内容，确认是否匹配，从而完成对用户的认证。这种认证方式存在口令容易遗忘、简单口令容易被攻破等问题。

（2）基于挑战 / 应答的认证

在挑战 / 应答（Challenge/Response）认证方式下，用户要求登录时，系统产生一个挑战信息发送给用户，用户根据这条消息连同自己的秘密口令产生一个口令字，输入这个口令字并发送给系统，从而完成一次登录过程。由于系统发送的挑战信息具有随机性，因此挑战 / 应答方式可以很好地抵抗重放攻击。

（3）跨域认证协议

跨域认证的目的是允许用户访问跨多个域的多个服务器的资源，而不需要重新认证。也就是说，用户在一个 Web 站点登录，一旦通过认证，用户再次访问同信任域或者联盟的网络域时，不需要再次被认证就可以访问相应的资源。典型的跨域认证协议是 Kerberos V5。

Kerberos V5 协议是域内主要的安全身份验证协议，它校验了用户身份和网络服务，这种双重验证也称为相互身份验证。

Kerberos V5 的身份验证机制颁发用于访问网络服务的票证，这些票证包含能够向请求的服务确认用户身份的经过加密的数据，其中包括加密的密码。除了输入密码或智能卡凭据，整个身份验证过程对用户都是不可见的。

Kerberos V5 中的一项重要服务是密钥分发中心（KDC）。KDC 作为 Active Directory 目录服务的一部分在每个域控制器上运行，它存储了所有客户端密码和其他账户信息。

Kerberos V5 身份验证过程如下：

1）客户端系统上的用户使用密码或智能卡向 KDC 进行身份验证。

2）KDC 向此客户端颁发一个特别的授权票证，客户端系统使用该授权票证（TGT）访问授票服务（TGS），这是域控制器上的 Kerberos V5 身份验证机制的一部分。

3）TGS 向客户端颁发服务票证。

4）客户端向所请求的网络服务出示服务票证，服务票证向此服务证明用户的身份，同时也向该用户证明服务的身份。

5）Kerberos V5 服务安装在每个域控制器上，Kerberos 客户端安装在每个工作站和服务器上。

6）每个域控制器作为 KDC 使用，客户端使用域名服务（DNS）定位最近的可用域控制器，域控制器在用户登录会话中作为该用户的首选 KDC 运行。如果首选 KDC 不可用，系统将定位备用的 KDC 来提供身份验证。

（4）多因素身份认证

多因素身份验证是一种安全系统，是为了验证一项交易的合理性而实行的多种身份验证。其目的是建立一个多层次的防御体系，使未经授权的人难以访问计算机系统或网络。

多因素身份验证是通过结合两个或三个独立的凭证来完成的，这些凭证主要分为三种：用户知道什么（知识型的身份验证）、用户有什么（安全性令牌或者智能卡）、用户是什么（生物识别验证）。

①一次性密码

一次性密码（One-Time-Password，OTP）的主要思路是：在登录过程中加入不确定因素，使每次登录过程中传送的信息都不相同，从而提高登录过程安全性。一次性密码系统通过采用基于时间、事件和密钥三个变量产生的一次性动态密码代替传统的静态密码。一次性密码系统通常由用户手中的动态密码卡和认证用户身份的服务器端两部分组成。每个动态密码卡都有一个唯一的密钥，该密钥同时存放在服务器端，每次认证时，动态密码卡与服务器分别根据同样的密钥、同样的随机参数（时间、事件）和同样的算法计算待认证的动态密码，从而在双边确保密码的一致性，实现用户的身份认证。因为每次认证时的随机参数不同，所以每次产生的动态密码也不同，而参数的随机性保证了每次密码的不可预测性，从而在最基本也是最重要的密码认证环节保证了系统的安全性。

一次性密码的实现机制主要有两种：

- 挑战 / 应答（Challenge-Response）机制。认证时，认证服务器端给客户端发送一个不同的"挑战"字串，客户端程序收到这个"挑战"字串后，做出相应的"应答"。
- 时间同步（Time Synchronization）机制。即以用户登录时间作为随机因素，连同用户的密码共同产生一个密码字，这种方式对双方的时间准确度要求较高，一般采取以分钟为时间单位的折中方法，对时间误差的容忍可达 1 分钟。

一个一次性密码认证过程如图 5-1 所示。

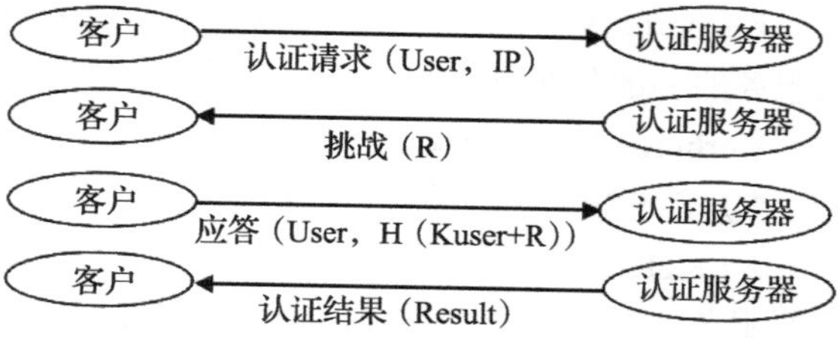

1）客户向认证服务器发出请求，要求进行身份认证。

2）认证服务器查询用户数据库，确认用户是否是合法的用户。若不是合法用户，则不做进一步处理。

3）认证服务器内部产生一个随机数，作为"挑战"发送给客户。

4）客户将用户名字和随机数合并，使用单向散列函数，例如 MD5 算法生成一个字节串作为"应答"。

图 5-1　OTP 认证过程

5）认证服务器将应答串与自己的计算结果比较，若二者相同，则通过一次认证，否则，认证失败。

6）认证服务器通知客户认证成功或失败。

相比于传统的密码体制，OTP 具有如下优点：

- 有效解决使用者在密码记忆与保存上的困难性。
- 由于密码只能使用一次，而且密码一分钟随机变化一次，因此不可预测，也只有一次的使用有效性，从而大大提升使用的安全程度。

②生物特征识别

生物特征识别是一种根据人体自身所固有的生理特征和行为特征来识别身份的技术，即通过计算机与光学、声学、生物传感器和生物统计学原理等高科技手段密切结合，利用人体固有的生理特征来进行个人身份的鉴定。这些技术包括指纹识别、声音识别、虹膜扫描等。

- 指纹识别。实现指纹识别有多种方法，其中有些是仿效传统的公安部门使用的方法，比较指纹的局部细节；有些则直接通过全部特征进行识别；还有一些更独特的方法，如指纹的波纹边缘模式和超声波。在所有生物识别技术中，指纹识别是当前应用最为广泛的一种技术。
- 声音识别。声音识别就是通过分析使用者的声音物理特性来进行识别的技术。目前，虽然已经有一些声音识别产品进入市场，但使用起来还不太方便，主要是因为传感器和人的声音可变性都很大。另外，比起其他的生物识别技术，其使用的步骤也比较复杂，在某些场合显得不方便。关于声音识别，还有很多研究工作正在进行中。

- 虹膜识别。人眼的外观主要由巩膜、虹膜、瞳孔三部分构成。虹膜的形成由遗传基因决定，除非因为极少见的异常状况、身体或精神上大的创伤造成虹膜外观上的改变，虹膜形貌可以保持数十年没有变化。虹膜的高度独特性、稳定性等特点，使虹膜可用作身份鉴别的基础，通过对比虹膜图像特征之间的相似性就可以确定人们的身份。该技术的优点是可以使用普通的照相机元件，而且不需要用户与机器发生接触，模板匹配性能更高。

除了上面提到的生物特征识别技术以外，还有通过气味、耳垂和其他人体特征进行识别的技术，但目前这些技术还处于研究阶段。

5.1.2　云计算中的认证场景

云计算环境中的身份认证场景复杂，为了更好地理解云计算中有关身份认证的概念和面临的挑战，本节将介绍云计算服务中四种使用身份认证服务的典型场景。

1. 控制台登录

控制台登录即用户在云管理平台（如阿里云的 ECS 控制台）登录进行认证，用户登录控制台后通过 API 访问云管理平台的其他功能，如图 5-2 所示。

这种设计的安全性考虑在于控制台只是一个应用，没有权限获取用户秘密，并且给平台

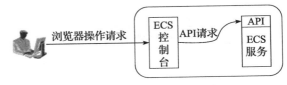

图 5-2　API 访问 ECS 服务

审计也带了新的要求，即能清楚区分一个操作是通过控制台触发还是用户直接通过 SDK（Software Development Kit，软件开发工具包）访问 API。

2. API 认证

云服务提供商向用户提供服务，从本质上讲都是以 API 的形式提供，用户通过使用 REST（Representational State Transfer，表述性状态转移）API 来向云计算服务提供商请求资源，可以说云服务即 API 服务。

一种云平台下常用的 API 请求是两端共享对称的签名密钥，如图 5-3 所示。应用程序根据 msg、keyID 和由 signingKey 和 msg 生成的签名组合成请求发送给 API 服务，API 服务根据请求中的 keyID 获得对应的 signingkey，对请求中的签名进行验证。

图 5-3　云平台下常用的 API 请求

一个常见的云计算系统中的 REST API 请求如下：

```
https://ec2.xxx.xxx
Action=CreateInstance&
InstanceId=i-instance1&
Version=2014-05-26&
Signature=Pc5WB8gokVn0xfeu%2FZV%2BiNM1dgI%3D&
SignatureMethod=HMAC-SHA1&
SignatureNonce=15215528852396&
SignatureVersion=1.0&
AccessKeyId=5o3ex46zKscwNdKZ&
Timestamp=2012-06-01T12:00:00Z
```

为了保证 API 调用的合理性，将会使用到上文所讲的 API 认证算法，URL、Action 和 InstanceId 分别标记了 API 请求的资源、操作和具体操作的虚拟机 Id，签名内容如表 5-1 所示。

表 5-1   签名内容

参　数	含　义
Version	使用 API 的版本
Signature	API 签名值
SignatureMethod	签名方法，使用到上文的 HmacSHA1
SignatureNonce	签名随机数，防止重放攻击
SignatureVersion	签名版本
AccessKeyId	服务器端存储的 key 的 id，用以认证此 API
Timestamp	时间戳，防止重放

服务端收到请求后会对 API 进行认证，如果认证完成则会向用户发送一个回复 RequestId：
"F2E2C40D-AB09-45A1-B5C5-EB9F5C4E4E4A"，证明资源请求已经被服务器端接受。

3. 代理认证

代理认证是指用户通过应用作为代理访问用户自己数据的认证方式，图 5-4 给出了一个示例。

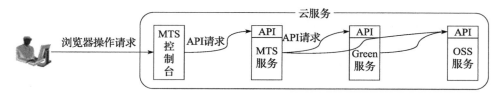

图 5-4   使用 MTS 服务作为代理进行认证

MTS 场景下遇到的主要挑战是：MTS（Media Transcoding Service，媒体转码服务）只是一个应用，必须有用户授权才能访问用户的 OSS 对象；MTS 是否能进一步授权其他服务（如 Green 鉴黄服务）访问 OSS 对象，也需要用户明确授权。给审计带来的问题是审计系统必须能清楚区分一个操作所发生的实际路径。

4. 身份联盟

在云计算环境下，身份联盟（Identity Federation）使得企业可以使用本地身份认证为用户提供基于本地身份使用云服务的能力。但需要注意的是，企业与云服务提供商如何以安全的方式交换身份属性也是一个重要挑战。云服务提供商应该了解以下各种挑战和可能的解决方案，包括有关身份生命周期管理、可用的认证方法来保护机密性和完整性，同时支持不可抵赖性。

在寻找云服务商过程中，企业应确认云服务商至少支持一个主流的标准，如 SAML（Security Assertion Markup Language）和 WS-Federation。SAML 是一个得到主流 SaaS 和 PaaS 云服务商支持的联盟标准，支持多标准，能实现更大程度的灵活性。

SAML 是 OASIS 制定的一种安全性断言标记语言，用于在复杂的环境下交换用户的身份识别信息。SAML 的目标是让多个应用间实现身份联盟，解决身份联盟中如何识别身份信息以及共享的标准化问题。

SAML 协议信息主要包括三个方面：

- 认证声明：表明用户是否已经认证，通常用于单点登录。
- 属性声明：表明某个客体的属性。
- 授权声明：表明某个资源的权限。

一个典型的 SAML 协议模型如图 5-5 所示。

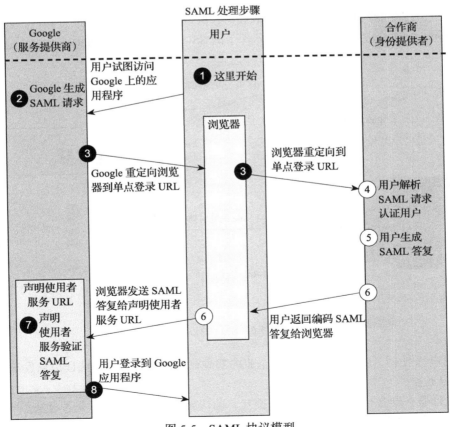

图 5-5　SAML 协议模型

OpenID Connect 是一个基于 OAuth2.0 规范族的可互操作的身份验证协议。它使用简单的 REST/JSON 消息流实现"让复杂的事情变得简单"的设计目标，从而实现身份联盟间的认证。

OpenID Connect 允许开发者验证跨网站和应用程序的用户，而无需拥有和管理密码文件。同时针对用户而言，OpenID Connect 允许所有类型的客户，包括基于浏览器的 JavaScript 和本机移动应用程序的客户，通过启动登录流来获得登录用户的身份信息。

SSO（Single Sign On，单点登录）用于解决多个系统重复建设用户认证管理的问题，将用户身份认证集中管理，用户只需要登录一次就可以访问所有相互信任的应用系统。SSO 系统通常根据使用场景和技术特点，选择 OpenID 或者 SAML 等技术进行构建。在当前企业内部业务和云业务混合部署的情况下，SSO 给用户带来了极大的便利。一般来讲，一个典型的 SSO 应该完成如下工作：

- 凭证共享。统一的认证是实现 SSO 的前提，认证系统的主要功能是将用户的登录信息和系统中的用户信息库内容进行比较，对用户的登录行为进行认证。当一个用户认证成功后，认证系统会生成该用户的票据，并将此票据返还给用户。需要注意的是，认证系统可以对此票据进行二次校验并判断票据有效性。
- 信息识别。SSO 让用户只需登录一次，意味着系统必须能够识别已经登录过的用户，并且系统要能随时对票据进行提取和再校验，对用户当前状态进行确认，以实现单点登录。一个企业 – 云服务商混合条件下的 SSO 过程如图 5-6 所示。

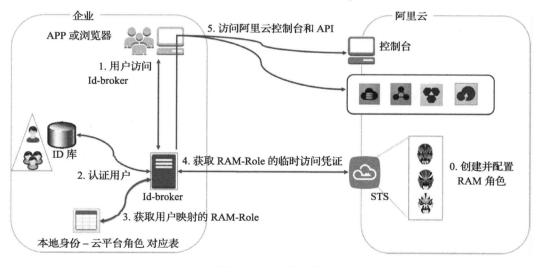

图 5-6   SSO 的过程

1）用户 A 使用 APP 或者浏览器在企业内部进行认证，将自己的认证信息发送给企业内部的认证服务器。

2）认证服务器会与用户信息库进行交互，确认当前申请的用户 A 是否合法。

3）对于合法的用户，本地认证服务器会依据当前用户身份 A 得到其在云平台中的角色 B。

4）认证服务器使用角色信息 B 请求临时访问凭证票据。

5）本地认证服务器将凭证票据返回给用户 A。

6）用户 A 可以使用凭证以角色 B 通过 API 访问云平台中的资源。

5.1.3　基于阿里云的身份管理最佳实践

1. 企业客户的域账号管理

如果有新的用户或应用程序需要访问云资源，就需要创建 RAM 用户并授权。一般操作步骤如下：

（1）基本设置

- 设置企业别名：登入 RAM 管理控制台，选择"设置"→"企业别名设置"，选择"编辑企业别名"。
- 设置 RAM 用户的密码策略：登入 RAM 管理控制台，选择"设置"→"密码强度设置"。一旦设置成功，管理员所创建的所有 RAM 用户都必须满足此密码强度要求。

（2）创建 RAM 用户

操作步骤：登录 RAM 管理控制台，选择"用户管理"→"新建用户"，进入"创建用户"页面。

（3）设置登录密码

操作步骤：登录 RAM 管理控制台，选择"用户管理"→"选择用户"，进入"用户详情页面"。

管理员可以选择启用控制台登录，在弹窗中为用户设置初始密码，并可以指定用户登录时必须更换密码。如图 5-7 所示。

图 5-7　启用控制台登录

登录密码设置成功后，管理员还可以进一步设置多因素认证，或者重置密码，或者关闭控制台登录。如图 5-8 所示。

图 5-8　设置多因素认证

（4）创建访问密钥

用户的访问密钥 AccessKey 相当于登录密码，只是使用场景不同。AccessKey 用于程序方式调用云服务 API，登录密码用于登录控制台。如果用户不需要调用 API，那么就需要创建

AccessKey。操作步骤为：登入 RAM 管理控制台，选择"用户管理"→"选择用户"，进入"用户详情页面"。选择创建 AccessKey，在弹窗中会出现新创建的 AccessKey，如图 5-9 所示。

图 5-9　创建 AccessKey

注意　新创建的 AccessKey 只会在创建时显示，为了安全起见，RAM 并不提供查询接口，请妥善保管。如果 AccessKey 泄露或丢失，那么需要创建新的 AccessKey。

（5）RAM 用户登录

RAM 用户不同于云账户，不能通过云账户登录页面进行登录，登录入口也有所区别。

在 RAM 控制台的概览页中，可以找到 RAM 用户登录链接，如图 5-10 所示。

RAM 用户可以通过该登录 URL 登录到阿里云控制台，如图 5-11 所示。

图 5-10　RAM 用户登录链接

图 5-11　RAM 用户登录阿里云控制台

注意　RAM 用户默认是没有任何访问权限的。如果没有被授权，即使能登入控制台，仍然无权做任何操作。

如果管理员拥有多个 RAM 用户，还可以给它们设置组，具体内容如下：

1）用户组管理：如果云账户下创建了多个 RAM 用户，为了更好地管理用户及其权限，建议通过用户组（Group）来管理。

2）创建群组：登录 RAM 管理控制台，选择"群组管理"→"新建群组"，在弹出的窗口中填写需要新建的群组名称。

3）组成员管理：登录 RAM 管理控制台，选择"群组管理"，选择相应的群组名称，进入群组详情页面。此页面的组成员管理中已经列出了所有的组成员，如果想删除组成员，只需要点击该成员并从组中移除即可。如果需要向群组添加新成员，则可以通过编辑组成员来完成。

4）重命名群组：登录 RAM 管理控制台，选择"群组管理"，选择相应的群组名称，进入群组详情页面，选择编辑基本信息即可。

5）删除群组：登录 RAM 管理控制台，选择"群组管理"，选择相应的群组，点击删除即可。如果群组包含组成员或者有绑定的授权策略，那么需要选定强制解除关联关系才能删除群组。

2. 设置多因素认证（虚拟 MFA）

多因素认证（Multi-Factor Authentication，MFA）是一种简单有效的安全实践方法，它能够在用户名和密码之外再额外增加一层安全保护。启用 MFA 后，用户登录阿里云时，系统将要求输入用户名和密码（第一安全要素），然后要求输入来自其 MFA 设备的可变验证码（第二安全要素）。这些多重要素结合起来将为账户提供更高级别的安全保护。

虚拟 MFA 设备是产生一个 6 位数字验证码的应用程序，它遵循基于时间的一次性密码（TOTP）标准（RFC 6238）。此应用程序可在移动硬件→设备（包括智能手机）上运行。使用虚拟 MFA 应用非常方便，但需要理解虚拟 MFA 应用程序所具有的安全水平与硬件 MFA 设备有所差异，因为虚拟 MFA 应用程序可以在安全性较差的设备上运行（例如智能手机）。

操作步骤：登录 RAM 管理控制台，选择"用户管理"→"选择用户"，进入"用户详情页面"。可以选择"启用虚拟 MFA 设备"，然后进入绑定 MFA 设备的流程。如图 5-12 所示。

图 5-12　启用虚拟 MFA 设备

3. 基于 RAM 角色的 SSO 登录

阿里云 STS（Security Token Service）是为阿里云账号（或 RAM 用户）提供短期访问权限管理的云服务。通过 STS，企业可以为联盟用户（你的本地账号系统所管理的用户）颁发一个自定义时效和访问权限的访问凭证。联盟用户可以使用 STS 短期访问凭证直接调用阿里云服务 API，或登录阿里云管理控制台操作被授权访问的资源。企业可通过阿里云开放的 stsAPI（https://sts.aliyuncs.com）进行接入。

5.2　授权管理

5.2.1　基本概念

在云应用系统中，应建立统一的授权管理策略，以满足云计算多租户环境下复杂的用户授权管理需求，进而提高云应用系统的安全性。在介绍过用户身份和角色的基础上，本节将通过定义资源、权限和授权策略，实现云平台下的统一授权管理。

1. 相关概念

（1）用户

在云计算环境中，购买并使用云服务商所提供服务的组织或个人称为该云计算服务的用户。访问控制服务用户有两种身份类型：访问控制服务账户和访问控制服务角色。访问控制服务账户类型是一种实体身份类型，有确定的身份 ID 和身份凭证，它通常与某个确定的人或应用程序一一对应。

（2）角色

①教科书式角色（Textbook-Role）

教科书式角色（或传统意义上的角色）是指一组权限集合，它类似于 RAM 里的 Policy。如果一个用户被赋予了某种角色，也就意味着该用户被赋予了一组权限，然后该用户就能访问被授权的资源。

②RAM 角色（RAM-Role）

RAM 角色不同于教科书式角色，它是一种虚拟用户（或影子账号）。这种虚拟用户有确定的身份，也可以被赋予一组权限（Policy），但它没有确定的身份认证密钥（登录密码或 AccessKey）。与普通 RAM 用户的差别主要在使用方法上，RAM 角色需要被赋予一个经过认证的实体用户，随后该实体用户便获得了 RAM 角色的临时安全凭证，使用这个临时安全凭证就能以该 RAM 角色身份访问被授权的资源。

RAM 角色必须与一种实体用户身份联合起来才能使用。如果一个实体用户要想使用被赋予的某个 RAM 角色，该实体用户必须先以自己身份登录，然后执行"切换到角色"的操作，将自己从实体身份切换到角色身份。当切换到角色身份后，将只能执行该角色身份被授权的操作，而登录时实体身份所对应的访问权限被屏蔽。如果用户希望从角色身份回到实体身份，那么只需执行"切换回登录身份"的操作，此时将拥有实体身份所对应的访问权限，而不再拥有角色身份所拥有的权限。

RAM 角色主要用于解决身份联盟的相关需求，比如联合用户企业本地账号实现 SSO、委托其他云账号及其下 RAM 用户操作所控制的资源、委托云服务操作所控制的资源。

注意 如果没有特别说明，本节及后续内容中出现的角色都是指 RAM 角色。

我们以阿里云实践为例，介绍与 RAM 角色相关的几个基本概念，如表 5-2 所示。

表 5-2　RAM 相关概念

概　　念	注　　解
RoleARN	RoleARN 是角色的全局资源描述符，我们使用它来指定角色。RoleARN 遵循阿里云 ARN 的命名规范。比如，某个云账号下的 devops 角色的 ARN 为：acs:ram:*:1234567890123456:role/devops
受信演员	角色的受信演员是指可以扮演角色的实体用户身份。创建角色时必须指定受信演员，角色只能被受信的演员扮演
权限策略	一个角色可以绑定一组权限（Policy）。没有绑定权限的角色也可以存在，但不能使用
扮演角色	扮演角色（AssumeRole）是实体用户获取角色身份的安全令牌的方法。一个实体用户通过调用 AssumeRole 的 API 可以获得角色的安全令牌，使用安全令牌可以访问云服务 API
切换角色	切换角色（SwitchRole）是在控制台中实体用户从当前登录身份切换到角色身份的方法。一个实体用户登录到控制台之后，可以切换到被许可扮演的某一种角色身份，然后以角色身份操作云资源。切换到角色身份后，原实体用户身份的访问权限将被屏蔽。用户不需要使用角色身份时，可以从角色身份切换回原来的登录身份
角色令牌	角色令牌是角色身份的一种临时访问密钥。角色身份没有确定的访问密钥，当一个实体用户要使用角色时，必须通过扮演角色来获取对应的角色令牌，然后使用角色令牌来调用阿里云服务 API

③虚拟用户与实体用户

虚拟用户与实体用户的区别在于是否能被直接身份认证。实体用户拥有确定的登录密码或 AccessKey，比如云账号、RAM-User 账号、云服务账号；而虚拟用户没有确定的认证密钥，比如 RAM-Role。

（3）资源

资源是云服务呈现给用户与之交互的对象实体的一种抽象，在云环境下主要是指存储桶或对象、虚拟机实例等。

一般来说，云平台中会给每一个资源定义唯一的名称，如阿里云为每个资源都定义了一个全局的阿里云资源名称（Aliyun Resource Name，ARN）。格式如下：

```
acs:<service-name>:<region>:<account-id>:<resource-relative-id>
```

其中：

- acs：Alibaba Cloud Service 的首字母缩写，表示阿里云的公有云平台。
- service-name：阿里云提供的 Open Service 的名字，如 ecs、oss、odps 等。
- region：地区信息。如果不支持该项，可以使用通配符 "*" 号来代替。
- account-id：账号 ID，比如 1234567890123456。
- resource-relative-id：与 service 相关的资源描述部分，其语义由具体 service 指定。以 OSS 为例，"acs:oss: 1234567890123456:sample_bucket/file1.txt" 表示公有云平台 OSS 资源，OSS 对象名称是 sample_bucket/file1.txt，对象的 Owner 是 1234567890123456。

（4）权限

权限是允许（Allow）或拒绝（Deny）一个用户对某种资源执行某种操作的权利。这里所说的操作分为两大类：资源管控操作和资源使用操作。资源管控操作是指云资源的生命周期管理及运维管理操作，比如虚拟机的实例创建、停止、重启等或对象存储的创建、修改、删除等。资源使用操作是指使用资源的核心功能，比如虚拟机实例操作系统中的用户操作、对象存储的数据上传 / 下载。资源管控所面向的用户一般是资源购买者或组织内的运维员工，资源使用所面向的用户则是组织内的研发员工或应用系统。

2. 授权策略

授权策略是描述权限集的一种简单语言规范。访问控制支持两种类型的授权策略：云平台管理的系统访问策略和客户管理的自定义访问策略。

3. 统一的授权管理

统一授权管理分为两个部分：一是面向主体（即用户）的授权管理；二是面向客体（即系统资源）的授权管理。

面向主体的授权，即面向用户 / 用户组 / 角色的访问授权，指针对某一用户 / 用户组 / 角色，管理员可以为其授予访问某个应用或应用子功能的权限。在对授权主体的授权管理上，需要建立三类用户主体，即用户账号、角色和组。以电子政务云为例，组包括按照政府部门的组织架构或特定功能划分的部门和工作组。在电子政务云系统中，可能有一些用户具有跨部门的职能，此时单独依靠部门进行权限分类管理和授权就会存在一定的局限性，将组管理与角色管理结合使用的用户管理方式是一种理想方式，因为基于角色可以实现跨部门的权限管理和授权。角色管理的主要功能包括以下几点：角色的生命周期管理，包括创建、删除、修改、查看角色信息；用户角色指派，即给用户指派相应的角色；部门角色指派，即给部门指派相应的角色；角色权限设置，即给角色分配相应的权限。

　　面向客体的授权，即面向资源的授权，是指对于某一选定应用（或其子功能、功能组），管理员可以设定用户、组、角色的访问权限。在授权的粒度上，授权可以分为粗粒度授权和细粒度授权。粗粒度授权即授权面向的客体是整个应用，被授权的主体（用户/角色/组）要么能访问某个应用及所有功能，要么不能访问这个应用且不能使用其任何功能。细粒度的授权指的是在控制用户可以访问哪些应用系统的基础上，设置更加细致的对应用子功能的使用权限。如图 5-13 所示，进行细粒度授权时，首先将应用系统的功能按模块细粒度化，即按模块进行功能分解，将整个应用系统拆分成多个功能模块，将几个功能模块组合成一个功能组，然后针对某个功能或功能组进行权限设置。

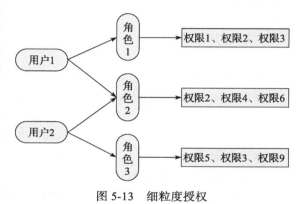

图 5-13　细粒度授权

4. 访问策略语言

　　随着用户对计算机系统安全性的要求越来越高，相关研究机构也开发了多种访问控制模型来满足用户的需求。一般情况下，每种访问控制模型都有自己的访问策略语言，传统的有 ASL 和 PDL。ASL 是基于逻辑的策略语言，具有较强的计算能力，允许推理，能够很好地解决安全策略一致性检验和冲突消解问题。PDL 的基本格式是 event-conditions-action，其含义是在满足 conditions（条件）的前提下，event（事件）的发生会触发 action（动作）的执行。它主要应用于基于策略的网络管理，不支持安全系统领域的访问控制技术。

　　作为目前最常用的访问策略语言之一，Selinux 支持多种策略模型，可以自由灵活地定义策略，给某个类型分配权限。但是 Selinux 的策略管理相对而言较为复杂，这也是目前 Selinux 没有广泛应用的原因所在。Ponder 是一种声明的、结构性的策略语言，它添加了面向对象的设计思想，支持策略类型的定义和实例化，一定程度上提高了代码的可读性和易用性。

5.2.2　典型访问控制机制

1. ACL 访问控制机制

　　ACL（Access Control List，访问控制列表），顾名思义，这是一个用作访问控制的列表。实际上，ACL 作为文件的一部分存储，只要文件在，其 ACL 就在。ACL 可长可短，主要由一串访问控制项（ACE）组成，每个 ACE 说明一个组或者一个特定的用户对该文件的访问权限，实际上也就是一条是否允许访问的规则。

对于 Windows 的 ACL 机制，每一个进程所属的用户都有类似于身份证的"令牌"（Token），上面记载着该用户的相关属性，同一用户的所有进程原则上使用同样的令牌。每个文件都有自己的 ACL，列表中规定了各个或各组用户对该文件的访问权限，当一个进程要打开或关闭一个文件时，内核就以目标文件的访问控制名单 ACL 和进程的令牌进行比对，从而确定该进程对该文件的访问权限。图 5-14 描述了一个实例。

如图 5-14 所示，有两个线程要访问 Object 客体文件，每个线程佩戴自己的令牌。线程 A 的访问被拒绝，因为在客体的 ACL 中第一个 ACE 就规定了 Andrew 用户不可访问。线程 B 访问 Object 时，第一个规则不满足，校验第二个 ACE，发现 Mick 用户属于用户组 A，这里用户 Mick 具有读该文件的权限。当然，根据 ACE3，线程 B 还具有读和执行的权限。需要注意的是，ACL 中的 ACE 的顺序很重要，这类似于优先级，验证访问时从第一个 ACE 开始，如前面的 ACE 遭到拒绝，就不需要验证后面的 ACE。

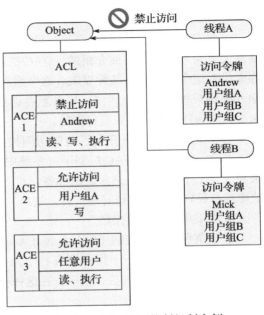

图 5-14　ACL 访问控制机制实例

2. 自主访问控制机制

自主访问控制（DAC）机制是 UNIX 操作系统在其文件系统中引入的安全机制，沿用至今仍然不失其先进性。这种访问控制机制是一种二维结构。就同一个用户来说，对一个文件的访问分成读、写、执行三种方式，因而形成三种不同的权限。就同一种访问方式来说，又可因访问者的身份属于文件主、文件主的同组人以及其他用户（称为 Others）而分别决定允许与否。这样一共就有 9 种组合，如图 5-15 所示，在 DAC 机制下，文件主对文件具有读、写、执行权限，同组人和 Others 只有读权限。要改变某种身份对文件的权限，可以通过 chmod 命令操作。

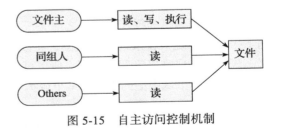

图 5-15　自主访问控制机制

3. 能力机制

能力（Capability）机制是 Linux 发现 DAC 的不足后，添加到 Linux 内核中的控制机制，这种机制凌驾于 DAC 之上。Linux 内核中的 task_struct 结构中设置了 cap_effictive、cap_inheritable 和 cap_permitted 三个字段，每个字段是一个 32 位的无符号整数，其中的每一位控制一种权限。

● cap_effective：当一个进程要进行某个特权操作时，操作系统要检查该权限的 cap_

effective 对应位是否为 1（该位为 1 表示具有该权限，该位为 0 表示不具有该权限），而不是检查进程是否是 root 权限的进程。

- cap_permitted：表示进程能够使用的能力，在 cap_permitted 中可以包含 cap_effective 没有的能力，但是 cap_effective 不能包含 cap_permitted 没有的能力，即 cap_effective 是 cap_permitted 的一个子集。
- cap_inheritable：表示能够被当前进程执行的程序继承的能力。

4. 强制访问控制机制

虽然在日常的使用中 DAC 可以满足用户的一般性需求，但是面对特殊的情况，DAC 机制就无能为力了。如前面介绍的，DAC 机制是基于用户的，即权限的划分是以用户为粒度，那么只要这个用户具备某种权限，这个用户所启动的进程也具备某种权限。这种情况下，假如 root 用户被恶意进程利用，那么恶意进程基本就具备了系统的控制权。仅仅依靠 DAC 机制是无法为计算机提供安全保障的。

鉴于此，研究人员开发了强制访问控制（MAC）机制。利用这种机制，可以大大弱化 root 用户的权限。在 MAC 机制下，系统中的所有组件都被划分为主体和客体，并且都配置某种安全上下文，也就是常说的标签。对于一般的操作系统，主体就是进程，而客体就是系统中的各种资源，比如说普通文件、端口、进程、设备文件等。

5. 基于角色的访问控制

基于角色的访问控制（Role-Based Access Control，RBAC）就是用户通过角色与权限进行关联。简单地说，一个用户拥有若干角色，每一个角色拥有若干权限。这样，就构造出"用户 – 角色 – 权限"的授权模型。在这种模型中，用户与角色之间，角色与权限之间，一般都是多对多的关系。

在一个系统中，角色是为了完成相关的工作而产生的，用户则依据其责任和资格被指派相应的角色，用户可以很容易地根据不同的人物切换不同的角色，从而提高了授权的灵活性。

对于面向角色的授权，经过之前关于 DAC 和 MAC 的介绍，不难发现在强制访问控制机制下，由于系统中权限划分得太细，所以存在很多域类型。假如直接把域类型映射给用户，那么势必会造成难以管理的局面，所以可以通过角色来完成域类型的管理。严格来讲，这里的角色就是一个域类型的集合，某个域类型通过策略语言指定了特定的权限，比如在 Selinux 系统中，可以通过以下规则给类型 user_t 指定对 bin_t 类型的文件的权限：

```
allow user_t bin_t : file {read execute getattr}
```

一个角色是类型的集合，即角色实际上就是权限的集合。给某个用户赋予某个角色，那么这个用户就拥有了该角色下的所有权限。用户和角色之间的关系是多对多的，这样也可以根据需要临时为用户分配角色，不需要时再进行撤销。例如，在 Selinux 下，可以通过下面两条语句声明角色和用户，并实行绑定。

```
Role user_r type {passwd_t,svirt_t}
User joe roles {user_r,system_r}
```

第一条语句声明了一个角色 user_r，并给这个角色绑定了 passwd_t、svirt_t 两种类型。第二条语句声明了一个用户 joe，并给这个用户绑定了 user_r、system_r 两种角色。

图 5-16 展示了用户、角色、类型之间的关系。需要注意的是，它们之间有对应的关系，比如在策略文件里通过 allow 规则允许类型 1 读写文件 A，但进程的所属用户角色被 neverallow 规则限定不可访问文件 A，那么即使该角色具有类型 1 的属性，这个进程依然无法访问文件 A。

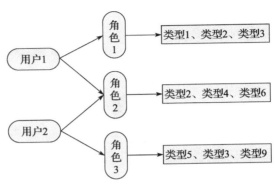

图 5-16　用户、角色、类型之间的关系

对于云租户而言，角色的概念不同于上述所说的传统的角色概念。以阿里云为例，角色是一种虚拟用户（或影子账号），它是 RAM 用户类型的一种。其实这么看和我们前面描述的传统的角色倒有些相似之处，不过是在云环境下的应用方式不同。阿里云中的角色必须与一种实体用户身份联合起来才能使用。如图 5-17 所示。

如图 5-17 所示，用户 A 想要直接使用功能 A 是被拒绝的，因为只有角色 A 可以执行功能 A，这是因为用户 A 已经绑定了角色 A，

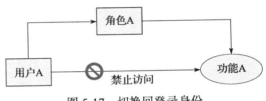

图 5-17　切换回登录身份

只需要把身份切换到角色 A 的身份才能执行功能 A。此时用户 A 只能执行角色 A 下允许的操作，所以执行完毕需要及时切换回来。

6. 基于特征的访问控制

针对上述访问控制机制的不足，研究人员提出了基于特征的访问控制（ABAC）机制，它利用相关实体（如主体、客体、环境）的属性作为授权的基础来研究如何进行访问控制。基于这样的目的，可将实体的属性分为主体属性、客体属性和环境属性。当主体请求访问某对象时，ABAC 将根据上述实体的属性进行判定是否同意访问。如果许可则可以访问。

一个典型的 ABAC 访问控制机制如图 5-18 所示。

以阿里云的架构为例，当一个管理员给 RAM 成员下发访问控制规则时，则有图 5-19 所示的结果。

5.2.3　云计算中典型的授权场景

在云计算环境下，虚拟化实现了底层物理设备与上层操作系统、应用软件的解耦，云资源管理平台创建了一个可管、可控、可运营的服务提供环境，使云计算服务提供商可以方便地将基础云资源以服务的方式提供给用户。在这种情况下，大量用户共享云计算资源，并且各个用户所占用的资源还具有多样性、动态性等特征。这必然会带来云资源在管理和授权等

方面的巨大挑战。

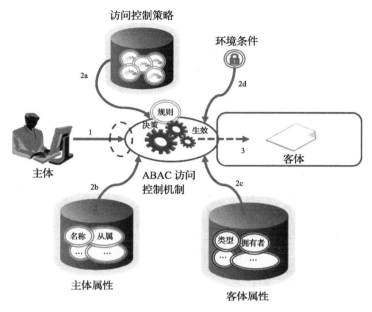

图 5-18 典型的 ABAC 访问控制架构

```
{
    "Version": "1",
    "Statement": [
    {": "Allow",
        "Action": "ecs:*",
        "Resource": "*",
        "Condition": {
            "StringEquals": {
                "ecs:tag/project": "shenzhou11"
            },                                          // 资源特征
            "IpAddress": {
                "acs:SourceIp": ["42.120.88.0/24", "42.120.66.0/24"]
            }                                           // 环境特征
        }
    }

        "Effect    ]
}
```

图 5-19　访问控制规则

对资源进行有效分组是解决资源管理与授权问题的方案之一。然而，云计算资源的多样性、动态性等特征又使得资源分组不太容易实现。在这种情况下，云计算服务提供商通常会采用为资源打标签的方式来解决这些问题。

云计算服务提供商为用户提供各种云计算资源的标签，用户可以按照各种标准（例如用

途、所有者或环境等）和自身需求对资源进行分组。通常，这些标签都被定义为键值对，包括一个键和一个可选值。由于用户所用资源的多样性，云计算服务提供商建议用户针对每一类资源都设计一组标签，这样能够满足用户的各种需求。用户可以根据添加的标签对资源进行搜索、筛选、管理和授权等操作。

下面介绍几种云环境下典型的授权场景。

1. 企业内部账号管理与分权

场景概述：A 企业购买了多种云资源（如 ECS 实例、RDS 实例、SLB 实例、OSS 存储桶等），A 的员工需要操作这些云资源，比如有的员工负责购买，有的员工负责运维，还有的员工负责线上应用。由于每个员工的工作职责不一样，需要的权限也不一样。出于安全的考虑，A 企业不希望将云账号密钥直接透露给员工，而希望能给员工创建相应的用户账号。用户账号只能在授权的前提下操作资源，不需要对用户账号进行独立的计量 / 计费，所有开销都由 A 企业支付。当然，A 随时可以撤销用户账号的权限，也可以随时删除其创建的用户账号。

2. 跨组织的资源操作与授权管理

场景概述：A 和 B 是两个不同的企业。A 企业购买了多种云资源（如 ECS 实例、RDS 实例、SLB 实例、OSS 存储桶等）来开展业务。A 企业希望能专注于业务系统，而将云资源运维、监控、管理等任务委托或授权给 B 企业。当然，B 企业可以进一步将运维任务分配给 B 企业的员工，可以精细控制其员工对 A 企业的云资源操作权限。如果 A 企业和 B 企业的代运维合同终止，A 企业随时可以撤销对 B 企业的授权。

以阿里云为例，对应的解决方案为：云账号 A 在 RAM 中创建一个角色，给角色授予合适的权限，并允许云账号 B 使用该角色。如果云账号 B 下的某个员工（RAM 用户）需要使用该角色，那么云账号 B 可以自主进行授权控制。代运维操作时，账号 B 下的 RAM 用户将使用被授予的角色身份来操作账号 A 的资源。如果账号 A 与账号 B 的合作终止，A 只需要撤销账号 B 对该角色的使用。一旦账号 B 对角色的使用权限被撤销，那么 B 下的所有 RAM 用户对该角色的使用权限将被自动撤销。

3. 针对不可信第三方应用的临时授权管理

在云计算环境下，一个典型的应用场景为用户租用服务器，并在其上部署 Web、移动 APP 等需要向外提供访问服务的架构，这时，就需要对临时访问服务器的用户进行授权。针对这一应用场景，大型的云计算服务提供商，例如亚马逊、阿里云等，都提供了 STS（Security Token Service）服务允许临时授权访问。用户可以使用 STS 服务创建临时安全凭证来控制对该用户的云计算资源的访问，并将这些凭证提供给可信用户。临时安全凭证的工作方式与用户可使用的长期访问安全凭证的工作方式几乎相同，差别在于临时安全凭证是短期凭证，到期即无法继续使用，须再次申请。临时安全凭证具有以下几点优势：

- 用户不需要透露其长期有效的安全凭证给第三方，只需要生成一个临时安全凭证并将其交给第三方即可。这个安全凭证的访问权限及有效期限都可以由用户自定义。
- 用户不需要关心权限撤销问题，临时安全凭证过期后就自动失效。

例如，A 企业开发了一款移动 APP，并购买了 OSS 服务。移动 APP 需要上传数据到 OSS

（或从 OSS 下载数据），A 不希望所有 APP 都通过 AppServer 来进行数据中转，而希望让 APP 能直连 OSS 完成数据的上传 / 下载。由于移动 APP 运行在用户自己的终端设备上，这些设备并不受 A 的控制。出于安全考虑，A 不能将访问密钥保存到移动 APP 中。A 希望将安全风险控制到最小，比如，每个移动 APP 直连 OSS 时都必须使用最小权限的访问令牌，而且访问时效也要很短（比如 30 分钟）。

以阿里云为例，解决思路如下：云账号 A 在 RAM 中创建一个角色，给角色授予合适的权限，并允许 AppServer（以 RAM 用户身份运行）使用该角色。当 APP 需要直连 OSS 上传 / 下载数据时，AppServer 可以使用该角色，获取角色的一个临时安全凭证并传送给 APP，APP 就可以使用临时安全凭证直接访问 OSS API。如果需要更精细地控制每个 APP 的权限，APPServer 可以在使用角色时进一步限制临时安全凭证的资源操作权限，比如，不同 APP 用户只能操作不同的子目录，那么 AppServer 在使用角色时就可以进行这种限制。

5.2.4　基于阿里云 RAM 的权限管理实践

1. 创建和使用角色

（1）创建 RAM 用户使用的角色

操作步骤如下：

1）登录 RAM 控制台，选择"角色管理"→"新建角色"，在创建角色的窗口中选择"用户角色"，然后按步骤执行。

2）如果管理员创建的角色是给其名下的 RAM 用户使用（比如授权移动 APP 客户端直接操作 OSS 资源的应用场景），那么可以选择当前云账号为受信云账号。

3）如果管理员创建的角色是给其他云账号名下的 RAM 用户使用（比如跨账号的资源授权场景），那么需要选择其他云账号，并在受信云账号 ID 中填写其他云账号的 ID，如图 5-20 所示。

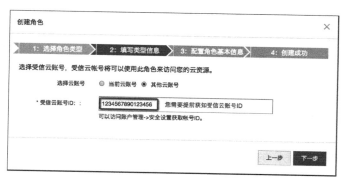

图 5-20　创建角色给其他云账号下的 RAM 用户使用

4）创建角色成功后，在 RAM 控制台的"角色管理"页面中，可以看到相应的角色详情，如图 5-21 所示。

成功创建角色后，我们还需要给该角色授权。给角色授权的方法和给普通 RAM 用户授权的方法参考下面内容。

图 5-21　角色详情

（2）创建云服务使用的角色

登录 RAM 控制台，选择"角色管理"→"新建角色"，在创建角色的窗口中选择"服务角色"，然后按步骤执行。

（3）使用角色

注意　必须使用 RAM 用户身份扮演角色（AssumeRole）。

为了遵循最佳安全实践，我们不允许受信云账号以自己的身份扮演角色。因此，受信云账号必须通过创建一个 RAM 用户账号，并授予该 RAM 用户账号的 AssumeRole 权限，然后以 RAM 用户身份去扮演角色。

操作步骤如下：

1）创建一个 RAM 用户，为该用户创建 AccessKey 或设置登录密码。

2）给该 RAM 用户授权，授权时可以选择 AliyunSTSAssumeRoleAccess 系统授权策略。

① RAM 用户使用角色身份访问云服务 API

当 RAM 用户被授予 AssumeRole 权限之后，它就可以使用自己的 AccessKey 调用安全令牌服务 (STS) 的 AssumeRole 接口来获取某个角色的临时安全凭证。

② RAM 用户使用角色身份操作控制台

如果要使用角色身份进行控制台操作，首先 RAM 用户需要以自己的身份登录控制台，然后通过"切换角色"的方式使用角色身份进行控制台操作。

例如，company2（企业别名）下的 RAM 用户 zhangsan 登录控制台之后，控制台右上角会显示该用户的身份信息，如图 5-22 所示。

用户点击"切换身份"操作，进入角色切换的页面，此时用户需要选择相应的企业别名和角色名（假设当前用户已被授权允许扮演 company1（企业别名）下的 ecs-admin 角色），如图 5-23 所示。

切换成功后，它将以角色身份访问控制台。此时控制台右上角将显示角色身份（即当前身份）和登录身份，如图 5-24 所示。

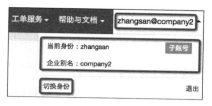

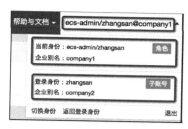

图 5-22　当前登录的用户身份信息　　图 5-23　切换身份　　图 5-24　当前身份和登录身份

2. RAM 主、子账号授权实践

授权策略是一组权限的集合，它以一种策略语言来描述。通过给用户或群组附加授权策略，用户或群组中的所有用户就能获得授权策略中指定的访问权限。

阿里云有两种类型的授权策略：系统授权策略和客户自定义授权策略。

（1）系统授权策略

系统授权策略是阿里云提供的一组通用授权策略，主要针对不同产品的只读权限或所有权限。对于阿里云提供的这组授权策略，用户只能用于授权，而不能编辑和修改。对于这些系统授权策略，阿里云会自动进行更新或修改。

如果要查看阿里云支持的所有系统授权策略，请登录 RAM 控制台，进入"授权策略管理"页面，用户就可以看到所有的系统授权策略列表。

（2）自定义授权策略

系统授权策略的授权粒度比较粗，如果这种粗粒度授权策略不能满足用户需要，那么用户可以创建自定义授权策略。比如，控制对某个具体的 ECS 实例的操作，或者要求访问者的资源操作请求必须来自于指定的 IP 地址，那么必须使用自定义授权策略才能满足这种细粒度要求。

（3）创建自定义授权策略

如果用户有更细粒度的授权需求，比如授权用户 bob 只能对 oss://sample_bucket/bob/ 下的所有对象执行只读操作，而且限制 IP 来源必须为本公司网络（可以通过搜索引擎查询"我的 IP"来获知公司网络 IP 地址），那么可以通过创建自定义授权策略来进行访问控制。

在了解授权策略语言之后，通过 RAM 控制台可以很方便地创建满足上述需求的自定义授权策略。

首先进入 RAM 控制台，选择"授权策略管理"→"自定义授权策略"，然后按如下步骤操作：

1）点击"新建授权策略"，打开创建授权策略弹窗，如图 5-25 所示。

2）选择一个模板（这里选择 AliyunOSSReadOnlyAccess），我们可以基于这个模板进行 Policy 编辑，如图 5-26 所示。

我们修改了自定义的授权策略名称、备注和策略内容。图 5-26 中"策略内容"区域的选中部分是我们新增的细粒度授权限制内容。

图 5-25　选择权限策略模板

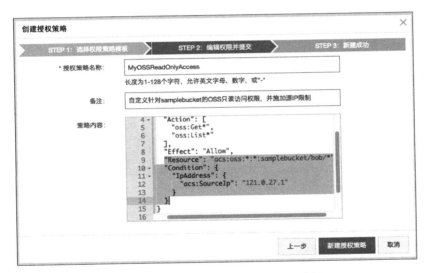

图 5-26　对选定的模板进行 Policy 编辑

下面给出了一个自定义策略，如图 5-27 所示。

3）策略内容编辑完成后，点击"新建授权策略"即可新建自定义授权策略。

如果将这个自定义的授权策略附加给用户 bob，那么 bob 对 oss://samplebucket/bob/ 下的对象就只有只读操作权限，但限制条件是必须从公司网络（假设为 121.0.27.1）进行访问。

（4）修改自定义授权策略

当用户的权限发生变更时，比如新增或撤销权限，则需要修改授权策略。修改授权策略时可能会遇到两个问题：

1）希望一段时间后，老的授权策略还能继续使用。

2）修改完成后，发现授权策略修改错了，需要回滚。

```
{
    "Version": "1",
    "Statement": [
        {
            "Action": [
                "oss:Get*",
                "oss:List*"
            ],
            "Effect": "Allow",
            "Resource": "acs:oss:*:*:samplebucket/bob/*",
            "Condition": {
                "IpAddress": {
                    "acs:SourceIp": "127.0.27.1"
                }
            }
        }
    ]
}
```

图 5-27　自定义策略样例

为了解决授权策略在使用中存在的问题，阿里云为授权策略提供了版本管理机制。用户可以为一个授权策略保留多个版本。如果超出限制，用户可以自主删除不需要的版本。对于一个存在多版本的授权策略而言，只有一个版本是活跃的，称之为"默认版本"。

管理授权策略版本的方法是：进入 RAM 控制台，选择授权"策略管理"→"自定义授权策略"→"选择授权策略名称"，在授权策略管理的页面，选择版本管理。如图 5-28 所示。

图 5-28　授权策略版本管理

（5）删除自定义授权策略

用户可以创建多个自定义授权策略，每个策略也可以维护多个版本。当不再需要自定义授权策略时，应该将授权策略删除。

当一个授权策略存在多个版本时，授权策略无法被删除。必须先删除除默认版本之外的所有版本，当只剩唯一的默认版本时，授权策略才能被删除。

删除一个授权策略的方法是：进入 RAM 控制台，选择授权"策略管理"→"自定义授权策略"→"选择授权策略名称"，点击"删除"操作即可。

3. 授权第三方应用（移动 APP）访问客户数据的实践

以阿里云为例，在阿里云上授权第三方应用的主要步骤如下所示：

1）APP 用户登录。APP 用户身份由客户自己管理，客户可以自定义身份管理系统，也可以使用外部 Web 账号或 OpenID。对于每个有效的 APP 用户来说，AppServer 可以确切地定义出每个 APP 用户的最小访问权限。

2）AppServer 请求 STS 服务获取一个安全凭证（SecurityToken）。在调用 STS 之前，AppServer 需要确定 APP 用户的最小访问权限（用 Policy 语法描述）以及授权的过期时间。然后，通过调用 STS 的 AssumeRole（扮演角色）接口来获取安全凭证。

3）STS 返回给 AppServer 一个有效的访问凭证，包括一个安全凭证（SecurityToken）、临时访问密钥（AccessKeyId，AccessKeySecret）以及过期时间。

4）AppServer 将访问凭证返回给 ClientApp。ClientApp 可以缓存这个凭证。当凭证失效时，ClientApp 需要向 AppServer 申请新的有效访问凭证。比如，访问凭证有效期为 1 小时，那么 ClientApp 可以每 30 分钟向 AppServer 请求更新访问凭证。

5）ClientApp 使用本地缓存的访问凭证去请求 Aliyun Service API。云服务会感知 STS 访问凭证，并会依赖 STS 服务来验证访问凭证，并正确响应应用户请求。

5.3　小结

身份认证与访问控制并不是一个可以轻易部署并立即产生效果的整体解决方案，而是一个由各种技术组件、过程和标准实践组成的体系结构。目前，身份认证与访问控制还面临着诸多的挑战，例如，在保持有效控制的同时，解决效率低下的问题。

5.4　参考文献与进一步阅读

［1］ 王红霞，陆塞群 . 基于 HMAC-SHA1 算法的消息认证机制［J］. 山西师范大学学报（自然科学版），2005（01）：30-33.

［2］ 万泓伶 . 基于口令的认证系统设计与实现［D］. 电子科技大学，2013.

［3］ Kerberos v5［EB/OL］. http://baike.baidu.com/link?url=PaZLcSBUPQXmlTdfCZ9IQisloSoVBzgnq4xuZPbPKZ9Hp3pihday0cLAPN5THVFUbmNOtIT_QR-mk767rDbnn5_sMt5VtbrXEAUp7zlTYbW.

［4］ 樊蕊 . 跨域身份认证系统的研究与实现［D］. 西安电子科技大学，2007.

［5］ 李星.访问控制策略语言的研究与设计［D］.中国科学技术大学，2009.

［6］ 雷丙超.基于云计算的安全性研究［D］.广西民族大学，2011.

［7］ 刘文军.基于挑战/应答的动态口令身份认证系统研究［D］.北京化工大学，2007.

［8］ 陈文友.综合应用系统中单点登录认证的设计与应用［D］.中山大学，2014.

［9］ 邵哲.基于PKI和动态口令的统一认证授权管理系统的设计与实现［D］.北京邮电大学，2010.

［10］ 胡建.基于RSA的身份认证系统的设计与实现［D］.华中科技大学，2007.

［11］ 李阳.云计算中数据访问控制方法的研究［D］.南京邮电大学，2013.

［12］ 鲁亮，关玉蓉.基于CAS的校园网单点登录系统研究［J］.科技广场，2015（06）：249-252.

［13］ 黄志宏，巫莉莉，张波.基于云计算的网络安全威胁及防范［J］.重庆理工大学学报（自然科学），2012（08）：85-90.

第6章

云数据安全

近年来，云计算在全球各行各业得到越来越广泛的应用，但是存放于云上的数据的安全性仍然是用户担忧的核心问题之一。通过对云上数据安全问题进行深入剖析，以完善的数据安全管理和先进的技术支撑实现对用户数据安全的承诺，将会有助于增强用户对使用云服务的数据安全信心。本章将按照数据安全的生命周期，分别介绍各个阶段数据保护关键技术，其中访问控制技术已在第5章进行了介绍，本章不再赘述。

6.1 数据安全生命周期

数据安全生命周期可分为六个阶段，如图 6-1 所示：

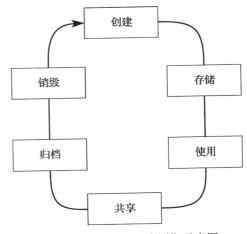

- 创建：表示产生数字数据或修改已存在的内容。
- 存储：表示将数字数据提交到存储仓库的操作，通常与数据创建同时发生。
- 使用：表示查看数据、处理数据或其他数据使用活动。
- 共享：表示让其他实体访问数据的活动，例如在用户、客户和合作伙伴之间共享数据。
- 归档：表示将不频繁使用的数据进行长期保存的活动。
- 销毁：表示使用物理或数字方式永久销毁数据。

图 6-1　数据安全生命周期示意图

在云计算安全数据生命周期内，存在以下关键挑战：

- 数据安全：要确保数据的保密性、完整性、可用性、真实性、授权、认证和不可抵赖性。
- 数据存放位置：必须保证所有的数据（包括所有副本和备份）存储在合同、服务水平协议和法规允许的地理位置。例如，使用由欧盟的"法规遵从存储条例"管理的电子健康记录，这可能对数据拥有者和云服务提供商都是一种挑战。
- 数据删除或持久性：数据必须被彻底有效地去除才能视为销毁，因此，必须具备一种可用的技术，能保证全面和有效地定位云计算数据、擦除 / 销毁数据，并保证数据已被完全消除或使其无法恢复。

- 不同客户数据的混合：数据（尤其是保密 / 敏感数据）不能在使用、存储或传输过程中，在没有任何补偿控制的情况下与其他客户数据混合。数据的混合在数据安全和地缘位置等方面增加了挑战。
- 数据备份和恢复重建计划：必须保证数据可用，云数据备份和云恢复计划必须到位和有效，以防止数据丢失、意外的数据覆盖和破坏。不能随便假定云模式的数据肯定有备份并可恢复。
- 数据发现：由于法律系统持续关注电子证据发现，云服务提供商和数据拥有者需要把重点放在发现数据并确保法律和监管当局要求的所有数据可被找回。数据发现问题在云环境中变得更加困难，需要管理、技术和必要的法律控制互相配合。
- 数据聚合和推理：数据在云端时，会有新增的数据汇总和推理的方面的担心，可能会导致违反敏感和机密资料的保密性。因此，在实际操作中，应保证数据拥有者和数据的利益相关者的利益，在数据混合和汇总的时候，避免数据遭到任何哪怕是轻微的泄露（例如，带有姓名和医疗信息的医疗数据与其他匿名数据混合，由于二者存在交叉对照字段，如不谨慎处理，可能造成数据泄露）。

各阶段可采取的应对措施如表 6-1 所示。

表 6-1　数据安全生命周期各阶段的应对措施

阶　　段	措　　施
创建	识别可用的数据标签和分类
	企业数字权限管理
存储	识别文件系统、数据库管理系统（DBMS）和文档管理系统等环境中的访问控制
	加密解决方案，涵盖电子邮件、网络传输、数据库、文件和文件系统
	在某些需要控制的环节上，内容发现工具（如 DLP 数据丢失防护）有助于识别和审计
使用	活动监控，可以通过日志文件和基于代理的工具来完成
	应用逻辑
	基于数据库管理系统解决方案的对象级控制
共享	活动监控，可以通过日志文件和基于代理的工具来完成
	应用逻辑
	基于数据库管理系统解决方案的对象级控制
	识别文件系统、数据库管理系统和文档管理系统等环境中的访问控制
	加密解决方案，涵盖如电子邮件、网络传输、数据库、文件和文件系统
	通过 DLP 实现基于内容的数据保护
归档	加密，如磁带备份和其他长期存储介质
	资产管理和跟踪
销毁	加密和粉碎，包括所有加密数据相关的关键介质的销毁
	通过磁盘"擦拭"和相关技术实现安全删除
	物理销毁，如物理介质消磁
	通过内容发现以确认销毁过程

6.2 加密和密钥管理

在数据存储和传输过程中进行加密是保障数据安全的重要手段，本节将从数据的加密和加密密钥管理两个方面进行阐述。

6.2.1 加密流程及术语

将数据进行加密保存的常见流程如图 6-2 所示。

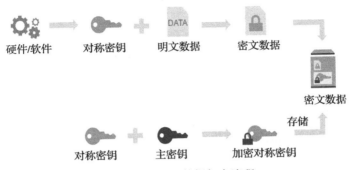

图 6-2 常见的数据加密流程

1）从密码生成的硬件或软件获得数据加密密钥，这种密钥通常为对称加密密钥。

2）使用对称加密密钥对明文进行加密，将密文保存到存储平台。

3）使用主密钥加密数据加密密钥，将其上传到存储平台。

本节涉及的重要术语有：

- **加密区域**（EZ）：加密区域是 HDFS 中的目录及其所有内容，即其中的每个加密文件和子目录。此目录中的文件将在写入时被透明加密，并在读取时被透明解密。每个加密区域都与创建区域时指定的密钥相关联。加密区域中的每个文件还有其自己的加密 / 解密密钥（称为数据加密密钥（DEK））。系统从不永久存储这些 DEK，除非使用加密区域的密钥对其进行加密。该加密 DEK 称为 EDEK。EDEK 将作为 NameNode 上的文件元数据的一部分永久存储。密钥可以有多个密钥版本，其中每个密钥版本都有自己不同的密钥材料（即在加密和解密过程中使用的密钥部分）。通过修改加密区域的密钥可实现密钥旋转，即提高其版本。然后，通过使用新的加密区域密钥重新加密文件的 DEK 来实现单文件密钥轮换，以创建新的 EDEK。加密密钥可通过密钥的密钥名称（这将返回最新版本的密钥）或通过特定的密钥版本获取。

- **加密区域密钥**（EZK）：对加密区域的数据加密密钥进行加密的密钥，可以是对称密钥，也可以是非对称密钥。

- **数据加密密钥**（DEK）：执行数据加密的密钥，为对称加密密钥。

- **密钥管理服务**（KMS）：KMS 服务是可与代表 HDFS 守护程序和客户端的后备 key store

进行交互的代理。后备 key store 和 KMS 均实施 Hadoop KeyProvider 客户端 API。加密和解密 EDEK 完全发生在 KMS 上。更为重要的是，客户端请求创建或解密 EDEK 时从不处理 EDEK 的加密密钥（即加密区域密钥）。在加密区域中创建新文件时，Name-Node 会要求 KMS 生成使用加密区域的密钥加密的新 EDEK。从加密区域读取文件时，NameNode 向客户端提供文件的 EDEK 和用于加密 EDEK 的加密区域密钥版本。然后，客户端请求 KMS 解密 EDEK，包括检查客户端是否有权访问加密区域密钥版本。如果成功，客户端将使用 DEK 解密文件内容。读取和写入的所有步骤均将自动通过 DFSClient、NameNode 和 KMS 之间的交互进行。通过正常的 HDFS 文件系统权限控制对加密文件数据和元数据的访问。通常情况下，后备 key store 配置为仅允许最终用户访问用于加密 DEK 的加密区域密钥。这意味着 HDFS 可以安全地存储和处理 EDEK，因为 HDFS 用户将无法访问 EDEK 加密密钥。也就是说，如果 HDFS 受到破坏（例如，擅自访问超级用户账户），恶意用户将只获得已加密文本和 EDEK 的访问权限。这不会带来安全威胁，因为加密区域密钥的访问权限由 KMS 和 key store 的一组单独权限控制。

- EDEK：数据加密密钥的加密密钥。

6.2.2　客户端加密方式

客户端加密是指在将数据上传到云计算平台之前对数据进行加密（主要过程如图 6-3 所示），使用的密钥有两种选择：

- 使用客户端主密钥。
- 使用云服务商提供的密钥管理服务托管的主密钥。

本地应用　　　　　加密数据　　　　　云平台中的客户应用

对象存储服务　关系数据存储服务　NoSQL存储服务　分布式文件系统

图 6-3　客户端加密存储示意图

1. 使用客户端主密钥

使用客户端主密钥加密可以实现数据安全传输，主密钥不需要上传到云计算平台，当客户丢失加密密钥后将无法解密客户数据，如图 6-4 所示。

上传数据的工作过程为：

1）使用云服务的客户端库在本地生成一个一次性的数据加密密钥（通常为对称加密密

钥），使用该密钥加密客户数据。

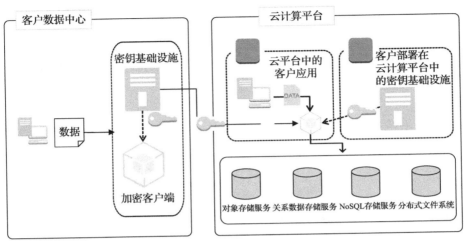

图 6-4 基于客户端主密钥的客户端数据加密示意图

2）客户端使用主密钥加密数据加密密钥，客户端将加密的数据密钥及其材料说明上传到云端，此后，材料说明帮助客户端确定使用的客户端主密钥解密。

3）客户端将加密数据上传到云端。

下载数据时，客户端首先从云端下载加密数据及其元数据，通过使用元数据中的材料说明，客户端首先确定主密钥，然后解密已加密的数据加密密钥，最后使用数据加密密钥解密加密数据。

2. 使用云服务商托管的客户主密钥

如果由客户提供主密钥，则需要客户具有相应的密钥基础设施并自行管理密钥，这会增加客户负担。客户可以选择使用云服务商提供的密钥托管服务来提供数据加密密钥。在该工作方式下，客户不需要提供任何加密密钥，只需要向云服务提供客户主密钥标识信息即可。

这种方式下存储数据的主要工作过程如下：

1）使用客户主密钥标识信息向云服务发送密钥分配请求，请求成功后返回数据加密密钥。

2）客户端使用数据密钥进行数据加密，并将加密后的数据上传到云计算平台。

下载客户数据时，客户端首先从云服务的密钥管理服务中获得数据加密密钥，然后使用该密钥解密下载的数据。

6.2.3 云服务端加密方式

与客户端加密方式不同，云端加密（也就是服务端加密）方式将客户数据以明文形式上传到云服务端，云存储服务保存数据时进行加密，当客户使用数据时，云存储服务自动解密客户数据。为了保证客户数据在进入云存储服务或离开云存储服务时的安全，客户端与云存储服务之间使用 HTTPS 进行数据传输。云服务端加密方式如图 6-5 所示。

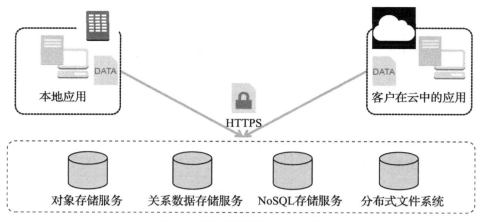

图 6-5　服务端数据加密示意图

云服务端数据加密是一种静态数据加密，根据密钥提供方式的不同可以分为三种类型：

1）存储服务托管密钥：由存储服务管理加密密钥，使用主密钥对数据加密密钥进行加密。为了增加安全性，不同数据块可以使用不同的数据加密密钥，使用多个主密钥轮流加密数据加密密钥。

2）使用云服务商提供的密钥管理服务（KMS）：使用云服务商的密钥管理服务提供所需密钥。此种方式在简化密钥管理的同时增加密钥管理安全性，还可以对密钥的使用进行审核跟踪。

3）用户提供密钥：客户提供密钥，云存储服务首先数据的加密与解密。客户在请求数据存储时提供加密密钥，存储服务在存储数据时进行加密。当客户读取数据时，存储服务自动进行解密。

6.2.4　云密码机服务

随着云计算技术的大力发展与普及，越来越多的传统应用开始向云端迁移，借助云计算特有的高可靠性、高伸缩性，可实现数据集中管理及高效的资源利用。但是，向云端迁移时的信息安全问题尤为突出。当前，许多传统应用系统通过集成密码机等硬件密码设备来为业务应用提供信息安全保障。但在云环境中使用密码设备存在诸多问题，如传统的密码设备使用方式不适合云环境、无法保证用户密钥安全、设备维护更加困难等。云密码机解决方案能够解决传统密码机在云环境下部署的一系列问题，其部署方案实例如图 6-6 所示。

云密码机采用密钥管理与设备管理分离的核心理念，实现了云服务商管理员仅维护设备、客户自行管理密钥的工作模式。云密码机通过密码机集群与虚拟化技术的结合扩充密码运算能力，将密码运算能力进行细粒度划分，并通过集中的密钥管理及配套的安全策略保护用户密钥整个生命周期的安全。

与其他云计算部署模式相比，公有云的客户范围最广，客户共享资源带来的安全问题更突出。加密是保护客户放在公有云上的数据的有效手段，当公有云资源规模大、客户多时，应考虑使用云服务密码机来提供海量的密钥管理功能。公有云中使用云服务密码机的部署示例如图 6-7 所示。

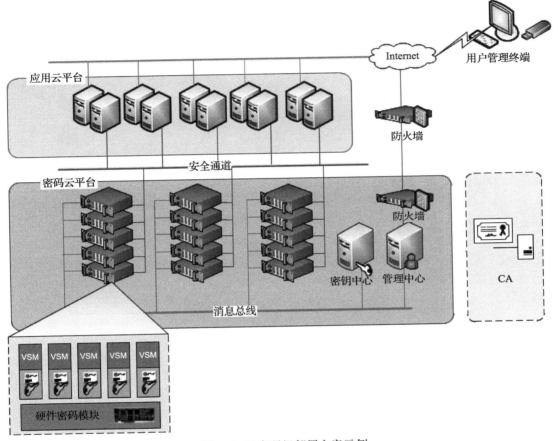

图 6-6　云密码机部署方案示例

通过云服务密码机的虚拟化功能，在一台云服务密码机上可实现 16 ～ 64 台虚拟密码机，每一台虚拟密码机可以为一个客户提供密码服务（密钥管理、密钥运算等）。每一个虚拟密码机的授权文件可安装到部署在客户系统内的安全代理服务系统中，作为云端虚拟密码机进行身份认证的凭据。

用户要获取虚拟密码机上的密钥，需要使用安全代理服务系统实现密钥导出。针对密钥的保护有两个方面，一是密钥加密的导出，二是保护密钥的传输链路。密钥在导出时可以采用对称密钥加密，也可以采用非对称密钥加密，对于在公网上传输的密钥数据，更适宜采用非对称密钥加密。

密钥传输链路是通过安全代理与保护密钥进行保护的。密钥传输链路的密钥协商机制应符合国家相关标准的要求，每次建立链接时进行协商，协商成功后，在链接存续期内保护此密钥有效。

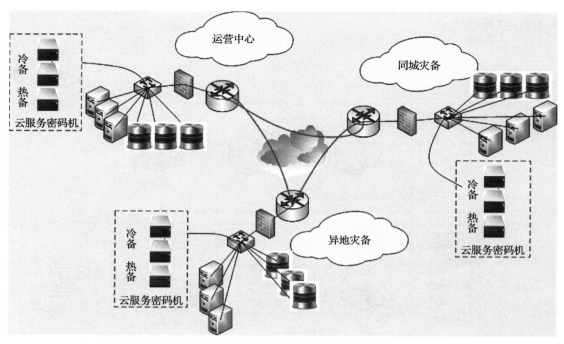

图 6-7　公有云密码解决方案示例

6.2.5　密钥管理服务

密钥管理服务（Key Management Service，KMS）是云服务商提供的安全、易用的管理类服务。客户无需花费大量成本来保护密钥的机密性、完整性和可用性。借助密钥管理服务，客户可以安全、便捷地使用密钥，专注于开发加解密功能场景。

KMS 可以解决不同角色的不同密钥需求，如表 6-2 所示。

表 6-2　KMS 解决不同角色的不同密钥需求

角　　色	问　　题	解决方法
应用 / 网站开发者	·程序需要使用密钥、证书来加密或者签名，希望密钥管理的功能是安全且独立的 ·不论应用部署在哪里，都能安全地访问到密钥 ·绝不接受把明文的密钥到处部署	使用信封加密技术，主密钥存放在 KMS 服务中，只部署加密后的数据密钥，仅在需要使用时调用 KMS 服务解密数据密钥
服务开发者	·不想承担客户密钥、数据的安全责任 ·希望客户自己管理密钥 ·在拥有授权的情况下使用用户指定的密钥来加密用户的数据	基于信封加密技术以及 KMS 开放的 API，服务能够集成 KMS，使用用户指定的主密钥完成数据密钥的加解密，能够轻松的实现明文不落盘的要求，也不用为管理用户的密钥而发愁
首席安全官 (CSO)	·密钥管理能满足合规需求 ·确保密钥都被合理地授权，任何使用密钥的情况都必须被审计	KMS 服务接入 RAM 服务实现统一的授权管理。接入 ActionTrail 服务实现密钥使用的审计

从表中可以看出，使用 KMS 解决密钥管理问题有两种方式：一种是直接使用 KMS 来加密/解密客户数据，另一种是基于信封加密方法实现本地加解密。

（1）直接使用 KMS 加密、解密客户数据

客户可以直接调用 KMS 的 API，使用指定的客户主密钥（Customer Master Key，CMK）来加密、解密数据，这种场景适用于少量（少于 4KB）数据的加解密，用户的数据会通过安全信道传递到 KMS 服务端，对应的结果将在服务端完成加密、解密后通过安全信道返回给用户。

图 6-8 描述了用户使用 KMS 生成密钥在服务器上部署证书的场景。流程如下：

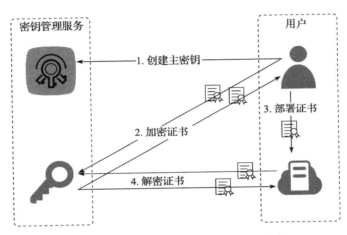

图 6-8 保护服务器 HTTPS 证书应用场景

1）用户创建一个主密钥。

2）调用 KMS 服务接口将明文证书加密为密文证书。

3）用户在服务器上部署密文证书。

4）当服务器启动需要使用证书时，调用 KMS 服务的接口，将密文证书解密为明文证书。

（2）使用信封加密方法实现本地加解密

信封加密（Envelope Encryption）是指为要加密的数据产生"一次一密"的对称密钥，使用特定的主密钥加密该对称密钥，使这个对称密钥处于一种被"密封的信封保护"的状态。在传输、存储等非安全的通信过程中直接传递"被密封保护的密钥"，当且仅当要使用该对称密钥时，打开信封取出密钥。

客户可以直接调用 KMS 的 API，使用指定的 CMK 来产生、解密数据密钥，自行使用数据密钥在本地加解密数据，这适用于大量数据的加解密，客户无需通过网络传输大量数据，可以低成本的实现大量数据的加解密。

加密过程如下：

1）用户创建一个主密钥。

2）调用 KMS 服务的 GenerateDataKey 接口，产生数据密钥，这时用户能够得到一个明

文的数据密钥和一个密文的数据密钥。

3）用户使用明文的数据密钥加密文件，产生密文文件。

4）用户将密文数据密钥和密文文件一起存储到持久化存储设备或服务中。

加密本地文件的过程如图 6-9 所示。

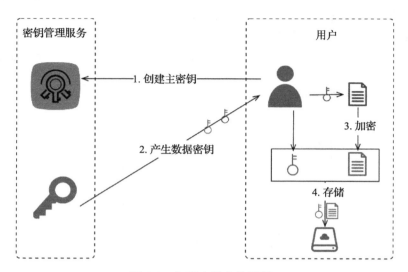

图 6-9　加密本地文件示例

解密过程如下：

1）客户从持久化存储设备或服务中读取密文数据密钥和密文文件。

2）调用 KMS 服务的解密接口，解密数据密钥，取得明文数据密钥。

3）使用明文数据密钥解密文件。

解密流程如图 6-10 所示。

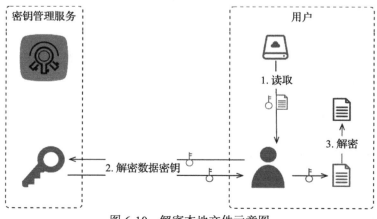

图 6-10　解密本地文件示意图

6.2.6 数据存储加密

客户可以选择将数据加密后再上传到云计算平台，加密密钥由用户自行管理；也可以使用云服务商的密钥管理服务或云服务商提供的硬件加密设备进行数据加密，但此种方式不适用于大规模处理，还需要客户自己实现加解密过程。选择服务端加密时客户需要使用云服务商提供的客户端开发 API。客户有时希望数据保存在磁盘时加密，在内存中处理时不加密，以尽可能不用更改已有的应用的程序，即实现数据的透明加密。

透明数据加密（Transparent Data Encryption，TDE）可以对数据文件执行实时 I/O 加密和解密，从而实现数据在写入磁盘之前进行加密，从磁盘读入内存时进行解密。TDE 不会增加数据文件的大小。开发人员无需更改任何应用程序，即可使用 TDE 功能。加密密钥由密钥管理服务（KMS）生成和管理，存储服务不提供加密所需的密钥和证书。客户如果要恢复数据到本地，需要先通过存储服务解密数据。

1. SQL Server Enterprise 透明加密示例

以 SQL Server 的透明加密为例来说明透明加密的基本原理。SQL Server 透明数据加密是数据库引擎中内置的一种加密技术，支持在数据库层面上保护保密信息，与数据值加密数据本身不同，TDE 加密物理数据库文件，防止未授权用户将一个受 TDE 保护的数据库附加或恢复到另一个服务器，然后再访问其中的数据。由于合规性和保密要求，数据保护比以前更加重要，利用 TDE，管理员就可以在数据库层次上加密数据，保护所有静态数据，而不需要修改模式或访问数据的 T-SQL 语句。透明数据加密使用 AES（Advanced Encryption Standard，高级加密标准）和 TES（TripleData Encryption Standard，三层数据加密标准）算法保护数据文件、事务日志文件（.ldf）和备份文件（.bak）。TDE 加密和解密过程对于连接数据库的应用程序及用户是完全透明的，用户不需要给正常要求授权之外的账户分配特殊的权限。TDE 在页一级执行实时 I/O 加密和解密。数据库引擎会先透明地加密页，然后再将它们写回到磁盘中，在将数据读取到内存时解密数据，其间不需要修改任何特殊的编码或数据类型。在一个受 TDE 保护的数据库中，一个对称数据库加密密钥 (DEK) 存储在数据库的启动记录中。为了保护这个数据加密密钥（即 DEK），必须使用一个由主数据库创建并用主密钥保护的证书，或者使用一个存储在可扩展密钥管理 (EKM) 模块的非对称密钥。这两种方法都会创建一种密钥层次，防御不包含该证书或非对称密钥的 SQL Server 实例无法访问数据库文件。这些意味着必须有正确的证书或密钥才能恢复或附加一个数据库。因此，无论何时使用 TDE 去加密数据库，都应该备份解锁这些数据库时所需的全部证书或密钥。否则，在发生灾难事件之后可能无法访问数据。如果是使用证书，那么使用 TDE 加密一个数据库的过程非常简单：创建一个主密钥→创建证书→创建 DEK →使用证书保护它→在数据库中启用 TDE。如果准备在一个 EKM 模块中使用非对称密钥来保护 DEK，那么实现过程会稍微复杂一些。

微软已在 Azure 云服务 SQL Database 中支持透明数据加密。SQL Database TDE 会对数据库及其备份和事务日志执行实时加密和解密，完全不需要修改调用的应用程序。TDE 配置可以在 Azure 网站上修改，也可以使用 PowerShell 或 RESTful API 来配置，但是必须先注册使用 TDE 预览版特性。SQL Database 使用一个 DEK 去加密数据库，并且使用一个内置的服务器证书来保护 DEK。每一个 SQL Database 服务器都使用不同的证书,它由 SQL Database 自动创建并存储于主数据库中。此外,Azure 每 90 天就会轮循一些证书。

透明数据加密只能保护静态数据。通过网络传输或位于内存中的数据不属于静态数据,因此不能受到保护。为了全面保护数据库及其数据,客户还应该在使用 TDE 的同时结合其他的技术,如 SSL 连接或数据级加密。

2. HDFS 透明加密示例

HDFS 实现文件透明加解密功能,为了提高密钥管理的安全性,应使用硬件加密机管理加密密钥。加密流程如图 6-11 所示,解密过程如图 6-12 所示。

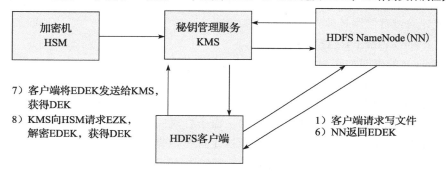

图 6-11 HDFS 透明文件加密流程

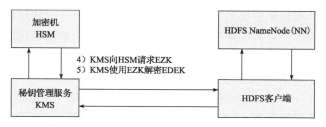

图 6-12 HDFS 透明文件解密流程

6.2.7 数据传输加密

对于数据的交换、转移与分享,主流云计算解决方案都对标准的加密传输协议提供了支持,以方便云平台与外界以及系统间传输敏感数据的需求。为了保证数据传输安全,可以使用 HTTPS 协议进行数据传输。HTTPS 可以认为是 HTTP+TLS。TLS 是传输层加密协议,它的前身是 SSL 协议,最早由 Netscape 公司于 1995 年发布,1999 年经过 IETF 讨论和规范后改名为 TLS。如果没有特别说明，SSL 和 TLS 是指同一个协议。HTTP 和 TLS 在协议层的位置以及 TLS 协议的组成如图 6-13 所示。

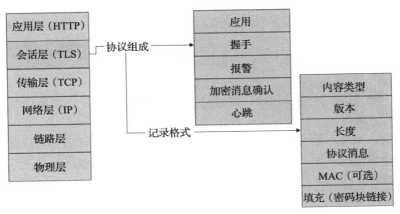

图 6-13 TLS 协议

TLS 协议主要有五部分：应用协议、握手协议、报警协议、加密消息确认协议和心跳协议。TLS 协议本身又是由记录协议传输的，记录协议的格式如图 6-13 最右部分所示。目前常用的 HTTP 协议是 HTTP1.1，常用的 TLS 协议有如下几个版本：TLS1.2、TLS1.1、TLS1.0 和 SSL3.0。其中 SSL3.0 由于 POODLE 攻击已经被证明不安全，但统计发现依然有不到 1% 的浏览器使用 SSL3.0。TLS1.0 也存在部分安全漏洞，比如易受 RC4 和 BEAST 攻击。

6.3　数据备份和恢复

数据丢失会对客户业务造成巨大影响，而在云服务中，用户数据都存放在云中，这也会增加用户对这一安全隐患的忧虑。本章将介绍数据的备份和恢复相关技术，以应对数据丢失带来的安全威胁。

6.3.1　数据备份

飓风、地震、海啸、火灾等自然灾害以及电脑病毒、黑客攻击等带来的意外，已让无数企业因数据丢失而遭受沉重打击。数据是企业最宝贵的资产，是企业生存的基础，也是企业核心竞争力的重要组成部分，一旦丢失，其后果可能是灾难性的，甚至会引发社会性问题，所以云数据的安全、备份和容灾就显得尤为重要。

我国的国家标准 GB 20988—2007-T《信息安全技术　信息系统灾难恢复规范》规定了容灾备份的具体要求，数据备份的重要指标如下：

- RTO（Recovery Time Object，恢复时间目标）：指信息系统从灾难状态恢复到可运行状态所需要的时间，用来衡量容灾系统的业务恢复能力。

- RPO（Recovery Point Time，恢复点时间）：指业务系统所允许的在灾难过程中的最大数据量丢失，用来衡量容灾系统的数据冗余备份能力。
- NRO（Network Recovery Object，网络恢复时间目标）：指在灾难发生后网络恢复或切换到灾备中心的时间，通常网络要先于应用恢复才有意义，但应用恢复后才能提供业务访问。

根据备份参数和应用场合的不同，备份可分为四种类型。

1. 本地备份

本地备份只在本地进行数据备份，并且被备份的数据磁带只在本地保存，没有送往异地。容灾恢复能力最弱。

在这种容灾方案中，最常用的备份设备就是磁带机，根据实际需要可以采用手工加载磁带机或自动加载磁带机。除了选择磁带机，还可选择磁带库、光盘塔、光盘库等存储设备进行本地备份存储。

2. 异地热备

异地热备是指在异地建立一个热备份点，通过网络进行数据备份。也就是说，通过网络以同步或异步方式，把主站点的数据备份到备份站点。备份站点一般只备份数据，不承担业务，拓扑结构。当出现灾难时，备份站点接替主站点的业务，从而维护业务运行的连续性。

这种异地远程数据容灾方案的容灾地点通常要选择在距离本地不小于 20 公里的范围，采用与本地磁盘阵列相同的配置，通过光纤以双冗余方式接入到 SAN 网络中，实现本地关键应用数据的实时同步复制。当本地数据及整个应用系统出现灾难时，系统至少在异地保存有一份可用的关键业务的镜像数据。该数据是本地生产数据的完全实时拷贝。

对于企业网来说，建立的数据容灾系统由主数据中心和备份数据中心组成。其中，主数据中心采用高可靠性集群解决方案设计，备份数据中心与主数据中心通过光纤相连接。主数据中心系统配置的主机包括两台或多台服务器以及其他相关服务器，通过安装 HA 软件组成多机高可靠性环境。数据存储在主数据中心存储磁盘阵列中。同时，在异地备份数据中心要配置相同结构的存储磁盘阵列和一台或多台备份服务器。通过专用的灾难恢复软件可以自动实现主数据中心存储数据与备份数据中心数据的实时完全备份。在主数据中心，按照用户要求，还可以配置磁带备份服务器，用来安装备份软件和磁带库。备份服务器直接连接到存储阵列和磁带库，控制系统的日常数据的磁带备份。两个数据中心利用光传输设备通过光纤组成光自愈环，可提供总共高达 80G（保护）和 160G（非保护）的通信带宽。

3. 异地互备

异地互备方案与异地热备方案类似，不同的是主、从系统不是固定的，而是互为对方的备份系统。这两个数据中心系统分别建立在相隔较远的地方，它们都处于工作状态，并进行相互数据备份。当某个数据中心发生灾难时，另一个数据中心能够接替其工作。通常在这两个系统的光纤设备连接中还提供冗余通道，以备工作通道出现故障时及时接替。当然，采取这种容灾方式的主要是资金实力较为雄厚的大型企业。

异地互备根据实际要求和投入资金的多少，又可分为两种：

1）两个数据中心之间只进行关键数据的相互备份。

2）两个数据中心之间互为镜像，即实现零数据丢失。零数据丢失是目前要求最高的一种容灾备份方式，它要求不管发生什么灾难，系统都能保证数据的安全。所以，它需要配置复杂的管理软件和专用的硬件设备，需要投资相对而言是最大的，但恢复速度也是最快的。

以上两种热备份方式使用的不再是传统的磁带冷备份方式了，而是通 SAN 等先进的通道技术，把服务器数据同步，或异步存储（镜像方式）在远程专用存储设备（也可以是磁带设备）上。这两种容灾方案使用的设备主要包括磁盘阵列、光纤交换机或磁盘机等。

4. 云备份

基于云的一种容灾备份方式是采用"两朵云"设计，即主数据中心部署的"生产云"为客户提供业务系统平台；容灾中心部署一套独立的"容灾云"，为"生产云"提供数据级容灾保护。当生产中心发生灾难时，可将整套云平台及相关的业务系统全部切换到容灾中心的容灾云中，继续提供服务。

将云存储应用于容灾备份，在很大程度上降低了异地容灾的成本，同时，即时的卷创建和卷扩展特性，节省了卷部署和扩展的时间，符合云计算架构下业务快速和弹性的部署要求。

6.3.2　数据恢复演练

数据的快速恢复关系到企业业务的正常运作，如果等到真正出现数据灾难时才进行数据恢复操作，往往会由于恢复流程不熟练，或者备份的源数据有错误等导致数据恢复不成功，给企业带来无可挽回的损失。为了避免这种情况的发生，数据不仅需要定时备份，还需要进行定期的数据恢复演练，从而提升管理人员对数据保护的应变能力，同时也能效验备份数据的正确性。

数据恢复演练依据 DRP（Data Recovery Plan，数据恢复计划）制定的流程进行：

- 对现有的系统进行调研，为编写 DRP 手册提供依据。
- 编写 DRP 手册，包括单位概况、灾难恢复团队、日常备份和恢复流程、灾难相应和行动流程、应用系统详情、数据恢复计划的测试等内容。
- 根据 DRP 手册进行恢复演练，如果演练不能通过，则修改 DRP 手册，然后再进行演练，直到通过为止。
- 确认 DRP 手册，根据 DRP 手册进行数据备份系统的管理和运行。

6.3.3　备份加密

数据灾备往往依托于多部门、多单位甚至是跨系统的综合平台，因此数据在传输过程或存储介质上的安全性问题也会格外突出。在灾备工作的具体实践中，我们主要采用的是基于端的以及基于传输通道的加密方式进行数据的安全保护，但以往的数据灾备更多的是企业自主行为，不管是源端、备端还是传输网络都是企业自有资源，安全性有所保证，所以很多灾备系统往往只将注意力集中在可用性和完整性上，对机密性缺乏关注。

随着云计算特别是公有云的兴起，企业需要不断加强数据的云端加密保护。首先从备份数据存储安全性的角度来看，备份数据如果在存储介质上以明文方式存放，容易被黑客攻击造成数据外泄。其次，从备份数据传输安全性的角度来看，备份数据如果在网络传输过程中以明文方式传输，容易通过数据包截取等手段造成备份数据泄露。

目前，针对数据的加密方式有很多，大体可以分为两类：

1. 源端加密

源端加密是对数据的源端和目标端的存储进行加密，即一个文件系统（比如 Windows 加密文件系统）或者一个数据库对存储在其中的数据进行加密。简单来说，源端加密主要包括硬件加密和软件加密两种方式。硬件加密技术一般所指的是采用硬件数据加密技术对产品硬件进行加密，具备防止暴力破解、密码猜测、数据恢复等功能，实现方式有键盘式加密、刷卡式加密，指纹式加密等。软件加密则是通过产品内置的加密软件实现对存储设备的加密，实现方式主要有软件内密码加密、证书加密、光盘加密等。

2. 传输加密

传输加密是指在备份数据发起端与备份介质之间串联一个数据加密网关，备份数据发起端先与加密网关建立安全隧道，备份数据通过安全隧道以保证安全地传输到备份介质。同时加密网关以完全透明的方式让数据在备份传输过程中实时被加密。

在具体应用中，最为理想的情况是采用端加密与传输加密结合的方式，存储设备具有数据文件加密功能并提供安全隧道服务。备份数据发起端先与加密网关建立安全隧道，备份数据通过安全隧道进行以保证传输安全。同时在备份数据落地到存储介质前，先对备份数据文件进行加密，保证存储介质上存放的都是密文数据。

6.4 数据容灾

单个云数据中心无法独自应对不可抗拒的自然灾难或人为灾难，本节将介绍数据容灾技术，以便构建安全高效的容灾环境。

对于 IT 而言，数据容灾系统就是为计算机信息系统提供的一个能应付各种灾难的环境。如果计算机系统遭受火灾、水灾、地震、战争等不可抗拒的自然灾难以及计算机犯罪、计算机病毒、掉电、网络/通信失败、硬件/软件错误和人为操作错误等人为灾难时，容灾系统将保证用户数据的安全性（即数据容灾）。一个完善的容灾系统甚至还能提供不间断的应用服务（即应用容灾）。

在云计算时代，通过低延时、高吞吐的数据传输，满足频繁读写性能需求的同时，实现了持续保护的灾难恢复。云容灾系统同时具有本地高可用性系统、异地容灾系统的优点，加上云端的集中管理、集中数据分析等功能，打造了一种功能强大的容灾应用。

目前业界主流的灾备技术是两地三中心技术（如图 6-14 所示）。也就是说，数据中心 A

和数据中心 B 在同城作为生产级的机房，当用户访问的时候随机访问到数据中心 A 或 B。之所以随机访问，因为 A 和 B 会同步进行数据复制，所以两个数据中心的数据是完全一样的。但是因为是同步复制的，所以只能在同城建立这两个数据中心，太远的话同步复制的延时会太长。在两地三中心的概念里，一定会要求这两个生产级的数据中心必须在同一个城市，或者在距离很近的另外一个城市里，对距离是有要求的。

异地备份数据中心通过异步复制，但是不对外提供服务，原因是数据从生产级数据中心到异地的节点采用异地复制，会有延时，数据可能会不一致。

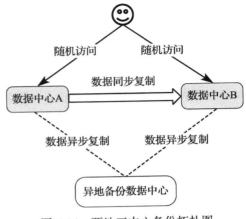

图 6-14　两地三中心备份拓扑图

6.5　数据脱敏

随着云计算的快速发展，云上积累了大量包含账户等敏感信息的数据，如果这些数据被泄露或损坏，不仅会给云服务提供商带来经济损失，还会对其声誉造成重大的负面影响。目前，在业务分析、开发测试、审计监管等使用过程中如何保证生产数据安全已经成为一个重要的问题。

数据脱敏是一种保护数据敏感信息，减少数据泄露影响的重要方法。数据脱敏是指通过脱敏规则对某些敏感信息进行数据的变形，实现敏感隐私数据的可靠保护。这样，就可以在开发、测试和其他非生产环境以及外包或云计算环境中安全地使用脱敏后的真实数据集。借助数据脱敏技术，可屏蔽敏感信息，并使屏蔽的信息保留其原始数据格式和属性，以确保应用程序可在使用脱敏数据的开发与测试过程中正常运行。

数据脱敏的应用场景主要指脱敏后的数据在哪些环境中应用。普遍按照生产环境和非生产环境（开发、测试、外包、数据分析等）进行划分。

在 Gartner 关于数据脱敏的报告（Magic Quadrant for Data Masking Technology-2014 年 12 月）中，根据数据脱敏产品的应用场景将数据脱敏划分为静态数据脱敏（Static Data Masking，SDM）和动态数据脱敏（Dynamic Data Masking，DDM）。

动态脱敏是指在用户或应用程序实时访问数据过程中，依据用户角色、职责和其他 IT 定义规则，对敏感数据进行屏蔽、加密、隐藏、审计和封锁，从而确保业务用户、兼职雇员、合作伙伴等各角色用户安全访问、使用数据，避免潜在的隐私数据泄露导致的法律风险。

静态脱敏一般用在非生产环境处理静止的数据的场合，在敏感数据从生产环境脱敏完毕之后，再在非生产环境使用。用于对数据实时性无要求的应用场景，例如，软件开发、测试过程中，需要将数据从一个生产数据库拷贝到一个非生产数据库，并进行脱敏处理。以排查问题或进行数据分析等。静态与动态数据脱敏的主要区别为是否在使用敏感数据当时进行脱敏。

数据脱敏的脱敏规则一般分为可恢复与不可恢复两类。可恢复规则指脱敏后的数据可以通过一定的方式恢复成原来的敏感数据，此类脱敏规则主要指各类加解密算法规则。

不可恢复规则指脱敏后的数据使用任何方式都不能恢复出来。一般可分为替换算法和生成算法两大类。替换算法即将需要脱敏的部分使用定义好的字符或字符串替换；生成类算法则更复杂一些，要求脱敏后的数据符合逻辑规则，即是"看起来很真实的假数据"。

数据脱敏的方法主要是将数据匿名化。匿名化的信息是指经过反识别处理的信息，使得攻击者无法直接进行属性泄露攻击。匿名处理包括以下方法：

- 一般化数据：让信息不精确，例如分组连续值。
- 隐藏数据：删除完整的记录或者部分记录。
- 数据中引入噪声：在选择的数据中增加少量的变量。
- 替换数据：替换一个记录中某些数据字段与其他相似的记录中相同的字段。
- 用平均值替换数据：用平均值替换选定的数据值。

使用以上技术，信息将不再具有可识别的特点，但仍然具有可用性和实用性。目前在数据脱敏领域中使用的具体方法如表 6-3 所示。

表 6-3　数据脱敏的常用方法

名　　称	描　　述	示　　例
隐藏	将数据替换成一个常量，注意，这个常量不包含任何敏感字段时	Ge → 0 Wang → −1
哈希	将数据映射成一个 Hash 数值，主要的应用场景是将不定长数据转变为定长 Hash 值	Ge → 1239504293
置换	按照某些规则将数据映射为唯一值，主要是可以将映射值返回原始值	Wang → Ycpi
偏移	对数值进行偏移，隐藏数值的顺序	123 → 10123
截断	将数据尾部截断，只保留前部信息	028-12345678 → 028
取整	将数据或者日期取整	101 → 100
遮掩	数据长度不变，但是仅仅保留部分的数据信息	12345678 → 123---78
枚举	将数据映射为一个新值	400 → 2000 5000 → 500
前缀（后缀）保存	只保留数据中的部分前缀和后缀，保留部分信息	192.168.1.200 → 192.168.22.145 192.168.1.200 → 223.129.1.200

6.6　数据删除

当用户退出云服务的时候，云服务提供商需要保证安全地删除用户的所有数据，避免发生数据残留。数据残留是指数据删除后的残留形式（逻辑上已被删除，物理上依然存在）。数据残留可能会在无意中透露敏感信息，所以即便是删除了数据的存储介质也不应该被释放到不受控制的环境，如扔到垃圾堆或者交给其他第三方。在云应用中，数据残留有可能导致一个用户的数据被无意透露给未授权的一方。如果发生未授权数据泄露事件，用户可以要求第三方或者使用第三方安全工具软件来对云服务提供商的平台和应用程序进行验证。

一般来说，在数据销毁时可以采用覆盖、消磁和物理破坏三种方法。

6.6.1　覆盖

破坏是指覆盖旧的数据与信息，也就是用新数据来填充介质。这是数据销毁领域最常见的方法。

覆盖可以通过软件方式进行，因此操作相对容易，成本较低。同时其可以通过配置，制定销毁的范围（包括文件、分区等），而且也比较环保。但对于高容量数据，覆盖所花费的时间比较长，而且也不能涵盖所有数据区域，此外，在覆盖操作过程中并没有相应的安全选项，一旦介质出现错误，软件类型的数据销毁也就无从谈起了。

6.6.2　消磁

消磁是指擦除存储介质的磁场，消除或减少存储磁盘或驱动器的磁场，通常需要使用消磁设备来完成。

这种技术的优点是操作进行较快，而且消磁后的介质上的数据无法恢复，非常适用于高度敏感的信息。但消磁设备的价格比较昂贵，而且其可能会产生强电磁场，损害周围的设备。此外，消磁是对磁性介质的一种不可逆的损害。一旦介质被破坏，那么驱动器将不能被重复利用，另外，消磁效果并不稳定，主要取决于磁盘的密度和消磁过程的操作时间。

6.6.3　物理破坏

除了以上介绍的两种方式，还可以利用物理损坏磁盘的技术来进行数据销毁，比如切碎、熔化磁盘，令介质无法读取。物理破坏能最大限度地保证数据销毁的效果。但物理破坏方式的成本极高，很多人认为，以物理破坏方式销毁数据并非维持企业财务的长期战略，而且也不环保。

6.7　阿里云数据安全

本节以阿里云为例，根据其在云数据安全方面的实践和经验，介绍数据所有权、数据存储、数据加密和数据清除等内容。

1. 数据所有权

2015 年 7 月，阿里云发起中国云计算服务商首个"数据保护倡议"，这份公开倡议书倡导：运行在云计算平台上的开发者、公司、政府、社会机构的数据，所有权绝对属于客户；云服务商不得将这些数据移作它用。云服务商有责任和义务帮助客户保障其数据的私密性、完整性和可用性。云服务商和客户之间应明确彼此之间关于数据所有权的责任与义务。

2. 多副本分散存储

阿里云使用分布式存储，将数据文件分割成许多数据片段分散存储在不同的设备上，并且每个数据片段将存储多个副本。这种方式不但提高了数据的可靠性，也提高了数据的安全性。

3. 加密存储

阿里云中使用了经国家密码管理局检测认证的硬件密码机，能够帮助客户满足数据安全方面的监管合规要求，保护云上业务数据的机密性。借助该服务，客户可以实现对加密密钥的完全控制和对数据进行加解密操作。

4. 加密传输

阿里云支持标准的加密传输协议，以方便云平台与外界以及系统间传输敏感数据的需求。云平台支持标准的 TLS 协议，可提供高达 256 位密钥的加密强度，完全满足敏感数据加密传输需求。

5. 残留数据清除

对于曾经存储过客户数据的内存和磁盘，一旦释放和回收，其上的残留信息将被自动进行零值覆盖。同时，任何更换和淘汰的存储设备，都将统一执行消磁处理并物理折弯之后，才能运出数据中心。

6.8　小结

云计算环境的数据安全在 IT 界是个炙手可热的话题，许多人为了它是否能给用户数据提供足够的安全而争论不休。鉴于云的复杂性，这个安全性的辩论不是只有对或错那么简单，无论是公有云，私有云或混合云，安全性都是无法回避的问题，而企业必须为了保护云计算环境尽自己的全力。随着云计算技术的发展成熟，以及法律法规的不断完善，云计算环境下的数据安全难题最终会被征服。

6.9　参考文献与进一步阅读

［1］　风淼.数据销毁为云计算"擦除记忆"［N］.计算机世界，2012-02-20（025）.

［2］　徐文杰.云计算数据安全技术研究［D］.上海交通大学，2015.

［3］　冯朝胜，秦志光，袁丁.云数据安全存储技术［J］.计算机学报，2015（01）：150-163.

［4］　李山.数据脱敏：保证数据安全重要手段［N］.中国城乡金融报，2013-03-21（A03）.

［5］　杨晓峰.浅谈云存储环境下的容灾关键技术［J］.计算机光盘软件与应用，2012（05）：156-157.

［6］　蔡建宇.基于云计算的容灾机制研究［J］.信息通信，2013（01）：13-14.

［7］　王云芳.云计算资源池容灾中心建设解决方案研究［J］.互联网天地，2015（02）：1-7.

第 7 章

云运维安全

传统的运维管理可能只需维持数十台或上百台的小型机设备，并且各业务系统相对独立，即使出现故障也不会互相影响。但在云计算时代，运维人员需要同时面对成千上万台设备，并且云平台往往承载着众多业务系统，一旦发生故障，将会影响所有运行在云平台上的业务系统。云计算运维管理涵盖的范围非常广泛，其中主要包括环境管理、网络管理、软件管理、设备管理、日常操作管理、用户密码管理以及员工管理等多个方面，云计算时代为运维管理带来了巨大的挑战。本章将介绍云运维的基本内容、云运维与传统运维的不同及需要注意的问题等。

7.1 云运维概述

ITIL（Information Technology Infrastructure Library，信息技术基础构架库）提出了一个概念——IT 服务。ITIL v3 框架如图 7-1 所示。对于云运维来说，提供一种高效、具有一致性、透明化、面向用户的服务是云运维的价值所在。云运维作为一种服务，它由人员（Person）、流程（Process）和技术（Product）三个部分组成。云计算环境引入了多租户以及其他很多新技术，使得系统变得更加复杂，运维的难度也不断增加，传统的运维模式和运维工具也受到了巨大的挑战。

"云是数据中心的新 IT 形态"，和传统数据中心的建设目标一致，也是为企业提供 IT 服务，而运维都是围绕服务等级协议（SLA）展开，保障 IT 服务的质量。虽然云运维和传统运维有着相同的目标，但是在运维技术、管理模式、职责划分等方面两者又有所不同。其中一个区别就是运维对象数量的迅速增加，传统运维的对象可能是几十或上百台服务器，而云环境下的运维对象可能是成千上万台服务器。除此之外，云运维还需要对整体进行把控，除了基础设施的运维，还包括云平台和云服务的运维。

7.2 基础设施运维安全

基础设施运维主要面向物理安全，通过对云数据中心基础设施的规划、监视，建立完善的机房生命周期管理体系，从而确保云数据中心的安全稳定运行。

云服务商应制定物理安全防护策略和相关规程，分发至相应的人员，明确物理安全的目的、范围、角色、责任、管理层承诺、内部协调、合规性等，并通过适当的措施来降低或阻止人为因素或自然因素从物理层面对系统的破坏，保证系统的完整性、可用性和保密性。物理安全措施主要包含物理访问控制、访客管理、职责分离、视频监控以及存储介质管理几个方面。

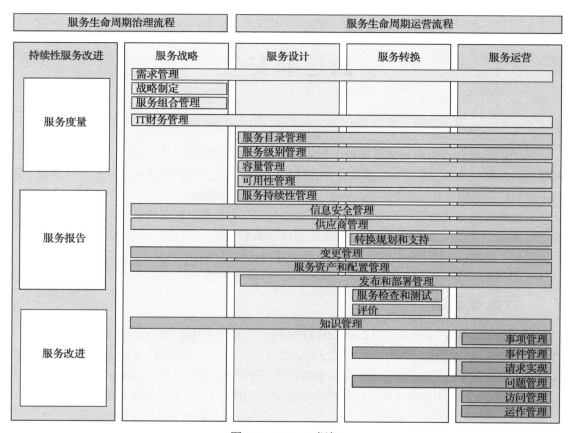

图 7-1 ITIL v3 框架

7.2.1 物理访问控制

基础设施的物理访问控制主要是限制非法或未授权的人员访问云环境的基础设施。增加机房的物理访问控制需要较大的资金投入，加之很多小型企业对机房的重视程度不够，所以很难实现强有力的物理访问控制。对于大中型企业，应该建立完善的管理制度、严格控制人员的来访，并准确地登记访问记录，具体可以从以下几个方面来进行控制。

1. 机房出入口配置电子门禁系统或指纹识别系统并安排专人值守

机房的进出可以通过双向电子门禁系统进行控制，并且可以通过门禁电子记录或者填写出入记录单的形式来记录进出人员的信息和进出的时间，必要的情况还可以增设安保人员在门外值守。

2. 来访人员应申请并经过严格的审批

应该具有严格的审批机制来管理来访人员，只有通过审批的人员才能访问物理基础设施，并且其活动的范围也应该被限制或监控，必要情况下可由专人全程陪同。

3. 应对机房进行区域划分管理

对于系统复杂、面积较大的机房，可以根据系统和设备的重要程度对机房进行区域划分，区域与区域之间应设置物理隔离装置，采用双向的电子门禁系统控制，在重要区域前设置过渡缓冲区。

4. 重要区域应配置第二道电子门禁系统

对于重要区域，应该限制普通来访人员，所以有必要设置第二道电子门禁系统，从而控制、鉴别和记录进入的人员。

7.2.2 视频监控

针对机房分布广、数量大、维护人员多、管理与监控困难的特点，要确保基础设施能够集中管理，统一的视频监控是运维应具备的必要功能。完善的视频监控可以有效地记录历史数据和报警事件，实时监控系统设备的运行状态和工作参数，及时发现部件故障或参数异常。

视频监控系统一般包含监测设备、传输通道以及监控中心。监测设备主要包括视频摄像机，以及门磁、微波 / 红外对射、玻璃破碎器等设备。视频设备负责采集机房中的活动图像，可实时采集大门、机房通道、机柜等现场图像，如果发生火灾、非法闯入、人为破坏等事件，相关的报警设备会发出报警信号。

传输通道主要将采集的图像信息传输到监控中心，信号的传输分为有线传输和无线传输，常见的传输基于 TCP/IP 协议。

监控中心要对所有前端数据进行处理，包括音视频、安防报警、配电动力、环境参数、门禁系统等，并能对这些数据进行分析、记录与保存；如有报警信号，系统还将迅速联动前端镜头录像或其他设备，发送明显的声光电告警信号给工作人员，以便及时处理突发事件。

为了保证视频监控后期能够有效地被调阅、查看，视频监控记录应至少保留 3 个月。

7.2.3 存储介质管理

和传统的信息系统一样，在云计算环境中常用的存储介质包括硬盘、磁盘、移动存储介质等。这些存储介质方便了云环境下的数据存储和数据交换，但同时也面临着潜在的安全风险和威胁，这种风险主要包含两个层面，一是介质本身的安全，另一个是介质中数据的安全。

对于存储介质的管理主要应考虑存储管理、使用管理、复制和销毁管理、涉密介质的安全管理等，具体的对策可参考以下几个方面。

1. 建立健全的存储介质使用管理制度

存放有业务数据的存储介质应在保证防潮、防磁、防火、防盗的同时，保证存储设备的集中管理。应指定部门统一购置、严格登记、发放、保管和使用操作应该落实到人，并分类记录，做到有章可循，有据可依。

2. 建立监督制约机制，严格执行内控监管

首先，明确各有关部门在移动存储介质工作中的职责任务，以及相互间的协调、配合、协查、通报机制。其次，应结合实际情况制订相关工作制度和定密范围、使用权范围的控制、时间的限制、必要的加密措施，在保密责任书中要增加相应的责任条款，对落实情况要严格进行监督检查，整改不安全隐患。有了好的管理制度、范围和内控监管，会让工作人员三思而行，顾及后果，谨慎行事，通过制度的约束使其不能也不敢"擅自"行为。

3. 进行保密知识培训，提高员工风险防范意识

应加强保密工作的宣传教育，严格对涉密人员的管理。利用涉密移动存储介质泄密的典型案例教育身边的人，克服麻痹和心存侥幸的思想，防止随意性和自以为安全的管理心态，杜绝移动存储介质泄密事件发生。

4. 强化对移动存储介质的安全防范措施

近两年的安全防御调查表明，政府、企业中超过70%的安全问题都来自于内部人员，特别是移动存储介质的普遍应用，在带来方便的同时也增加了很多隐患，所以强化对移动存储介质的安全防范措施也是势在必行。

5. 充分使用移动存储介质的先进技术防范手段

移动硬盘和U盘等移动存储介质的信息安全主要涉及存储和传输。在这里，指纹识别技术的应用能发挥较大的作用，涉密存储介质采用带指纹识别功能的存储介质，利用指纹识别的两大功能——替代密码进行身份识别和文件加解密。若涉密载体被携带外出，通过对携带人的指纹进行授权，能确保无关人员无法打开文件，万一丢失，也可以确保硬盘数据不会被无关人员访问。以"法（技术方法）治"代替"人治"，可以从技术上保证信息安全。

7.2.4 访客管理

基础设施的运维应该具有健全的管理机制来记录物理基础设施的来访情况，传统的访客管理存在以下问题：

1）来访人员真实身份难以识别。

2）纸质人工登记人员信息，书写繁杂，而且多位身份证号码容易错位漏位。

3）不利于企事业单位建立高科技管理形象。

4）纸质登记单容易丢失、损坏，同时不易保存，不便查找，流于形式，难以进行有效管理。

为了弥补上述不足，可利用智能访客管理系统来安全可靠地进行来访人员管理，加强登记有序管理，防止安全事故发生。

7.3 云计算环境下的运维

云计算环境下，由于多租户和众多新技术的引入，系统复杂度大幅上升，导致运维责任界面变化、运维难度增加，传统的运维工具和模式受到了巨大的挑战。目前各大云服务商都提出了自己的云运维工具，如阿里云提供了基于云服务器的相关运维服务，其中包含环境配置、故障排查、安全运维、数据迁移四大类型服务。这些工具对云计算环境下的运维带来了极大便利。

7.3.1　云运维与传统运维的差别

云运维和传统运维的目的是一致的，都是为企业的系统提供安全保障，保障企业提供 IT 服务的质量，依据等级协议（SLA）开展运维。但是在运维技术、运维职责和要求、管理技术和服务流程上又有所不同。

● 服务特征更加明显

相比传统的数据中心，云数据中心的服务特征将更加明显，云服务商将硬件、平台和软件资源以 IaaS、PaaS 和 SaaS 服务模式提供给最终用户，它利用虚拟化技术、SDN 技术将网络、存储和计算等资源虚拟池化，通过自动化技术为用户分配资源，因此在云运维中 IT 请求交付 (Request Fulfillment) 流程的地位不断突出，也使得云运维显示出明显的运营性质。

● 财务模式和采购模式的转变

云也改变了传统数据中心的财务管理模式和采购模式，传统数据中心原来的采购流程变为了服务审批流程。要申请云数据中心资源，面向云业务的计费系统也应运而生。云计费除了用于真正的收费场景外，更多的时候应用于企业内部，通过内部核算，也就是经济杠杆去有效约束 IT 资源需求，形成在服务质量和 IT 资源间的平衡，有效提升 IT 资源利用率。

● 云计算要求更高的交付速度

云数据中心对交付要求更高，因为云计算环境下使用大量虚拟化设备，使得基础结构更加复杂，手工交付难以满足迅速交付的要求，更容易发生故障，因此自动化运维在云计算中更加重要。

7.3.2　云运维中应该注意的问题

在云计算的运维过程当中，请求交付、组件计费和自动化部署等功能目前已经相对独立于云数据中心，形成独立的云管理平台。云平台集中了请求交付自动化平台、自动化部署和计费。而传统的网络监控、服务器监控、机房监控、业务监控、事态管理、变更管理、问题管理、配置管理对云数据中心而言依然不可或缺。由于云管理平台是对外服务的窗口，因此云管理平台的安全和易用也至关重要。

● 尽可能选择开放的架构

由于云计算和大数据目前依然在快速发展，虚拟化、SDN 技术也在不断发展，为了保证运维技术的持续发展，最好选择稳定的开放架构。

● 设计合理的 CMDB

在私有云和混合云应用场景中，有高度集中的业务、高度集中的设施、广泛应用的虚拟化技术、众多的云设施和软件供应商、多样的云服务消费者，以上这些因素使云运维的复杂度急速增长。云数据中心的设备信息、租户信息、组织信息和策略信息等十分繁杂，如果不能处理好这些信息之间的关系，云运维就会变得混乱和无效，运维效率的低下将会使用户的体验大打折扣。设计合理的 CMDB（配置管理数据库）恰恰是解决这个问题的最佳途径。CMDB 自动同步配置项信息，将割裂的各维度信息关联在一起，帮助云运维人员全面、准确和及时地了解业务相关的组织、资源、环境和服务等不同维度信息，使运维人员快速准确地了解事件影响范围，做出正确的决策。

- 明确运维环境中的主体责任

由于企业组织架构是按照传统的网络、应用、计算来划分的，而在混合云场景中，云服务商与企业运维人员也不属于同一组织机构，所以当部署在云上的业务出现故障时，容易出现组织间的推卸责任的问题，从而延长了问题的定位和解决周期。因此企业运维人员要能基于业务按照网络、计算、应用等不同维度出具资源健康度报告，明确问题责任主体。

- 使用自动化的手段提升运维效率

由于云数据中心的资源规模、业务规模和设备规模远远大于传统数据中心，新设备的快速部署、快速上线、纳管监控、资源编排、定期巡检、升级和配置变更等这些原本就颇为复杂的工作在规模和速度的双重压力下都变得更加艰巨。传统手工运维方式的差错率高并且效率偏低，因此在云数据中心使用自动化运维就成为首选，随着 SDN、Overlay 网络和服务链技术的发展，自动部署、自动编排、自动巡检、自动升级等自动化手段越来越多应用于云运维。然而自动化仍然要在可控、可跟踪、可审计、可回退的前提下进行，避免单个错误的扩大化。虽然自动化还存在一定风险，云运维的自动化趋势已经不可逆转。

7.4 运维账号安全管理

7.4.1 特权账户控制与管理

云平台中各个账号都有属于自己的角色，不同的账号在云平台中的功能不尽相同，特权账号的控制与管理应该体现在它的整个生命周期中。一般一个特权账号的生命周期如下：

1）账号创建：在云平台中为特定用户创建一个属于他的特权账号。

2）账号授权：根据用户在云平台中的作用为其账号进行授权，授权遵循如下规则：

- 最小权限法则：针对这一账号仅授予工作需要的最小权限，不能使用特权账号执行日常操作，并且不设置能做任意事情的特权账号；
- 职责分离：包括 IDC 运营与系统管理职责分离、开发、运维职责分离和系统、安全、审计职责分离三个部分。

3）账号使用：虽然账号已经被合理授权，但在实际的应用中，涉及高危操作时的二次验证和智能风控不可或缺。

4）账号的锁定与解锁：在用户需要暂停使用账号时应该对账号进行合理的处理使其暂时"失效"，这称为锁定过程。例如，用户外出度假，其企业内账号应该予以锁定，当用户正常工作后，再将账号解锁。

5）离职转岗回收：当用户离职或者转岗时，必须对其账号进行处理。离职时应该将其账号销毁，而转岗也应该先将其原有账号销毁，再完成一次上述账号创建与授权的过程。

6）临时账号：针对一些临时岗位、上下游服务提供商等，往往需要提供临时账号。这类账号权限有限，并且存在有效期，过期后会自动销毁。

事实上，在特权账号的全生命周期中的所有操作（诸如账号管理、账号登录、账号操作等）都会被审计系统记录以方便之后的审计和追溯。通过上述手段可有效实现一个特权账号全生命周期的控制与管理。

7.4.2　多因素身份认证

多因素身份认证是一种安全系统，是为了验证一项交易的合理性而实行的多种身份验证。其目的是建立一个多层次的防御，使未经授权的人访问计算机系统或网络更加困难。

多因素身份验证是通过结合两个或三个独立的凭证完成验证，这些凭证主要包含下面三个要素：

- 所知道的内容：用户当前已经记忆的内容，最常见的如用户名密码等。
- 所拥有的物品：用户拥有的身份认证证明，最常见的方式有 ID 卡、U 盾、磁卡等。
- 所具备的特征：用户自身生物唯一特征，如用户的指纹、虹膜等。

单独来看，上述三个要素如果单独用来认证都会存在一定的问题，比如，用户记忆的内容容易遗忘或者被破解，用户所拥有的身份认证证明可能被偷窃。综合来看，用户自身生物唯一特征最为可靠，但其验证设备成本高昂并且设备本身易受到攻击。因此在现有环境下，将上面三种要素中的两种进行结合认证的方式达到了安全性和易用性的要求，即为双因素认证。

最常见的一个双因素认证实例是当我们使用网银或者在 ATM 机上取款时，首先需要用户身份证明，如储蓄卡和 U 盾；此外用户还需要提供自己的取款密码才能完成整个交易。

7.5　操作日志

除了账号权限管理混乱等问题，云运维还存在运维操作方式多样、分散、缺乏有效的集中管理以及对运维操作的审计方式不直观等问题。这些问题可能造成云计算环境下的运维操作难跟踪、难管理、难控制和难记录。针对这些问题，可以使用运维安全审计系统，即我们俗称的"堡垒机"，来进行有效的、集中的云运维操作的记录和审计。

"堡垒机"实际上是旁路在网络交换机节点上的硬件设备，是运维人员远程访问维护服务器的跳板。简单地说，服务器运维管理人员原先是直接通过远程访问技术进行服务器维护和操作，这期间不免有一些误操作或者越权操作；而"堡垒机"作为远程运维的跳板，使运维人员间接通过堡垒机进行对远程服务的运维操作，这期间，运维人员的所有操作都被记录下来，并且主要以操作日志的形式长久保存。

通过使用堡垒机，云运维人员进行的所有操作能被有效地、集中地保存起来，形成操作日志，并定期进行审计。在服务器发生故障或进行日志审计时，可以通过保存的操作日志记录来查看以前进行的所有操作。

在对云运维操作日志进行审计时，审计记录的事件或操作如表 7-1 所示。

表 7-1　审计记录事件

类　别	内　容
账户登录	·登录 ·注销 / 退出 ·账户锁定（例如 Windows 账户锁定） ·提升权限
账户管理	·创建、更改或删除用户账户或组 ·重命名、禁用或启用用户账户 ·设置或更改密码
客体访问	·对资源的访问，例如对 Web 应用的请求，对数据库的 SQL 访问
策略变更	·参数的设置与修改
特权功能	·任何具有 root 或管理员权限的个人执行的所有操作
系统事件	·日志的初始化、关闭或暂停 ·系统级对象的创建和删除

其中，对每个云运维事件或操作的审计日志内容如表 7-2 所示。

表 7-2　审计日志内容

类　别	内　容	备　注
事件类型	例如可审计事件中定义的类别	自定义
事件发生的时间	日期和时间	云计算平台内部系统时钟与国家认可的权威时间源进行同步
事件发生的地点	发生事件的主机 IP 地址、MAC 地址	
事件来源	记录事件的软件，可以是程序名（如"SQL Server"），也可以是系统或大型程序的组件（如驱动程序名）	
事件内容	做了什么操作	敏感数据须脱敏
事件结果	成功或失败	
与事件相关的用户或主体的身份	·主体标识 ·客体标识（受影响的数据、系统组件或资源的特性或名称）	

7.6　第三方审计

在云运维方面，云计算服务的用户和服务提供商之间的不信任，是提供云服务以及进行云运维过程中难以解决的矛盾。因此，一个健康、公平、安全的云计算服务环境，除了需要服务提供商与用户在业务上的努力之外，还需要借助独立的第三方对双方的业务操作及交易过程执行客观、公正的安全审计。尤其在高度 IT 化的云计算市场环境，还要求这种审计可以持续地开展。换言之，独立第三方向业务用户执行监控评估，并对云服务提供商的运维管理操作进行审计得到安全审计报告，对于保证云计算服务性来说必不可少。

引入第三方审计后，通过第三方审计机构提供的通用数据接口，云计算服务提供商就可以实现与云安全审计的无缝结合。第三方安全审计机构利用这些接口可以实时地对云计算平台进行全面的信息审计，让用户了解在云平台上发生的一切，从而实现用户在云计算环境下合规性、业务持续性、数据安全性等方面的审计需求，有效控制数据在云中面临的风险。

7.7　小结

云计算为现代化的运维管理体系带来了新的理念，将传统运维工作中的大量重复性、简单的手工工作通过软件实现，从而使运维人员能有更多精力、条件投入到整个服务的生命周期当中。为促进当前云计算运维管理的优化与改进，应从打造一体化的的运维管理模式，并将业务导向放在首位，从而有效实现完善、成熟的 IT 运维服务体系的构建。

7.8　参考文献与进一步阅读

［1］云计算平台的自动化运维挑战与解决之道［EB/OL］. http://www.chinacloud.cn/show.aspx?id=18203&cid=18.

［2］胡一飞. 云计算运维管理的要点和改进研究［J］. 中国电子商务，2013（21）：284-284.

［3］潘英超. 基于云计算的互联网企业数据中心经济性研究［D］. 北京：北京邮电大学，2014.

［4］付庆华. 一种基于 ITIL 的商业银行 IT 运维管理系统设计方法［J］. 软件导刊，2008，7（4）：126-127.

［5］王竹清. 基于 ITIL 的天津电子口岸 IT 运维服务体系的构建与实施研究［D］. 天津：天津大学，2011.

［6］王津银. 运维的本质——可视化［EB/OL］. http://kb.cnblogs.com/page/520272/.

［7］关于 IT 运维的那些事［EB/OL］. http://blog.csdn.net/pan_tian/article/details/46459373.

［8］王宇宏. 关于等级保护的物理安全建设问题［J］. 计算机光盘软件与应用，2012（16）：111-111.

［9］于磊. ZB 农信社信息科技风险管理研究［D］. 济南：山东大学，2011.

［10］小白接触堡垒机［EB/OL］. http://www.cnblogs.com/0201zcr/p/4718082.html.

［11］綦朝晖. 计算机入侵取证关键技术研究［D］. 天津：天津大学，2006.

［12］杨旭. 基于云计算的数据安全性研究［J］. 移动通信，2013（9）：69-72.

［13］李萌，张雪松，康楠. 云计算时代运维体系迎来大变革［EB/OL］. http://www.cnii.com.cn/wlkb/rmydb/content/2013-09/05/content_1216463.htm.

第 **8** 章

云安全技术的发展

快速发展的信息技术正在改变网络的架构方式，并带来不断增加的复杂威胁，网络边界逐渐变得模糊，应用程序本身也可能在服务器甚至数据中心之间移动，黑客可能使用社会工程获取有关目标的信息，然后利用用户对某个应用程序或对另一个用户的信任来窃取数据，这些有针对性的攻击甚至可能在造成损害很长时间后才被检测到。因此，下一代的网络应该考虑未来的技术发展，在设计时集成安全功能，能够主动预防有针性的复杂威胁。本章将介绍零信任模型、MSSP、APT 攻击防御和大数据安全分析等云安全前沿技术内容。

8.1 零信任模型

零信任模型最早由 Forrester Research 提出，它通过完全去除假设的信任解决了以边界为中心这一失效策略的缺陷。采用零信任模型后，基本安全功能可得到有效利用，可在任何位置为所有用户、设备、应用程序、数据资源及它们之间的通信流量执行安全策略并提供保护。

8.1.1 传统网络安全模型

传统的网络安全模型主要依赖以边界为中心的网络安全策略，假设组织内部网络的所有一切都是可以信任的，并采用一些传统的对抗措施，例如防火墙、IPS（入侵防御系统）等。

在 ITU 推荐标准 X.509（X.509 Section 3.2.13）中提到过"信任"的定义，即当一个实体（第一个实体）假定另一个实体（第二个实体）完全按照它的期望动作时，则称第一个实体信任第二个实体。实体之间信任关系通常是根据经验主观建立的。在具体的应用中，有效的表示和管理信任关系是极为重要的，信任模型可用来描述信任关系。一般信任模型主要解决以下问题：①一个实体凭借什么信任另一个实体？②实体之间的信任关系是如何建立起来的？③如何控制它们之间的信任关系？

为满足不同环境下实体通信的需要，目前的信任关系主要有：PEM（Privacy Enhanced Email）、PGP（Pretty Good Privacy）、SDSI/SPKI、ICE-TEL 和太阳系信任模型等。下面以PEM 信任模型为例进行介绍。

PEM（Privacy Enhanced Email，隐私强化邮件）是由 IETF 制定的用于安全 Email 的标准，RFC1422 中描述了 PEM 信任模型。PEM 描述了一个层次结构的信任模型。在 PEM 信任模型中只有一个根结点 IPRA（Internet Policy Registration Authority，互联网安全政策登记机构），用于确定全球统一的证书管理政策；PCA（Policy Certification Authority，安全政策证书颁发机构）由 IPFA 证明，是特殊的 CA，一般由政府或总公司负责建立，用于管理、定义并制订下级 CA 的安全准则；CA（Certification Authority，证书颁发机构）由 PCA 证明，为用户或下级组织实体签发、验证证书。PEM 信任模型如图 8-1 所示。

在 PEM 信任模型中，所有的信任都是绝对的，任两个 CA 的签名都是等效的（即有同样的信任级别）。

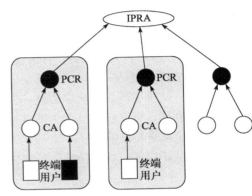

图 8-1　PEM 信任模型

● PEM 中信任的传递

在 PEM 信任模型中，信任从高层节点向低层节点传递，所有的实体都信任唯一的根 CA（即 IPRA）。IPRA 的公钥需要以带外方式（out of band）分发给所有低层实体。

在 PEM 信任模型中，可以对不同 CA 证明的名字空间元素进行严格控制，只要给出证书的验证名，就很容易找到证明它的 CA 集合。在 PEM 信任模型中，很容易构建证明路径，当依托方要验证消息发送者时，它不必构建从根结点到依托方之间已知的路径部分，而只需验证从根结点到发送者之间的路径。由于消息发送者到根结点的路径是唯一的，消息发送者可在发送的消息后附上这段证明路径，这种特性对依托方验证证明路径是有效的。

● PEM 的证书吊销

在 PEM 信任模型中可以吊销证书。如某一密钥过于陈旧或被盗，又或者证书持有者离开了原组织，那么相应的证书就应被吊销。

● PEM 的优缺点

PEM 模型是典型的层次化信任模型，而层次化模型是实现最多的信任模型，其优点是：信任结构与大型组织的结构（安全政策和信任关系的管理是树状结构）类似；层次结构与目录名结构（如 X.500）一致；由于使用了现存的组织和目录结构，证明路径的搜索策略很简单；由于验证方已知自己到根 CA 之间的所有公钥和证书，所以只需计算被验证者到公共信任点的证明路径即可。

其缺点是：所有实体都必须知道根 CA 的公钥，此公钥形成所有实体的基本信任锚。因此，其对应私钥的泄露是整个体系安全的灾难；不适用于非层次结构的情况，如几个组织的交叉部分。此时很难确定一个可让各方信任的根结点，也很难建立让各方接受的公共政策；在 PEM 信任模型，信任是绝对的，不分级别的，这与现实生活中的信任有很大不同。

由于 PEM 信任模型要求所有参与认证的个人必须相互认识并予以对方信任，这对大规模的企业或组织来说难以接受，因此其并未得到广泛使用，但 PEM 信任模型可能是最早被认真研究的 PKI 信任模型，对之后的信任模型具有很好的指导性。

8.1.2　零信任模型概述

因为网络边界的模糊、内部人员威胁增加等原因，以边界为基础的网络安全模型正在逐渐失效。根据 2014 年 Cyberthreat Defense Report（网络威胁防御报告），由于组织依旧依赖以边界为中心的安全策略，超过 60% 的组织于 2013 年遭受过一次或多次网络攻击。

在 2013 年 12 月，咨询机构 Forrester Research 发布了《Security Network Segmentation Gateways Q4，2013》安全报告，针对传统网络安全架构的不足，最早提出了"零信任模型"的概念。零信任模型是一种以"永不信任，始终验证"为原则的安全模型，它通过完全去除假设的信任，解决了以边界为中心这一失效策略的缺陷。采用零信任模型后，基本安全功能可得到有效利用，可在任何位置为所有用户、设备、应用程序、数据资源及它们之间的通信流量执行安全策略并提供保护。

推崇"从不信任，始终验证"的零信任模型与以"信任但验证"为基础的传统安全模型有根本不同。

采用零信任模型后，对于任何对象（包括用户、设备、应用程序和数据包），不论该对象是什么、处于什么位置，都不再具备默认信任。

这就意味着：

- 需要建立有效划分内部计算环境不同部分的信任边界。通常是将安全功能移至靠近需要保护的各个不同的资源区域。通过这种方式，无论相关通信流量的发起点在何处，都可以始终强制执行安全策略。
- 不只是利用信任边界执行初始授权和访问控制，还需要利用信任边界执行更多功能。"始终进行验证"还要求持续监视和检查相关通信流量的破坏活动（即威胁）。

零信任核心原则及其衍生的含义在定义零信任实施的操作目标的三个概念中得到进一步体现和优化。

概念 1：确保安全访问任何位置的所有资源。这不仅意味着需要多个信任边界，还需要提高使用资源之间通信的安全访问，即使会话被限制在"内部"网络。这还意味着确保仅允许具有正确状态和设置的设备（例如，由企业 IT 管理的具有获批准的 VPN 用户和密码，且不运行恶意软件的设备）访问网络。

概念 2：采用最低权限策略，严格执行访问控制。这个目标是在最大程度上减少对资源访问的授权。

概念 3：检查和记录所有流量。此概念重申"始终验证"的需要，不仅要严格执行访问控制，还要密切关注"获授权"的应用程序的状态。

典型的零信任概念架构主要包括零信任细分平台、信任区域以及相关的管理基础设施三个部分。

（1）零信任细分平台

Forrester Research 将零信任细分平台称为网络细分网关。零信任细分平台是用于定义内部信任边界的组件，换言之，它提供实现零信任操作目标所需的大部分安全功能。这些功能包括能够安全访问网络、精确控制资源间流量以及持续监视获允许会话中的威胁活动迹象。由于性能、可扩展性和物理限制，有效的实施更有可能涉及在整个组织的网络分布多个执行个体。此外，解决方案被指定为"平台"，不仅反映出它是多个不同（且可能是分布式的）安全技术的集合，而且是作为整体威胁保护框架来工作，以减少攻击面，并将所找到的威胁信息进行关联。

（2）信任区域

Forrester Research 将信任区域称为微核心与边界（MCAP）。信任区域指基础设施的某一独特区域，这里的资源不仅按同一信任等级运行，而且有类似的功能。实际上，分享功能（如协议和事务类型）是必要的，因为它可以减少获准许进出给定的区域通路的数量，从而尽可能地减少恶意的内部人员和其他类型的潜在威胁未经授权地访问敏感资源。

需要注意的是，信任区域不应是一个处于该区域以内的系统能够彼此自由通信的"信任区域"。对于一个完整的零信任的实现，网络将被配置以确保所有的通信业务，其中包括在同一区域内各设备之间的通信都应经过对应的零信任细分平台。

（3）管理基础设施

集中管理功能对实现高效管理和持续监视至关重要，尤其是对于涉及多个分布式零信任细分平台的实现。此外，数据采集网络提供了一个方便的方式来补充零信任细分平台本身的检测和分析能力。通过转发所有会话日志到数据采集网络，这些数据可以被外部的分析工具处理，以进一步提高网络可视性，从而支撑对未知威胁的检测，或支持对法律法规的遵从。

8.2 MSSP

如今 IT 资产面临着日益增加的安全风险，而且，消除这些风险所需要的技能和工作变得越来越复杂和昂贵。网络安全管理是必要的，但也常常会给许多缺乏 IT 专家与资源的企业带来繁重的工作压力。因此，企业越来越倾向于将网络安全管理外包给经验丰富的管理安全服务提供商。

MSSP（Managed Security Service Provider，管理安全服务提供商）作为一种安全概念，于 2001 年 3 月在玛赛安全系统公司举办的网络安全研讨会上提出。MSSP 提供安全设备和系统的监控和管理外包服务。常见的服务包括管理防火墙、入侵检测、虚拟专用网、漏洞扫描和抗病毒等。管理安全服务是一种能够满足客户安全需求的新兴服务行业，MSSP 在保障企业安全状态的前提下可以大幅降低企业的安全管理成本。对于许多企业，特别是对中小企业而言，由于其企业自身缺乏资源或专家，所以难以凭借自身的能力来提供一个高安全度的计算环境，在这样的情况下，通过外包安全服务，可以满足这些公司的安全需求。

很多传统的安全厂商（如 ISS、CA、Check Point 等）都出售自己的安全产品来满足客户某些方面的安全需求。但 MSSP 不同于传统的安全厂商，它并不局限于提供某一种安全产品或者专注于某一个行业，更多的是提供一种服务。它通常根据客户的安全需求进行定制，把这些需求经过加工和提炼最终形成特定的服务形式，提供给客户。

2012 年 1 月，产品市场分析公司 CurrentAnalysis 发布了针对北美和欧洲主要 MSSP 的研究报告，对电信运行商（AT&T、Verizon、BT Global Services、Orange Business Services、T-Systems、Telefonica and Tata Communications）、IT 综合服务提供商（IBM、Dell SecureWorks）和专业安全厂商（Symantec）等进行了分析。报告的分析结果表明，对于管理安全服务，大型的 IT 综合服务提供商目前占据主导地位；对于 MSSP 的服务内容，主要集中在移动用户安全、虚拟环境安全，以及大数据分析上。

随着管理安全服务市场的逐渐成熟，管理安全服务的内容主要包括：
- 对客户边界网络安全设备（例如 NGFW、IDS/IPS、UTM、SWG、WAF 等）的监控管理。
- 对日志的分析，包括对客户已有的 SIEM 的维护。
- SaaS 安全服务，经典的云安全服务，无需部署客户侧设备、也无需上传安全数据，而是将客户网络流量传给 MSSP，常见的服务有抗 DDoS、邮件安全、Web 过滤、漏洞扫描等。
- 高级威胁监测与分析，比如恶意代码的检测、对网络和中断的可疑活动及行为的监测等。
- 威胁情报服务，为了提高自身的竞争力，绝大多数 MSSP 都有自建的威胁情报研究团队，同时也向客户提供服务。
- 针对移动终端和云的安全服务。

8.3　APT 攻击防御

APT 攻击是近几年来出现的一种高级攻击，具有难检测持续时间长和攻击目标明确等特征，目前已成为业内公认的非常严重又影响深远的高级网络威胁。

8.3.1　APT 攻击的概念

APT（Advanced Persistent Threat，高级持续性威胁）是指利用先进的攻击手段对特定目标进行长期、持续性网络攻击的形式。它是未获授权的人员以获得访问网络访问权限并长期潜伏不被发现为目的而发起的攻击。这种攻击的目的是窃取数据，而不是对网络或组织进行破坏，常以国防、制造业和金融业等具有高价值信息的部门为目标。一些比较成功的 APT 攻击往往是利用先进的攻击手段对特定目标进行长期持续性的网络攻击，这种攻击方式相对于其他的攻击形式更为先进，其高级性主要体现在发动 APT 攻击之前需要对攻击对象的业务流程和目标系统进行精确收集。在收集的过程中，攻击者会主动挖掘被攻击对象受信系统和应用程序的漏洞，利用这些漏洞攻击目标网络。

比较著名的 APT 攻击有震网攻击、极光攻击、RSA SecurID 窃取攻击、暗鼠攻击等。通过这些攻击可以分析出 APT 攻击的一般过程：

- 广谱信息收集：攻击者会花费很长的时间和资源，依靠互联网搜集、主动扫描，甚至真实物理访问等方式，尽可能地收集被攻击目标的信息。这些信息主要包括组织架构、人际关系、常用软件、常用防御策略与产品、内部网络部署等信息。
- 寻找安全漏洞：攻击者会针对收集到的常用软件、常用防御策略与产品、内部网络部署等信息，搭建专门的环境，用于寻找有针对性的安全漏洞。
- 开发攻击代码：攻击者依据找到的针对性安全漏洞，特别是 0DAY，构造专门的攻击代码，并编写符合攻击目标，但能绕过现有防护者检测体系的特种木马。这些 0DAY 漏洞和特种木马都是防护者或防护体系所不知道的。
- 社会工程渗透：为了提高攻击成功率，攻击者往往会先从攻击目标信任的对象着手，比如攻击一个攻击目标信任的好友或家人，通过他们的身份再对攻击者目标发起 0DAY 攻击，再利用被攻击成功的目标身份，拿到核心资产的访问权限。
- 长期潜伏控制：攻击者访问到重要资产后，往往通过控制的客户端，使用合法加密的数据通道，绕过审计和异常检测的防护，将信息窃取出来。因为长期控制重要目标获取的利益更大，所以攻击者一般都会长期潜伏下来，当然也不排除在关键时候爆发破坏。

8.3.2　防御 APT 攻击的思路

APT 攻击目标明确且计划缜密，为了达到目的，攻击者可以逐步解决各个难题，并且使用方法不限，这也就给 APT 的防御增加了难度。要防御 APT 攻击，就必须密切关注攻击者所释放的恶意代码的每一个细节，包括功能、0DAY 信息、命令与控制、社会工程学手法、攻击活动频率等信息。

APT 攻击的整体防御思路包含三方面：

- 增强防御能力

使用前瞻性的保护措施，增强系统自身防御能力，在 APT 攻击入侵系统前，就阻止其攻击。一个强健的防护方案应该具有前瞻性、主动性、实时性和持久性，包括使用漏洞屏蔽、防病毒、黑名单、安全提要、安全扫描和行为分析等技术进行实时保护。

- APT 攻击检测

即使拥有强健的防御系统，APT 探测能力仍然很关键。因为一旦恶意软件进入网络内部，就可以非常迅速地在网络内部传播。尽早检测有助于确定攻击的范围和影响，并阻止 IP 泄露。检测应该能够区分人为流量还是 BOT（机器人）流量，根据异常的流量模式识别匿名 / P2P 流量、可疑目的地的流量、僵尸网络等。一个行之有效的检测方法应能实时监测出口流量并根据威胁信息确定恶意行为。

- 及时补救

一旦检测到 APT 攻击，首要任务就是针对它已经造成的破坏进行补救，并阻止威胁进一步扩散。该阶段典型的行为包括隔离和修复。这就需要具备实时报告、在线分析等能力，从而查清攻击是如何发起的。此外，还应通过 SIEM 对日志进行关联分析。最小权限粒度的策略和报告机制可以使用户和网络隔离开，并允许按照合适的权限访问敏感的信息，直到补救流程完成。

8.4 大数据安全分析

随着互联网、物联网、云计算等技术的发展，以及智能终端、网络社会、数字地球等信息体的建设以及普及，全球信息的数据量爆炸式地增长。数据规模的增加也对安全分析检测的技术提出了更高的要求。

8.4.1 大数据

大数据的特点可以总为 4V，即 Volume、Variety、Velocity 和 Value，即数据量大、数据来源丰富、速率高、价值密度低。为实现大容量、低成本、高效率的信息安全分析能力，将大数据分析技术应用于信息安全领域，以有效地识别各种攻击行为或发现安全事件，具有重大的实用价值。

目前，大数据安全分析在云计算安全中的典型应用是异常检测。异常检测一直是信息安全领域关注的重点，研究者们针对异常检测提出了许多方法，包括概率统计分析方法、数据挖掘方法、神经网络方法、模糊数学理论、人工免疫方法、支持向量机方法等。异常检测旨在检测不符合期望行为的数据，通过对系统异常行为的检测，发现未知攻击模式。

随着企业规模的增大和安全设备的增加，异常检测所需分析的数据量呈指数级增长。各种视频、音频、图片、邮件、HTML、RFID、GPS 和传感器不断产生大量数据，数据源丰富、数据种类多、数据分析维度广、生成的速度更快，且其中有大量非结构化的数据，如何采集、存储、检索，并对数据进行分析研究以从大量的数据中发现数据中存在的异常，同时确保处理的高效性、实时性等成为大数据分析的关键技术。

在大数据时代下，异常检测也面临着前所未有的挑战，主要包括：

1）大数据采集问题：海量的数据对异常检测系统的数据采集端口造成巨大的压力，应考虑如何提高采集效率，在确保采集数据的完整性以及将采集数据规模减小的同时，尽量不损失数据中的有效信息。

2）数据多样性带来的挑战：随着数据类型越来越多样化，不同来源的数据如何有效地进行关联以最终发现异常行为和潜在的威胁、非结构化的数据如何进行有效存储并抽取重要的信息，以及如何有效地检索分析所需要的数据都是大数据安全分析中的巨大挑战。

3）大数据分析问题：数据规模的膨胀，导致分析处理的时间相应地增加。在大数据的环境下，对数据处理的时效性要求高。当面对 PB 级别以上的数据时，线性或是 NlogN 复杂度的算法都无法满足数据处理的性能要求。而传统的数据挖掘在随着数据维度以及规模的增大时，对资源的需求增长巨大。面对大数据，异常检测分析需要更加有效的算法和新的解决方案。

8.4.2　大数据分析技术

大数据分析技术可将分散在不同设备、不同系统上的数据整合起来，通过高效的采集、存储、检索以及分析等多个阶段，对多个层面的数据进行关联分析，并构建异常行为分类预测模型。借助大数据安全分析方法，能够解决海量数据的采集和存储；结合机器学习和数据挖掘方法，可更好地应对新型复杂的异常行为和未知的风险，有效发现数据泄漏、DDOS 攻击、垃圾信息、APT 攻击等威胁，提升系统的安全性，以及防御的主动性。

目前大数据异常检测的处理形式主要是静态，数据的批量处理以及在线数据的实时处理。

1）**批量数据处理系统**：2003 年由 Google 公司研发的 Google 文件系统（GFS）以及 2004 年研发的 MapReduce 编程模型在学术界和工业界引起了巨大的反响。基于上述系统的开源文档，2006 年 Nutch 项目的子项目之——Hadoop 实现了两个开源产品：HDFS 以及 MapReduce。由 HDFS 负责数据的存储，而 MapReduce 将计算逻辑分配到各数据处理节点，进行数据的分析，成为了典型的大数据批量处理架构。

2）**流式数据处理系统**：2010 年，Google 推出了 Dremel，带领业界向数据的实时处理迈进。针对批量数据处理的性能问题，提出了实时数据处理，并将其分为流式数据处理和交互式数据处理两种模式。流式数据处理主要源于对服务器日志进行实时的采集，而交互式数据处理则是为了将 PB 级别的数据的处理响应时间降到秒级别。流式数据处理在业界已获得广泛应用，如 Apache 的 Nutch、Twitter 的 Storm、Facebook 的 Scribe、Cloudera 的 Flume 等。交互式数据处理则更灵活、直观且便于控制，其典型代表系统有 Berkeley 的 Spark 系统以及和 Google 的 Dremel 系统。

大数据的异常检测技术结合了云计算平台，可以运用深度学习、知识计算以及可视化等技术对数据的理解，辅助人们发现异常并合理决策。

1）**深度学习**：深度学习可以帮助人们将难以理解的底层数据特征进行更好的抽象，获得更有实际意义的特征，依次提高数据挖掘结果的精度。因此，是大数据异常检测分析的核心技术。

2）**知识计算挖掘深度**：每一种数据来源都无法单独描述所监控对象的全貌，只有对各种不同原始数据进行融合才能正确描述事物的状态。各种原始数据的相互关联之中往往隐藏着事物的本质和规律，应用知识计算可以将分散的数据融合成描述事物的完整性数据。如何基于大数据异常检测技术实现安全知识的感知是大数据异常检测技术的重大挑战。

3）**可视化技术**：在大数据异常检测分析中，利用可视化技术，通过对数据良好直观的展示，可以发现事物存在的状态、规律、存在的问题，并可展示数据分析结果，帮助安全人员发现异常。

8.4.3　大数据异常检测应用

大数据异常检测技术如今已广泛应用于系统的安全防护之中，其典型应用如下：

1. 基于用户行为大数据异常检测分析

中国移动针对垃圾短信、骚扰电话、诈骗电话等行为开展了基于大数据的不良信息治理工作。使用 Hadoop、HDFS、Pig、Hive、Mahout、MLlib 搭建大数据分析平台，采集用户数据构建相应的用户行为分析模型，将用户的行为相关数据输入到该分析模型中，可准确地发现违规的电话号码，并发现违规号码与正常号码之间行为的差异。通过对用户行为数据进行采集，构建用户多维度画像，可在海量数据中智能识别不良内容，达到对不良信息进行治理的目标。

2. 基于网络流量的大数据异常检测分析

对互联网出口流量进行旁路流量监控，应用 HDFS 进行存储，使用 Storm、Spark 等流式处理技术整理数据，能够分析互联网出口中存在的异常流量行为。通过采集 Netflow 的原始数据、路由器配置数据等信息，采用指纹分析、多维度分析、行为模式分析以及孤立点分析等方法，能够发现 CC 攻击、DDoS 攻击、Web 漏洞挖掘等行为。

3. 基于安全日志的大数据异常检测分析

基于安全日志的大数据异常检测分析主要是融合多种系统安全日志，进行基于数据融合的关联分析，构建异常行为模型，从而发现异常行为。主要的安全日志包含 Web 日志、IDS 设备日志、Web 攻击日志、IDC 日志、主机服务器日志、数据库日志、DNS 日志及防火墙日志等，通过对这些日志进行规则关联分析、攻击行为挖掘、历史溯源等方法来分析各种攻击行为。IBM QRadar 应用通过整理合并分散在网络中大量的设备端点的日志数据，将原始数据进行标准化，区别安全威胁与错误判断，与 IBM Threat Intelligence 相结合，维护潜在的恶意 IP 列表，并与系统漏洞与事件和网络数据相关联，对安全性事件的优先级进行划分等级。

4. 基于 DNS 的安全大数据异常检测分析

基于 DNS 的安全大数据分析主要是通过对 DNS 系统产生的实时流量、日志进行大数据异常检测分析，对 DNS 流量特征进行建模，根据 DNS 协议提取相应的特征（如 DNS 分组长、DNS 响应时间、发送频率、解析 IP 离散度递归路径、域名生存周期等），并构建异常行为模型，最终发现流量攻击，如 DNS 劫持、DNS 拒绝服务攻击、恶意域名、钓鱼网站域名等。

5. APT 攻击大数据分析

高级可持续性威胁（APT）攻击通过严谨的计划，针对特定的攻击对象进行长期的、有计划的研究与攻击，具有高度隐蔽性，其攻击路径难以确定，且攻击手段难以防范，已成为信息安全保障领域的巨大威胁。基于大数据异常检测技术，可收集被保护对象各种数据来源，提取系统的指纹、行为历史，并构建相应的知识库，集合大数据机器学习方法发现攻击，能够加强发现系统隐藏威胁的能力。

8.5 小结

物联网、云计算、大数据和智慧城市等相关新兴技术发展的同时，也带来了新的安全问题。新技术带来的威胁正在推动网络安全行业转型，网络安全服务向以数据分析为基础的平台化整体服务转变，从事后处置、事中应急，向事前预警靠拢，这一新技术形态被认为是未来的发展趋势。为了适应新技术的发展，为了应对新的风险和复杂威胁，应该通过可增强的网络安全能力服务来满足用户和业务的需求。

8.6 参考文献与进一步阅读

［ 1 ］ 梁建民 . 所有者为中心的网格资源共享研究［ D ］. 北京：中国科学院研究生院（计算技术研究所），2003.

［ 2 ］ 王曙，曾晓涛，伍思义 . PKI 中的常见信任模型（一）［ J ］. 计算机安全，2001（7）：71-78.

［ 3 ］ 汪曙 . PKI 信任模型的分析与实现［ D ］. 成都：西南交通大学，2005.

［ 4 ］ 沙瀛 . 一种新型证书及其公开密钥基础设施［ D ］. 北京：中国科学院计算技术研究所，2002.

［ 5 ］ 宋芬 . 安全电子邮件的相关协议和标准［ J ］. 网络新媒体技术，2006，27（5）：546-549.

［ 6 ］ 沈洁 . 局域网中构建一种基于 USBKEY 的安全电子邮件系统［ D ］. 上海：上海师范大学，2006.

［ 7 ］ 黄展鹏 . 基于批处理 RSA 算法的安全电子邮件技术方案［ D ］. 杭州：浙江大学，2005.

［ 8 ］ 华为："零信任网络"中"网络隔离网关"的最佳选择［ EB/OL ］. http://net.zol.com.cn/432/4324301.html.

［ 9 ］ 严挺 . 安全服务需要 MSSP［ N ］. 中国计算机报，2001.

［10］ 王越洋 . 浅析我国网络保险发展现状和发展对策［ J ］. 电子商务，2011（1）：24-25.

［11］ 许佳，周丹平，顾海东 . APT 攻击及其检测技术综述［ J ］. 保密科学技术，2014（1）：34-40.

［12］ 杜继华 . NGFW 如何防御 APT 攻击［ J ］. 中国金融电脑，2013（11）：88-88.

［13］ APT 攻击的那些事［ EB/OL ］. http://www.cnbeta.com/articles/tech/155808.htm.

［14］ 程学旗，靳小龙，王元卓等 . 大数据系统和分析技术综述［ J ］. 软件学报，2014（9）：1889-1908.

［15］ 张滨 . 大数据分析技术在安全领域的应用［ J ］. 电信工程技术与标准化，2015，28（12）：1-5.

## 第三部分

云计算服务的安全使用和云安全解决方案

第 **9** 章

安全地使用云计算服务

对云计算服务的用户而言，安全是他们考虑的重点之一。当用户的业务和数据迁移到云平台上之后，用户对它们的控制权就被弱化了，同时相对与传统模式下谁主管谁负责、谁运行谁负责的原则也不再适用。本章首先将介绍云计算服务中的角色与责任，并站在用户的角度介绍如何在使用云计算服务过程中对重要信息进行有效地防护。

9.1 云计算服务中的角色与责任

传统模式下，按照谁主管谁负责、谁运行谁负责的原则，信息安全责任的界定相对清楚。在云计算模式下，云计算平台的管理和运行主体与数据安全的责任主体不同，对责任如何界定缺乏明确的规定。不同的服务模式、部署模式和云计算环境的复杂性也为划分云服务商与客户之间的责任增加了难度。云服务商可能还会采购、使用其他云服务商的服务，如提供 SaaS 服务的云服务商可能将其服务建立在其他云服务商的 PaaS 或 IaaS 之上，这种情况导致责任更加难以界定。

因此，需要在云计算服务中划分参与的角色，分析各角色活动之间的关联关系，以此来确定各角色的责任。

9.1.1 主要角色

角色是云计算活动中一组具有相同目标的集合，他们可以是组织机构、个人或者实体，在云环境中，他们彼此交互并履行各自的职责。参照我国 GB/T 31167—2014《信息安全技术 云计算服务安全指南》国家标准的定义，在云计算服务中，主要角色主要包括以下三类：

1）云服务商：为确保客户数据和业务系统安全，云服务商应先通过安全评估，才能向客户提供云计算服务；应积极配合客户的运行监管工作，对所提供的云计算服务进行运行监控，确保持续满足客户安全需求；合同关系结束时应满足客户数据和业务的迁移需求，确保数据安全。

2）客户[⊖]：从已获得安全能力认可的云服务商中选择适合的云服务商。客户需承担部署

或迁移到云计算平台上的数据和业务的最终安全责任；客户应开展云计算服务的运行监管活动，根据相关规定开展信息安全检查。

3）第三方评估机构：对云服务商及其提供的云计算服务开展独立的安全评估。

9.1.2　角色关系模型

在云计算服务中划分的各个角色并不是相互独立的实体，他们通过服务的提供、管理或者是评估等各种交互活动来产生相互的关联关系。

云计算服务中各角色的关系模型如图 9-1 所示。其中云服务商和客户之间是云计算服务的提供与使用的关系。第三方评估机构对云服务进行评估，为客户选择云计算服务提供依据。

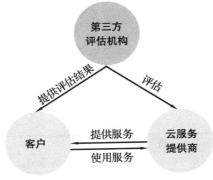

图 9-1　云计算服务中角色关系模型

9.2　客户的责任与管理义务

传统观点认为，用户将自己的业务部署在云上，云服务商有义务保证用户数据安全。但事实上，由于用户部署的业务类型多样，架构比较灵活，为每个用户提供完整的安全解决方案并不是云服务商所关注和擅长的领域。目前比较理想的云安全责任模型当中，用户和云服务商负责的安全领域不同，两者责任共担，责任关系大致如图 9-2 所示。

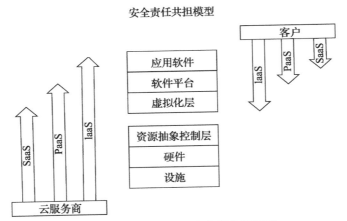

图 9-2　云计算中的安全责任共担模型

云服务商负责管理云本身的安全，但是用户云空间内部的安全则由用户自己负责。用户可以控制选择实施哪种安全措施来保护自己的内容、平台、应用程序、系统和网络。安全管理责任并不会因为计算环境发生变化而发生转移，在传统计算环境中需要面对的安全问题，在云计算环境下同时存在。因此，无论 IaaS、PaaS、还是 SaaS 模式，安全责任总是分为两部分，一部分由云服务提供商承担，另一部分则由云上用户来承担。

最终，安全责任共担也许就是一种合理的方式：

1）对 IaaS 服务来说，云服务商需保障物理、网络和虚拟化层面的安全，而用户需要保障操作系统、应用程序和数据的安全。

2）对 PaaS 服务来说，操作系统安全也由云服务商负责，用户只需要负责应用程序和数据安全。

3）对 SaaS 服务来说，用户要负责的就是数据安全，而其他所有的部分都是云服务商的保障范围。

针对上面的安全责任共担模型，云计算安全措施的实施责任被划分为 4 类，如表 9-1 所示。

表 9-1　安全措施的实施责任

责　　任	示　　例
云服务商承担	在 SaaS 模式中，对云平台上的软件进行定期更新升级
用户承担	在 IaaS 模式中，云平台用户对自己安装软件的行为进行审计
云服务商和用户共同承担	云服务商的应急响应行动应该和用户共同联动，用户有配合云服务商应急响应的义务
其他组织承担	云服务商或者用户使用第三方提供的服务时，服务的提供和监管由对应第三方负责

对于公共云而言，安全责任共担模式是其赖以生存的基石，同时也是抵抗黑客攻击的最有效策略。攻击者从不考虑安全漏洞的归属，但防御方却需要具备相应的识别和处置的能力。

对云服务商而言，数以万计的云上用户安全保障需求不断变化，驱使着其安全团队将底层安全能力进行持续提升，与此同时云上用户安全能力参差不齐，如何为每一个用户提供合适的安全服务也是云安全生态建设要解决的核心问题。

9.3　客户端的安全

为了提高客户使用云计算服务的便捷性，大部分云服务提供商针对自家的云计算服务发布了客户端，但这些客户端面临着以下的安全问题：

1）客户端自身的漏洞与缺陷。由于匆忙上马新技术、赶进度等原因，发布的客户端可能存在着被恶意用户利用的漏洞或缺陷。

2）客户端运行环境不安全。由于用户安装和使用客户端的设备的状态是不可控的，其安全防护措施也良莠不齐，这就为敌手攻击移动客户端提供了方便。

3）数据传输、存储过程的安全问题。客户端需要通过公共网络接入云计算服务的，在此过程中传输的数据均存在被敌手攻击或窃取的可能性。此外，相关数据也可能被缓存在安装客户端的设备上，这也增加了数据被窃取或篡改的可能性。

在近些年移动互联网迅速发展的大背景下，移动客户端在被客户广泛接受的同时也面临着许多安全风险，主要包括网络传输风险、软件安全风险和数据安全风险：

1）网络传输风险。移动客户端通过移动通信网络或者 WLAN 无线广域网方式接入云计算服务平台，由于在数据传输过程中容易被第三方监听、拦截甚至篡改传输数据，故存在较大的安全风险。移动客户端本地存储的用户名、密码和个人内容等鉴别信息，可能被类似黑客软件之类的程序读取，也存在较大的安全风险。

　　2）软件安全风险。主要包括：

- 病毒和恶意软件威胁。移动客户端可能会遭受外部病毒、恶意软件的攻击而造成移动客户端不可用或数据泄露。
- 移动客户端被篡改。攻击者利用反编译等方法，对客户端应用程序内部关键信息进行篡改，造成客户端应用程序无法正常工作，甚至给用户个人权益造成损害。

　　3）数据安全风险。主要包括：

- 敏感信息泄露，造成用户个人隐私泄露或被窃取。
- 手机客户端缓存的敏感信息泄露或被窃取。

针对上述安全风险，移动客户端可以使用如下安全保护措施：

1）启用 HTTPS、SSL 等协议加密通信链路或使用加密算法加密通信数据。

2）对移动客户端进行版本完整性校验。

3）对移动客户端程序加入反逆向工程分析措施，如代码混淆等。

4）对客户端应用程序缓存数据严格分类。

5）对敏感信息存储位置和路径进行严格规范。

6）对本地缓存的敏感信息数据进行加密存储。

9.4　云账户管理

　　客户购买了云资源后，客户组织里有多个用户需要使用这些云资源，这时存在如下问题：客户的密钥由多人共享，泄露的风险很高；客户无法控制特定用户能访问哪些资源。通过云账户管理，客户可以集中管理用户以及控制用户可以访问资源的权限。

9.4.1　账户管理

　　在云计算系统账号管理方面，可通过对云计算用户账号进行集中维护管理，为实现云计算系统的集中访问控制、集中授权、集中审计提供可靠的原始数据。

　　1）云计算用户账号访问控制需遵循如下要求：根据"业务需要"原则，严格控制访问和使用用户账户信息，任何云计算用户都只能访问其开展业务所必需的账户信息，防止未经授权擅自对账户信息进行查看、篡改和破坏。应至少采用口令、令牌（如 Secure ID、证书等）、生物特征中的一种方式验证访问账户信息的人员身份。

　　2）给每个有权访问账户信息的系统用户分配唯一的用户账号，并采取以下管理措施：

①在添加、修改、删除用户账号或操作权限前，应履行严格的审批手续。

②用户间不得共用同一个访问账号及密码。

　　3）对用户密码管理采取下列措施，降低用户密码遭窃取或泄露的风险：

①对不同用户账号设置不同的初始密码。用户首次登录云计算系统时，应强制要求其更改初始密码。

②用户密码长度不得少于6位，应由数字和字符共同组成，不得设置简单密码。

③对密码进行加密保护，密码明文不得以任何形式出现。

④云计算系统强制要求用户定期更改登录密码，修改周期最长不得超过3个月，否则将予以登录限制。

⑤重置用户密码前必须对用户身份进行核实。

4）应对用户账号登录加以控制，以保障系统中的信息安全：

①云计算系统登录连续失败达到5次的，应暂时冻结该用户账号。经云计算系统管理员对用户身份验证并通过后，再恢复其用户状态。

②用户登录云计算系统后，工作暂停时间达到或超过10分钟的，云计算系统应要求用户重新登录并验证身份。

5）用户账号在整个传输过程和云计算平台系统中必须加密。用户账户信息在传输过程中，也需采取足够的安全措施保障信息安全：

①账户信息通过互联网或无线网络传输时，必须进行加密或在加密通道中传输（如SSL、TLS、IPSec）。

②对于无线方式传输账户信息的，应使用WiFi保护访问技术（WPA或WPA2）、IPSec VPN或SSL/TLS等进行加密保护。

③禁止通过电子邮件传输未加密的用户账号信息。

6）应注意对云计算用户账户信息的销毁。对于以下保存到期或已经使用完毕的账户信息，均应建立严格的销毁登记制度：

①因业务需要存储使用的账号信息、有效期、身份证件号码。

②纸张、光盘、磁带及其他可移动的数据存储载体等介质中存储的账户信息。

③报废设备或介质中存储的账户信息。

④其他超过保存期限需销毁的账户信息。

7）用户账户信息的销毁应符合以下要求：

①对于所有需销毁的各类云计算账户信息，应在监督员在场情况下，及时妥善销毁。

②对于不同类别账户信息的销毁，应分别建立销毁登记记录。销毁记录至少应包括使用人、用途、销毁方式与时间、销毁人签字、监督人签字等内容。

9.4.2 阿里云账户管理最佳实践

在企业创建之初，企业对云资源的安全管理要求不高，可以接受使用一个访问密钥（AccessKey）来操作所有资源。但随着时间推移，初创企业成长为大型的公司，或是大型企业客户迁移上云，他们的组织结构更加复杂，对云资源的安全管理需求非常强烈。为解决这一需求，某些企业客户采用将云账号的登录密码或访问密钥交给员工们使用这样简单直接的办法，但这种解决办法带来的安全问题十分严重：

- 密钥泄露的风险高。
- 无法限制用户的操作权限，很容易产生误操作。

针对上述需求，国内外云服务提供商都为用户提供了解决方案。下面以阿里云的 RAM 服务为例，介绍阿里云账户管理最佳实践。

1. RAM 简介

RAM 是阿里云为客户提供的集中式用户身份与访问控制管理服务。与阿里云提供的其他服务类似，RAM 被抽象成云账户下的一种资源，但在每个云账户下只允许存在一个 RAM 实例。

如图 9-3 所示，它展现了 RAM 与其他云服务之间的关系。

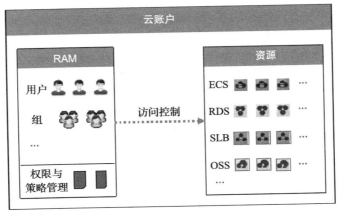

图 9-3　云账户下的资源关系图

通过 RAM，企业可以在其云账号下创建并管理多个用户，每个用户都有唯一的用户名、登录密码或访问密钥。RAM 用户有时也被称为子账号，它是代表任意的通过控制台或 OpenAPI 操作阿里云资源的人、系统或应用程序。通过 RAM，还可以控制用户对基础设施云服务的访问权限，实现角色分离和最小特权的安全最佳实践。

云账户与 RAM 用户的关系如下：

- 从归属关系上看，云账户与 RAM 用户是一种主从关系。云账户是阿里云资源归属、资源使用计量计费的基本主体。RAM 用户只能存在于某个云账户下的 RAM 实例中。RAM 用户不拥有资源，在被授权操作时所创建的资源归属于主账户；RAM 用户不拥有账单，被授权操作时所发生的费用也计入主账户账单。
- 从权限角度看，云账户与 RAM 用户是一种 root 与 user 的关系（类比 Linux 系统）。Root 对资源拥有一切操作控制权限，而 user 只能拥有被 root 所授予的某些权限，而且 root 在任何时刻都可以撤销 user 的权限。

2. RAM 实践

下面通过一个案例介绍阿里云的 RAM 服务的实现方法。

假设公司 X 的管理者已为公司注册了云账号（company-x@aliyun.com），并购买了基础设施服务 ECS、RDS 和 OSS。自从公司上云之后，业务发展迅猛，团队不断壮大，云资源越来越多。但是资源操作和管理都是使用一个大账号，安全问题越来越突出。

假设 X 公司组织结构如图 9-4 所示，有 HR、研发和运维三个部门。HR 只能管人，研发人员只能使用资源，而运维人员可以管理资源（比如启停虚拟机）。下面我们看看如何使用 RAM 来实现对资源访问的安全管理。

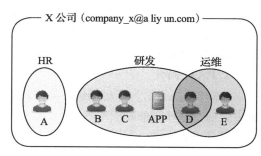

图 9-4   X 公司组织构架

（1）给主账号开启多因素认证

考虑到之前可能已经将主账号密码与他人分享，密码泄露的可能性较高。强烈建议给主账号开通多因素认证（Multi-Factor Authentication，MFA）。阿里云账号已经支持标准的虚拟 MFA，它是一种可以安装在移动设备（如智能手机、智能手表）上的应用程序，使用起来非常方便。当在账号中心启用虚拟 MFA 功能之后，用户登录阿里云平台时，除了校验用户名和密码（第一安全要素），系统还会要求提供由虚拟 MFA 应用程序所产生的动态安全码（第二安全要素）。多重要素结合起来可以为账户提供更高的安全保护。

（2）创建用户并给用户分组

根据上述的组织结构，需要分别给员工 A、B、C、D、E 创建不同的用户账号，再给应用 APP 创建一个用户账号。然后创建三个组，分别对应 HR、研发和运维组，再将不同用户添加到合适的组中去（注意，用户 D 是同时属于研发组和运维组）。

进一步，根据不同用户的需要，分别为他们设置登录密码或访问密钥。对于应用 APP 而言，它只可能通过 OpenAPI 访问云资源，所以只需要给它创建访问密钥即可。而对于员工而言，如果只需要通过控制台操作云资源，那么就只给他设置登录密码即可。

再进一步，考虑到运维操作一般都是特别敏感，用户可能担心运维人员的账号密码泄露会带来巨大的风险，那么可以分别为这些账号设置登录时强制多因素认证，而且可以将账号密码和多因素认证设备交给不同的人员分开保管，从而做到必须两人同时在场时才能完成某些操作，进一步保障了安全。

（3）给不同用户组分配最小权限

RAM 提供了多种系统授权策略模板供用户选择使用。比如，需要给运维组授予对 ECS、RDS 的所有操作权限，给研发组授予对 ECS、RDS 的只读操作权限以及对 OSS 的所有操作权限，给 HR 组授予对 RAM 用户管理操作权限。

如果 RAM 默认提供的系统授权策略模板对资源的控制粒度不够精细，那么用户也可以在 RAM 中自定义授权策略模板。自定义授权策略可以支持非常精细的访问控制粒度，比如精确定义 API 操作名称和资源实例名称；也可以支持多种条件限制操作表达式用于实现对资源操作方式的灵活控制，比如限制操作者的源 IP 地址。自定义授权策略可以满足用户对资源访问控制粒度的诸多苛刻需求，从而满足用户对"最小授权（只授予满足用户需要的最小权限）"的完美实施。

以条件授权为例，如果用户担心研发人员密钥泄露而导致公司的 OSS 数据泄露到公司外部，那么可以在给研发组授权访问 OSS 数据时附加限制条件，比如要求必须在公司（使用 acs:SourceIP 条件表达式）并且在上班时间段（使用 acs:CurrentTime 条件表达式）才能操作 OSS。

（4）员工换岗、入职与离职的处理

当员工从一个岗位换到另一个岗位之后，只需要将对应的用户账号从一个组移到另一个组。如果有员工入职，那么只需为新员工创建新的用户账号，设置登录密码或访问密钥，然后添加到相应的用户组。如果是离职，那么只需在 RAM 控制台中执行用户删除操作即可，RAM 会自动删除用户的所有访问权限。

（5）使用 STS 给临时用户授权

有些用户（人或应用程序）可能并不经常访问云资源，只是偶尔需要访问一次，我们称这些用户为"临时用户"。可以通过 STS（Security Token Service，它是 RAM 的一个扩展授权服务）来为这些用户颁发访问令牌。颁发令牌时，可以根据需要来定义令牌的权限和自动过期时间。

使用 STS 访问令牌给临时用户授权的好处是让授权更加可控。这时，不必为临时用户创建一个 RAM 用户账号及密钥，因为 RAM 用户密钥都是长期有效的，但临时用户并不需要长期的资源访问。

此外，也可以授权允许一个 RAM 用户使用 STS 服务颁发访问令牌，以实现对 RAM 用户的进一步分权。

（6）让主账号"好好休息"

当企业员工和应用系统都开始使用 RAM 用户账号之后，将不必再使用主账号去做日常工作了。为了降低主账号泄露的风险，建议不要为主账号创建访问密钥，并且将主账号密码和多因素认证设备都放在公司的保险柜里，让它"好好休息"。

9.5 云操作审计

操作审计应该记录租户的云账户资源操作，提供操作记录查询，并可以将记录文件保存到租户指定的位置。利用操作审计保存的所有操作记录，租户可以实现安全分析、资源变更追踪以及合规性审计。

操作审计应该收集云服务的 API 调用记录（包括用户通过控制台触发的 API 调用记录），规格化处理后将操作记录以文件形式保存到指定的存储位置。用户还可以使用数据库提供的所有管理功能来管理这些记录文件，比如授权、开启生命周期管理、归档管理等。

9.5.1 云操作审计的关键技术

云计算环境下，操作审计系统的关键技术主要有以下几种：

1. 大规模分布式系统操作日志收集

在大数据时代，互联网上的服务通常都是通过大规模的集群来实现的。这些互联网服务可能部署在不同的软件模块、分布在成千上万的服务器，甚至横跨几个数据中心。日志的收集及后续的分析为保证服务的可用、监测服务的正常运行、检查错误发生的原因、追溯攻击等提供了保障。

日志收集是大数据的基石，其主要工作在于采集业务运行中产生的日志数据，以供后续的离线和在线分析，日志收集应该具有高可用性、高可靠性和可扩展性等基本特征。

目前比较常见的开源日志收集系统主要有 Flume、Scribe、Kafka 以及 Chukwa，其对比如表 9-2 所示。

Flume 是 Cloudera 提供的一个分布式、高可靠性的系统，它能够将不同数据源的海量日志数据高效地收集、聚合起来，然后进行存储。从之前的 Flume OG 到现在的 Flume NG，进行了架构重构，重构后的 Flume NG 更像一个轻量级的小工具，操作简单，能适应各种方式的日志收集，并且支持失效备援和负载均衡。

Scribe 是 Facebook 的开源日志收集系统，并且在 Facebook 内部进行了大量应用。Scribe 也能从多种日志源进行日志采集，然后存储到中央存储系统中（可以是 NFS、分布式文件系统等）。Scribe 为日志的分布式收集、统一处理提供了一个高容错、可扩展的方案。Scribe 从各种数据源上收集数据时，会先将数据放到一个共享的队列上，然后 push 到后端的中央存储系统。当中央存储系统出现故障时，Scribe 可以暂时把日志写到本地文件，等中央存储系统恢复性能后，Scribe 再把本地日志续传到中央存储系统。

Kafka 是由 LinkedIn 开发的一个分布式、可水平扩展、高吞吐量率的消息系统，使用 Scala 编写实现。它可以简单地把 Kafka 理解为日志集群，各种各样的服务器将它们自身的日志数据发送到集群中进行汇总和存储。

Chukwa 也是一个数据收集系统，构建在 HDFS 和 MapReduce 框架之上，并继承了 Hadoop 优秀的扩展性和健壮性。它可以将各种各样的数据收集成适合 Hadoop 处理的文件，然后保存在 HDFS 中，以供 Hadoop 进行各种 MapReduce 操作。

2. 数据存储

数据存储是指通过一个文件系统或者数据库，将数据存储在磁盘上。在这个过程中，需要关注到索引数据的存储、存储对象空间的分配、新旧对象交替产生存储碎片等问题。

日志数据的存储通常具有以下特点：

- 数据量大，每天可能将产生几 GB 的业务数据。
- 写频繁，而读并不频繁。
- 统计服务是非实时的，可以任务化。
- 不需要绝对的数据一致性。

在大规模分布式系统的日志存储中，以前的基于消息队列的日志系统越来越难满足当前的业务需求，而业界也对此进行了重新设计，产生了比较成熟的基于流式的处理，采用 Flume 收集日志，发送到 Kafka 队列进行缓存，通过 Storm 分布式实时处理。在整个过程中，短期的数据可以存储在 HBase、MongoDB 中，长期数据可以存储在 Hadoop 中。

表 9-2 开源日志收集系统对比

日志收集系统	Flume	Scribe	Kafka	Chukwa
公司	Cloudera	Facebook	Linkedin	Apache/Yahoo
开源时间	2009.7	2008.10	2010.12	2009.11
实现语言	Java	C/C++	SCALA	Java
容错性	Agent 和 Collector, Collector 和 Store 之间均有容错机制, 并且提供了三种级别的可靠性保证	Collector 和 Store 之间有容错机制, 但是 Agent 和 Collector 之间的容错需要用户自己实现	Agent 可以通过 Collector 自动识别机制获取可用 Collector, Store 自己保存已经获取数据的偏移量, 一旦 Collector 出现故障, 可根据偏移量继续获取数据	Agent 定期记录
负载均衡	使用 Zookeeper	无	使用 Zookeeper	无
可扩展性	好	好	好	好
Agent	提供了丰富的 Agent	Thrift Client, 需自己实现	用户需根据 Kafka 提供的 low-level 和 high-level API 自己实现	自带一些 Agent, 如获取 Had-oop logs 的 Agent
Collector	系统提供了很多可直接使用的 Collector	Thrift Server	使用 Sendfile, zero-copy 等技术提高性能	—
Store	支持 HDFS	支持 HDFS	支持 HDFS	支持 HDFS
总体评价	非常优秀	设计简单, 易于使用, 但负载均衡方面不够好	设计架构 (push/pull) 非常巧妙, 适合异构集群, 但产品较新, 稳定性有待验证	属于 Hadoop 系列产品, 直接支持 Hadoop, 目前版本升级比较快, 但还有待完善

HBase 是一个开源的非关系型分布式数据库，作为 Apache Hadoop 项目的一部分，它参考了 Google 的 BigTable，采用 Java 实现，其对应关系如表 9-3 所示。

表 9-3 Big Table 与 HBase 的对应关系

	Big Table	HBase
文件存储系统	GFS	HDFS
海量数据处理	MapReduce Hadoop	MapReduce
协同服务管理	Chubby	Zookeeper

HBase 适合存储非常稀疏的数据，即非结构化或者半结构化的数据。HBase 之所以适合存储日志数据，主要有两方面的原因：一方面，HBase 的修饰符相当灵活，可以动态创建，适应于日志这种标签不固定的半结构化数据；另一方面，HBase 属于 Hadoop 的生态体系，这为后期的离线分析、数据挖掘提供了便利。

尽管对于海量数据更多的是采用 HBase 技术来解决，但是对于小规模的系统，MongoDB 能够提供一种整体开发代价比较小和易用的方案。

MangoDB 提供了分片机制，在实际使用过程中，注意设计上的技巧，可以让系统效率更高。首先，要避免 MangoDB 中的数据和日志文件占用比较大的存储空间，一方面，对 Json 数据中的 Key 值，应尽量采用简短的描述，以节省空间；另一方面，MongoDB 的锁基于数据库，所以日志需要考虑使用独立的 Database 实例，甚至独立的 MongoDB 进程，总之在设计数据的模式时，需要进行权衡。其次，需要注意分片 key 的设计，MongoDB 提供了 compound shared keys（复合共享键）的特性，所以可以选取日志数据中常用到的自然数据，结合一个 Hash 产生的值作为一个复合的 Key，从而使分布的随机性以及读取性能得到保障。最后，还需要注意维护日志的数据总量，在使用纯文本文件记录日志时，通常会采用轮循（rotate）的方式，避免单个文件过大，以便于定期清理陈旧的日志数据。在 MangoDB 里，可以通过 Capped Collection 和 TTL Collection 的特性来限制数据总量大小。

3. 面向目标的数据分析

随着云计算环境下服务的不断增加，各式各样的服务每天都会产生大量的日志数据。随着海量级别的数据信息逐渐增多，如果使用传统的技术架构来进行数据分析，在时间效率和可靠性上，都不能够满足当前云计算环境下对目标数据的分析需求。企业级的服务器每天都会产生大量的变化的数据信息，这就需要有一种能够对这些海量数据进行管理、分析，并且发掘出其中有效信息的方法。

传统的对日志数据的分析方式主要是根据数据库中的数据信息，结合数据挖掘的相关算法对其进行分析处理，从而筛选出有用的信息并交由数据分析的专业人员进行分析。这种基于数据库来对数据进行分析的方法，在分析少量数据时较为可靠，其分析速度也可以让人接受。但是针对于云环境下存在的大量数据，采用传统数据分析的方法会消耗大量的时间，效率低下并且分析结果也往往不尽人意因此，针对这样的情况，通常采用分布式存储和并行计算的方法来对云环境下海量数据进行分析处理。

现阶段流行的日志数据分析工具有很多，大部分日志数据分析工具都能够从日志记录当中挖掘出较多的信息，但是能对这些数据信息进行有效分析，使其可读并可以友好地进行图形展示分析结果的工具较少。表 9-4 中列举了常用日志分析工具和它们的优缺点。

表 9-4 常用日志分析工具的优缺点

名　　称	优　点	缺　点
AWStats	支持多语言浏览；配置简单，不需要本地编译安装；支持 Windows、UNIX、Linux 等操作系统；软件版本更新快	缺少对内容的深入分析；对搜索引擎和关键词分析深度不够（较于 WebTrend）；运行速度慢（较于 Webalizer）；缺少访问次数等关键统计项目
Webalizer	运行速度快；可跨平台运行；提供图文的基本报告	需要在本地编译安装；不支持中文报告；软件版本更新不及时
WebTrends	支持 pagetag 数据采集；数据分析报告全面；监测过程安全保密	费用较高，对小型公司不太适用
Deep Log Analyzer	分析内容完善；报告图形丰富	对于免费版支持功能有限；运行速度较慢；不支持中文

9.5.2　云操作审计典型场景

1. 安全分析

当租户云账号或资源存在安全问题时，操作审计所记录的日志将能帮助租户分析原因。比如，操作审计会记录租户的所有账号登录操作，包括何时、从哪个 IP、是否使用多因素认证登录等都有详细记录，通过这些记录，租户可以判断某些用户的账号是否存在安全问题。

2. 资源变更追踪

当租户的资源出现异常变更时，操作审计所记录的操作日志将有助于找到原因。比如，当租户发现一台虚拟机实例停机，它可以通过操作审计找到是哪个用户、何时、从哪个 IP 发起的停机操作。

3. 合规性审计

如果租户的组织有多个成员，而且租户已经使用运系统的访问控制服务来管理这些成员的身份，那么为了满足租户所在组织的合规新审计需要，租户需要获取每个成员的详细操作记录。操作审计所记录的操作事件将能满足这种合规性审计需求。

9.5.3　阿里云操作审计最佳实践

1. 创建 ActionTrail（操作审计）服务

进入阿里云（www.aliyun.com），可以在产品列表中找到 ActionTrail（操作审计）产品，然后申请开通。

创建 ActionTrail 时，需要指定一个 Trail 名称。由于 ActionTrail 会将日志保存到用户的 OSS 存储中，所以创建 Trail 时，需要开通 OSS 服务，并且授权 ActionTrail 服务能操作其 OSS 存储空间。如图 9-5 所示。

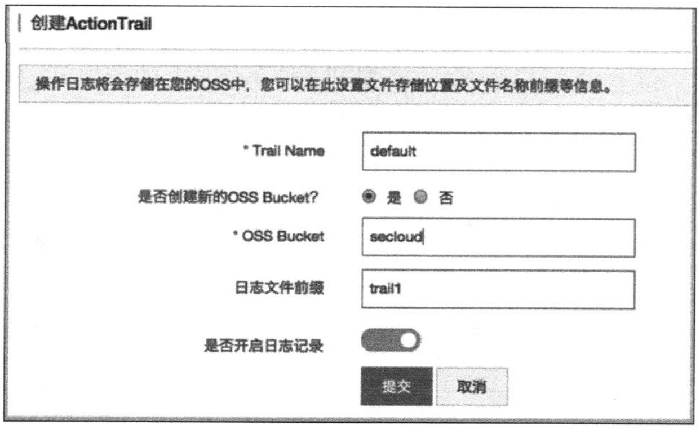

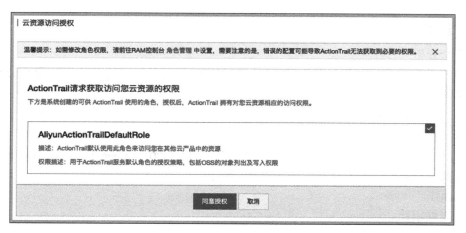

图 9-5　创建 ActionTrail

2. 授权 ActionTrail 服务操作用户的 OSS 存储空间

当首次创建 ActionTrail 时，如果用户没有给 ActionTrail 服务授权操作 OSS，那么系统会要求用户授权。如图 9-6 所示。

图 9-6　授权 ActionTrail 服务操作您的 OSS 存储空间

用户需要单击"同意授权"，否则 ActionTrail 将没有操作用户 OSS 的权限。

3. 修改 ActionTrail 的配置

创建 ActionTrail 之后，用户仍然可以通过 ActionTrail 控制台来修改 OSS Bucket 名称。修改 Bucket 之后，新的操作记录将写入新的 OSS Bucket。

4. OSS 存储路径格式

OSS 存储路径格式如下：

```
oss://<bucket>/< 日志文件前缀 >/AliyunLogs/Actiontrail/<region>/< 年 >/< 月 >/< 日 >/
< 日志数据文件 >
```

比如，保存在 OSS 的一个存储文件路径如下：

```
oss://mybucket/auditing/AliyunLogs/ActionTrail/cn-hangzhou/2015/12/16/xxx.gz
```

操作日志是以压缩格式保存到 OSS Bucket 中的一个压缩文件的大小不超过 2KB，它是一个 json 格式的操作记录列表。

用户可以通过 E-MapReduce 服务来分析保存在 OSS 中的操作记录，也可以自行授权第三方日志分析服务来分析操作记录。

5. 查看历史操作事件

打开 ActionTrail 控制台，进入"历史事件查询"，可以看到最近 7 天的操作记录，如图 9-7 所示。

图 9-7　查询 ActionTrail 历史事件

单击每行操作记录，可以展开该记录的详细信息。从中可以看到操作时间、用户名、事件名称、资源类型和报错记录等。用户还可以使用过滤器来查询操作日志。过滤器支持对"用户名""事件名称""资源类型""资源名称"，以及"时间范围"进行条件过滤查询。

9.6　云应用安全

对部署在云环境上的应用进行安全防护，主要分为安全开发、应用防火墙、渗透测试和安全众测等部分。

9.6.1 安全开发

在进行开发的过程中，遵循安全开发生命周期（SDL）开发应用，可以有效提高应用的防御能力。传统的安全开发生命周期如表 9-5 所示。

表 9-5 安全开发生命周期

阶　段	具体内容
安全培训	·核心安全培训
安全要求	·确定安全要求 ·创建质量门 /Bug 栏 ·安全和隐私风险评估
开发设计	·确定设计要求 ·分析攻击面 ·威胁建模
开发实施	·使用批准的工具 ·弃用不安全的函数 ·静态分析
安全验证	·动态分析 ·模糊测试 ·攻击面评析
产品发布	·事件响应计划 ·最终安全评析 ·发布存档
时间响应	·执行事件响应计划

在安全开发生命周期的各个阶段都有相应的安全任务。这些任务如果未完成，则意味着该阶段的安全问题或风险没有解决，一旦不予解决并带给下一阶段，将最终带入生产环境。通过安全开发生命周期的流程保障，可以确保不将问题、风险、缺陷带给下一阶段。

安全开发生命周期在大型公司的产品开发中都有广泛应用，以阿里云为例，其安全云产品的开发生命周期主要包括：安全培训、需分设计、安全开发、安全测试和发布应急五个阶段。

9.6.2 Web 应用防火墙

为了对应用的安全进行防护，我们还建议引入 Web 应用防火墙来保证应用安全。但引入 Web 应用防火墙后，其本身可能带来的安全威胁也十分值得重视，如表 9-6 所示。

表 9-6 Web 应用防火墙安全威胁

安全问题	具体内容
防数据泄露	防御 OWASP 常见威胁，包括 SQL 注入、核心文件非法访问、路径穿越等
网站隐身	隐藏网站真实地址、构造强大防御体系使攻击者无从绕过
阻拦恶意访问	针对恶意消耗资源的访问进行封禁，可对固定 IP、地区等进行一键阻断
大数据威胁情报	构建恶意 IP 库、恶意样本库，0Day 挖掘
自定义业务防护	针对 HTTP 常见头部字段组合防护策略，打造业务专属防护、如盗链、管理后台保护
0day 漏洞补丁热修复	针对常见 Web 服务器、插件的漏洞、攻防团队定期及时更新防护规则

9.6.3 渗透测试

在应用上线前，对应用进行不以破坏为目的的渗透测试，可以有效发现应用中存在的安全隐患和漏洞。

1. 测试目的

- 发现客户业务环境中可能被黑客利用的漏洞
- 对漏洞实施真实的攻击，验证漏洞危害级别

2. 测试手段

- 以黑客的视角，用黑客的工具和方法进行测试
- 只进行安全性评估，不进行破坏

3. 测试范围

- 操作系统漏洞、网络漏洞
- Web 应用漏洞、常见服务漏洞
- 安全管理漏洞、员工安全意识漏洞

4. 测试过程

- 信息收集：对应用相关信息进行收集，主要包括其域名 IP 信息、社工信息、网络 / 端口信息等。
- 漏洞探测：包括系统 / 服务漏洞扫描、Web 应用漏洞扫描、手工探测和业务漏洞分析。
- 漏洞利用：利用发现的漏洞进行不以破坏为目的的攻击，包括远程溢出、SQL 注入 / XSS、网络嗅探、定向欺骗和暴力破解等。
- 扩大攻击范围：利用已发现的漏洞进行本地权限提升、木马上传、数据获取和痕迹清理等。

此外，渗透测试的过程并非完全固定的。在此过程中，有经验的测试人员会根据实际测试情况随机应变，随时调整测试方案。

9.6.4 安全众测

在应用开发完成后，正式上线之前，进行安全众测可以高效地发现应用漏洞。用户部署在云环境上的应用，可以通过云服务提供商提供的安全众测服务进行安全漏洞的检测。此外，用户可以自主设定测试范围和奖励计划，云服务提供商根据测试漏洞的效果进行收费。用户还可以邀请可信任的第三方白帽子和安全公司参与测试。当检测出漏洞后，需要对漏洞进行审核并修复。待修复完成后，再对该漏洞进行复测，保证应用的安全性。另外，进行安全众测还能定期对部署应用的用户提供安全报告。

9.7 云系统运维

传统 IT 环境下，所有 IT 基础设施和数据都由用户自己掌控，对公网的暴露面也更小，

而公共云的运维管理工作必须通过互联网完成，这和传统 IT 环境运维有很大不同，也将面临更多的安全风险。为保证云运维安全，主要的解决方案有：

- 网络隔离及加密运维通道

使用 VPC 网络构建一个隔离的网络环境，用户可以完全掌控自己的虚拟网络，包括选择自有 IP 地址范围、划分网段、配置路由表和网关等。从运维安全的角度出发，使用 VPC 网络还需要再对 VPC 网络内部网段进行划分，一般建议分为三个网段：互联网应用组、内网应用组、安全管理组。三个网段之间采用安全组隔离，并设置相应的访问控制策略，限制所有实例 SSH、RDP 等运维管理端口只允许安全管理组访问。

使用 VPN 构建运维工作地到云端的加密运维通道，保证运维流量不被劫持。运维使用的 VPN 一般建议采用 L2TP/IPSEC VPN，可以采用 Site To Site 或拨号两种模式。如果有大量运维人员在固定办公地点办公，可以使用 Site to Site 模式，建立一条从运维办公地到公共云的长连接加密通道，公共云上的安全管理组网段就相当于本地运维网络的延伸。如果运维人员较少并且经常移动办公，可以采用拨号 VPN 的模式，需要运维时再拨号连入安全管理组网段。当然也可以同时采用这两种模式，兼顾固定地点和移动办公运维。当使用拨号模式 VPN 时，应启用双因素认证，配合数字证书或动态口令令牌使用，以提高 VPN 接入安全性。

- 云堡垒机

堡垒机的理念起源于跳板机。2000 年左右，高端行业用户为了对运维人员的远程登录进行集中管理，会在机房里部署跳板机。跳板机就是一台服务器，维护人员在维护过程中，首先要统一登录到这台服务器上，然后从这台服务器再登录到目标设备进行维护。

堡垒机主要解决运维环节的安全风险控制问题，功能是实现运维人员的身份管理、运维权限控制、运维行为审计分析及自动化运维等。由于传统堡垒机无法满足云上用户运维的要求，因此云堡垒机应运而生。云堡垒机与传统堡垒机在功能上基本相同，但在与云上新需求结合的方面进行了改进。

9.8 云数据保护

针对云上业务数据的完整性、可用性和隐私性要求，通常使用加密技术作为云上数据的安全解决方案。云计算用户使用云服务提供商的加密机制和服务来进行加解密。服务底层使用经国家密码管理局检测认证的硬件密码机，通过虚拟化技术，帮助用户满足数据安全方面的监管合规要求，保护云上业务数据。借助加密服务，用户能够对密钥进行安全可靠的管理，也能使用多种加密算法来对数据进行可靠的加解密运算。

目前，国内的大型云服务提供商都能完全支持国产加密算法和部分国际通用的密码算法。在对称密码算法中，主要支持 SM1、SM4、DES、3DES 和 AES。非对称密码算法包括 SM2 和 RSA。哈希算法主要支持 SM3、SHA1、SHA256 和 SHA384。此外，为了满足某些云服务用户的特殊需求，云服务提供商还支持用户使用自定义的第三方加密算法。

9.9　小结

业务和数据上云之后，用户面临控制权弱化和管理权责不清晰所带来的安全风险。云商与客户首先应该明确云计算服务中的角色与责任，采用云安全责任共担模式，云商应充分地承担起云平台自身的安全保障责任，并全力维护云上客户的安全，客户应妥善地管理云账户，承担自身业务系统的安全责任，共同构建安全高效的云计算环境。

9.10　参考文献与进一步阅读

［1］　王惠莅，罗锋盈，杨建军 . 云计算服务安全关键标准研究［J］. 信息技术与标准化，2013（11）.

［2］　董宇 . 关于手机客户端系统的安全风险及防范技术的研究［J］. 信息与电脑：理论版，2014（6）.

［3］　云计算用户账号管理［EB/OL］. http://biyelunwen.yjbys.com/cankaowenxian/ 420205.html.

［4］　章倩 . 对商业银行客户信息保护体系建设的思考［J］. 中国金融电脑，2014（8）：36-39.

［5］　阿里云 RAM［EB/OL］. http://blog.chinaunix.net/uid-28212952-id-5204182.html.

［6］　赵萱 . "会议助理" 系统数据接口服务器的设计与实现［D］. 北京交通大学，2014.

［7］　Flume（NG）架构设计要点及配置实践［EB/OL］. http://blog.csdn.net/qiezikuaichuan/article/details/46291907.

［8］　刘桐仁 . 自然语言处理平台化软件的设计与实现［D］. 东南大学，2015.

［9］　Hadoop 概述［EB/OL］. http://www.cnblogs.com/sammyliu/archive/2015/04/06/ 4395563.html.

［10］　郭志斌，马书惠 . 主流公有云提供商产品体系研究［J］. 邮电设计技术，2015（7）：16-21.

［11］　吴耀芳 . 基于应用代理的运维堡垒机研究与设计［D］. 上海交通大学，2014.

第 **10** 章

云安全解决方案

随着云计算技术的成熟，云计算服务模式因其巨大的优势，已经越来越受到政府、企业用户的青睐。近年来，政府、金融、电商、游戏等行业越来越多的业务应用系统开始从传统 IT 架构迁移至云架构，享受云计算带来的便捷。但是云计算新的服务模式也给传统的安全防护方式带来新的改变。安全是云计算的关键属性，也是用户最关心的话题，实现用户云端业务的安全是用户和云服务商的共同目标。本章将介绍用户在云计算服务平台上如何有效保护其业务的保密性、完整性和可用性，并结合不同的应用场景介绍电子商务和游戏行业两种云安全解决方案。

10.1 云上业务系统安全风险概述

云计算为用户提供各种服务，并且保证用户业务的正常开展。同时，这些业务也会面临各种各样的安全风险，这些风险可以分为以下三类：

- 部署在云上的业务系统不可用（可用性）
- 部署在云上的业务信息的泄露（保密性）
- 部署在云上的应用系统主机被入侵（保密性和完整性）

针对此三类安全风险，可以细化出 12 类安全威胁（仅涉及 IT 基础架构部分的安全）。表 10-1 列出了这些安全风险，总结了可能发生的业务场景，并对每项威胁产生的影响和可能性做了分析。

表 10-1　云上业务系统的安全威胁

威胁分类		风险场景描述	影响	可能性	风险等级
业务系统可用性（可用性）	突发业务流量高峰（T1）	因社会热点舆论、重要活动带来的网站的业务流量突发峰值，使服务器处理能力下降	大	中	高风险
	DDoS 攻击（T2）	攻击者对面向互联网的业务系统进行 DDoS 攻击，造成用户业务不可使用	大	高	高风险
	存储介质故障（T3）	服务器集群内磁盘故障影响业务数据完整性和可用性	大	中	高风险

（续）

威胁分类		风险场景描述	影响	可能性	风险等级
用户信息保密性（保密性）	剩余信息保护（T4）	应用系统下线后内存、磁盘等存储资源未清空，被其他应用重用时出现信息泄露	大	低	中等风险
	业务数据被外部用户窃取（T5）	外部用户通过黑客入侵、SQL注入攻击或者数据库权限管理不完善的漏洞获取业务系统数据	很大	低	高风险
用户信息保密性（保密性）	系统快照被窃取（T6）	为实现系统快速部署和保存系统数据，会采用虚拟化技术保存系统快照。但系统快照会保存主机上生产的数据，快照如被窃取，将导致主机存储的数据保密性被破坏	大	很低	中等风险
用户服务器入侵（保密性和完整性）	网站入侵（T7）	攻击者对云端网站进行入侵	大	高	高风险
	密码暴力破解（T8）	攻击者对业务系统进行口令暴力破解	大	很高	高风险
	网站存在漏洞被入侵（T9）	攻击者利用漏洞入侵网站后上传网站后门	大	很高	高风险
	黑客扫描（T10）	攻击者利用扫描、手工渗透等方式发现网站存在的漏洞	大	高	高风险
	应用系统端口开放管理不严（T11）	管理员误操作或安全意识薄弱，导致云端系统开放不必要的远程管理端口或其他服务端口	中	中	中等风险
	僵尸网络（T12）	云主机被攻击者入侵并控制，组建僵尸网络，对云平台其他机器或平台外开展入侵、DDoS攻击，或发送垃圾邮件、广告，或开展挖坑等非法牟利行为，导致云资源被滥用	很大	高	高风险

对云上业务可能面临的安全威胁、安全影响和可能性，进行半定量分析，评估安全威胁可能导致的风险大小，可以将风险等级通过安全风险分析网格来说明，如图10-1所示。

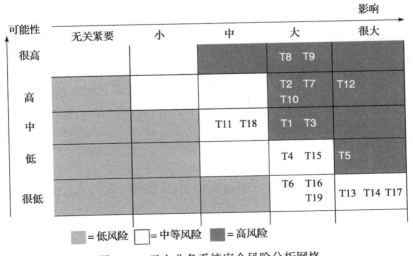

图 10-1 云上业务系统安全风险分析网格

从安全风险分析网格中可以看出，第一类业务系统可用性和第三类用户服务器入侵威胁中绝大部分威胁属于高风险等级，需要重点关注和加强安全防护；第二类用户信息保密性威胁中 T4 和 T6 属于中等风险等级，但 T5 业务数据被外部用户窃取的威胁属于高风险等级，也需要有效的安全防御措施。

10.2　云安全服务能力

针对云上业务系统面临的安全风险，需要云平台具备相应的云安全防护措施，提供相应的云安全服务能力。

10.2.1　DDoS 防护服务

DDoS 防护服务是针对互联网服务器遭受大流量的 DDoS 攻击后导致服务不可用的情况提供的一种服务。DDoS 防护通过配置高防 IP，将攻击流量引流到高防 IP，确保源站的稳定可靠。通过使用 DDoS 攻击清洗和应用层 CC（Challenge Collapsar，挑战黑洞）攻击防护以及随时更换高防 IP，DDoS 防护能够防护 ICMP Flood、UDP Flood、TCP Flood、SYN Flood、ACK Flood 等多种 DDoS 类型攻击，轻松应对大流量攻击，确保云服务稳定正常。

DDoS 防护主要的应用场景如下：

（1）网站场景

网站是最容易遭受攻击的应用类型，黑客通过 DNS 解析即可得到网站的真实服务器，通过对真实服务器发起 DDoS 攻击或者 CC 攻击会造成网站陷入瘫痪，无法对外提供服务。利用 DDoS 防护服务，可解决 DDoS 或 CC 攻击，适合电商、金融、企业等门户网站，支持 HTTPS 加密。

（2）游戏类应用场景

防御各种针对在线游戏的 DDoS 攻击，如游戏空连接、慢连接、游戏 CC 攻击、踢人外挂、针对游戏网关和游戏战斗服务器的攻击等。

（3）云外用户场景

DDoS 防护服务也支持云外用户使用，如果用户的业务被 DDoS 攻击，用户也可以通过使用 DDoS 防护服务，将流量引流至云服务商处完成清洗。

10.2.2　入侵防护服务

1. Web 应用防火墙

Web 应用防火墙是集 Web 防护、网页保护、负载均衡、应用交付于一体的 Web 整体安全防护设备。Web 应用防火墙通过执行安全策略对 HTTP/HTTPS 的请求进行异常检测，拒绝不符合 HTTP 标准的请求，可以只允许 HTTP 协议的部分选项通过，从而减少攻击的影响范围，也可以严格限定 HTTP 协议中那些过于松散或未被完全指定的选项。Web 应用防火墙通过事前主动防御，智能地分析应用缺陷、屏蔽恶意请求、防范网页篡改、阻断应用攻击，全方位保护 Web 应用；通过事中智能响应，快速 P2DR 建模、模糊归纳和定位攻击，阻止风险扩散，消除"安全事故"于萌芽之中；通过事后行为审计，深度挖掘访问行为、分析攻击数据、为评估安全状况提供详尽报表等，保证 Web 应用的高可用性和可靠性。Web 应用防火墙常用于 SQL 注入、XSS 跨站脚本、木马文件上传、敏感信息泄露、CMS 常见漏洞、代码执行注入、Webshell/ 后门攻击、黑客工具 / 扫描器攻击和 CC 攻击等的防护。

Web 应用防火墙主要应用场景如下：

（1）门户网站避免被挂马篡改

利用 Web 应用防火墙，可防止黑客入侵网站，获取管理员权限留下木马后门，在网站页面中留下暗链或者篡改网站页面内容，损害企业的公众形象或造成经济损失。

（2）电商、互联网金融、O2O、移动 APP 防御 CC 攻击

利用 Web 应用防火墙，可防止网站被竞争对手攻击或者是黑客敲诈而发起的恶意 CC 请求，长时间占用、消耗服务器的核心资源，造成服务器性能瓶颈（如 CPU、内存、带宽），导致网站业务响应缓慢或是无法正常提供服务。

（3）电商、互联网金融、O2O、移动 APP 防止数据泄露

利用 Web 应用防火墙，可防止黑客对网站进行扫描，发现页面存在的注入漏洞，通过手工构造 SQL 注入语句，渗透入侵的数据库，获取网站相关核心数据。

（4）云外用户场景

一些企业的 Web 应用防火墙（如阿里云云盾）也支持云外用户使用，如果用户在非阿里云数据中心的业务被黑客发起 Web 攻击或 CC 攻击，也可以使用云盾 Web 应用防火墙防御攻击。

2. 服务器安全防护

服务器安全防护是通过对网站目录进行监控，实时检测和发现网站后门文件；对云端控制中心批量修复漏洞；可以批量下发安全脚本，方便地进行海量服务的运维；通过自定义访问策略、对异常请求实时告警、感知入侵等手段为企业服务器提供安全保障。

3. 态势感知

态势感知主要通过对当前互联网环境下典型的黑客攻击手法进行建模和机器学习，产生更有价值的网络空间威胁数据，通过大数据分析平台对云平台内的数据进行感知和分析，对存在的潜在威胁进行及时处理。

4. 先知（安全情报）

在安全众测平台上，企业可自主设定测试范围和奖励计划，以鼓励安全生态圈的白帽子和安全公司为用户进行安全测试，并提交漏洞。这样可以更有效地发现漏洞，从而广泛应用在金融、电商、游戏、SaaS、教育、健康、社交、O2O、媒体、移动互联网等领域。先知可以帮助企业提前发现业务系统的风险，有效降低"数据被黑客泄露、业务被黑客篡改"的概率，帮助企业减轻公关及监管压力。

10.2.3 数据加密服务

1. 加密服务

针对数据安全风险，应该提供云端数据加密服务能力。加密服务可以使用经国家密码管

理局检测认证的硬件密码机，帮助用户满足数据安全方面的监管、合规要求，保护云上业务数据机密性，为用户提供安全可靠的密钥管理及数据加解密服务。

加密服务主要的应用场景如下：

（1）金融支付

加密服务可用于金融支付领域，可广泛应用于 POS 收单、互联网支付、预付费卡支付、P2P 等各类第三方支付应用中。

（2）电子政务

可通过加密服务提供数据加解密、数字签名验证功能，适用于电子签章、电子公文、电子政务、CA 系统等各类政务系统。

（3）敏感数据加密

对敏感数据加密后存储，黑客即使拖库也无法得到明文数据，未经授权的员工也得不到数据，适用于金融、政务、电商、物流等行业各类包含大量敏感信息的系统。

2. 证书服务

证书服务旨在为用户提供安全、方便、快捷的全站 HTTPS 服务。用户可以方便地购买、管理权威机构颁发的数字证书，把数字证书部署到云中的各个产品里，如 DDoS 防护、Web 防火墙、CDN、负载均衡等。主要的应用场景如下：

（1）金融行业

金融行业网站选用高等级数字证书后，可以保证企业网站的可靠性，防止非法网站钓鱼或者数据传输泄密。

（2）电子商务

电子商务网站使用高等级数字证书（尤其是 EV 增强型证书）后，可以确保通信链路的加密强度，保证数据传输机密性，防止数据被篡改；提供最高信任力的网站识别度，防止钓鱼。

（3）政务行业

政务网站选用高等级数字证书可以加密通信链路，能够增加政务网站公信力。

10.2.4 业务风险控制服务

针对业务风险控制，应该提供风险识别、滑动验证和风险用户查询，专业对抗垃圾注册、恶意登录、活动作弊、论坛灌水，共享大数据等风险控制服务能力。主要的应用场景如下。

（1）互联网金融

互联网金融行业存在很多利用平台漏洞获得收益的现象，同时金融行业对于平台上的用户信誉无法有效甄别。使用业务风险控制服务，可以有效阻止垃圾注册，防止恶意用户骗贷。

（2）O2O、旅游、医疗

黄牛通过软件作弊等方式批量抢占稀缺或者优质资源，使得正常用户的要求无法满足或要付出更高的成本。使用业务风险控制服务，可以防止黄牛抢票等现象，提升用户留存度和体验。

（3）电商

电商平台投入大量资金做的活动会因刷单而导致活动效果缩水。使用业务风险控制服务，可以防止活动作弊，降低活动中拉入新客户的成本，提高老用户留存度。

（4）社交网络

社交平台如果存在大量灌水和垃圾评论，会严重影响平台内容质量。使用业务风险控制服务，可以防止论坛被灌水，提升平台体验。

10.2.5　内容安全服务

针对内容安全风险，应该提供文本、图片、视频等多媒体内容安全检测的接口服务，主要的功能有智能鉴黄、图文识别、文本过滤等服务。主要的应用场景如下。

（1）社区或论坛

社区或论坛中存在大量的兼职广告、炒作信用、灌水等垃圾信息，利用内容安全服务可将内容场景进行深入细分，再利用大数据计算能力，对各个精细化场景深入制定解决方案，提供全场景文本和图像反垃圾的服务，能迅速、准确地发现及定位业务中存在垃圾的风险。

（2）视频直播

利用内容安全服务，可通过高速云计算识别引擎，对视频中违规（色情、暴力等）样本特征进行深度学习及模型调优，对视频的违规程度实时打分，分数越高被判为违规图像的概率越高，从而大大降低人工审核成本，提高风险发现能力，降低平台风险，净化互联网。

10.2.6　移动安全服务

针对移动安全风险，应该从风险扫描、安全防护、持续监控等方面全面保障移动应用的安全，主要功能包括漏洞扫描、恶意代码扫描、应用组件仿冒检测等，主要应用于电商行业、医疗行业、金融行业和游戏行业。

10.3　阿里云安全解决方案最佳实践

本节针对电子商务和游戏两种应用场景，以阿里云提出的云解决方案为例，介绍云安全解决方案的最佳实践。

10.3.1　电子商务行业云安全解决方案

电子商务在我国正在步入迅速扩张的阶段，在拉动经济增长与消费、推动产业升级方面具有重要作用。电子商务的应用范围不断扩展，发展动态变化，需要有相应的风险控制手段作为保障，因此对电子商务风险进行有效的管理是其健康发展的必然需求。

1. 面临风险

对于电子商务系统来说，它的部署环境一般分为两个部分：第一，部署在企业的内网里，与互联网是逻辑隔离的，这种系统的特征是环境比较封闭、用户相对固定、终端相对可控，其安全风险要少很多；第二，将业务发布到互联网上去服务海量互联网用户，而海量的用户、开放的环境、不可控的终端都会带来大量安全问题。电子商务行业面临的安全威胁主要有以下几个方面：

1）盗取电商数据，形成黑色产业：盗卖网站数据库如今已经成为一个黑色产业，黑客入侵网站后会盗取网站整个数据库（俗称拖库），特别是用户的账户信息和个人资料，用于黑市出售、广告推送或网络欺诈等不法行为。

2）恶意流量攻击，影响网站运营：电商网站经常受到流量攻击，这样的恶意攻击会导致被攻击网站无法正常运营，影响消费者使用，甚至造成整个行业的混乱，整体竞争力下降。

3）业务欺诈不断出现：很多时候，电子商务遇到的问题并不仅仅来自传统的 DDoS 攻击、外部攻击、SQL 注入等，而是来自业务上的一些欺诈行为，包括刷单、撞库、黄牛、虚假注册、账号盗用等。

网络、主机、应用、数据、业务和内容等各个方面带来形形色色的安全问题，是电商行业面临的安全挑战。对于电商行业系统的安全体系来说，需要分析业务场景。一般来说，安全服务通常会有两个端：云端和客户端。云端需要统一考虑防 DDoS 攻击、防黑客入侵、防业务欺诈等。客户端通常需要对 APP 做加固，防止二次打包、流量劫持等问题。

2. 阿里云解决方案

为了降低电子商务行业安全风险，电商需要建立起安全的纵深防御体系，构建感知能力、防御能力、响应能力三大类安全能力。

（1）感知能力建设

感知能力主要包括态势感知和先知（安全情报）。

态势感知用大数据分析解决原来看不到的安全问题。它收集 NetFlow、主机 Flow、操作日志、数据库日志、资产等信息，然后结合威胁情报做大数据分析，最终使客户做出安全决策。态势感知能够有效降低因黑客攻击导致数据泄露的风险，识别攻击和入侵，并回溯入侵点，可追溯到黑客入侵后的恶意操作。通过海量异构数据的关联分析，对未知威胁攻击进行精准识别。态势感知还能够进行基于威胁情报的大数据安全分析，用大数据分析引擎实时发现威胁线索和入侵事件，识别黑客渗透 / 社工攻击，从而做出快速响应。

先知（安全情报）是用社会化（白帽子、安全公司）的方式帮助电商企业发现安全问题，为电商企业提供及时、安全、私密的安全情报服务。它是私有的安全中心，拥有可靠的安全专家、显著的测试效果和完整的漏洞闭环。先知计划结合了阿里生态的白帽子和安全公司来为用户做安全测试，它的效果和行为相比传统的渗透测试有很大的改善。

（2）防御能力建设

防御能力是指用云的能力解决原来无法防御的安全问题。比如，让恶意攻击流量经过阿里云防御系统的防御节点，把恶意的流量通过清洗变成正常的流量。

Web 应用防火墙（Web Application Firewall，WAF）基于云安全大数据能力实现，通过防御 SQL 注入、XSS 跨站脚本、常见 Web 服务器插件漏洞、木马上传、非授权核心资源访问等 OWASP 常见攻击，过滤海量恶意访问，避免网站数据泄露，保障网站的安全与可用性。云 WAF 相对传统硬件盒子 WAF 的优势在于：零部署，分钟级快速接入；零维护，共享淘宝、支付宝 Web 防御规则，也可以自定义访问控制规则；专业的攻防团队 0Day 漏洞研究，0Day 防御规则快速更新；强大的可弹性扩展的 CC 防护能力，保障网站可用性；结合大数据可以防范撞库、刷短信接口等业务欺诈行为。

（3）响应能力建设

用户可以通过共享阿里云互联网安全经验来解决互联网＋时代的安全问题。安全专家服务提供日常安全巡检、紧急事件应急处理活动、大促关键时期保障护航等措施。专家服务的主要特点包括：

- 成熟的安全运营体系：专业团队随时应对，具备丰富的安全运营经验，能够为阿里巴巴集团、阿里云提供安全运营。
- 快速威胁感知：云盾先知平台收集漏洞，云平台上的安全事件分析捕获新增漏洞，促进安全业界的协作、交流和信息共享。
- 高可靠、高保密的安全服务：由阿里安全团队实施。

图 10-2 给出一个基于阿里云的电商云安全解决方案的架构。

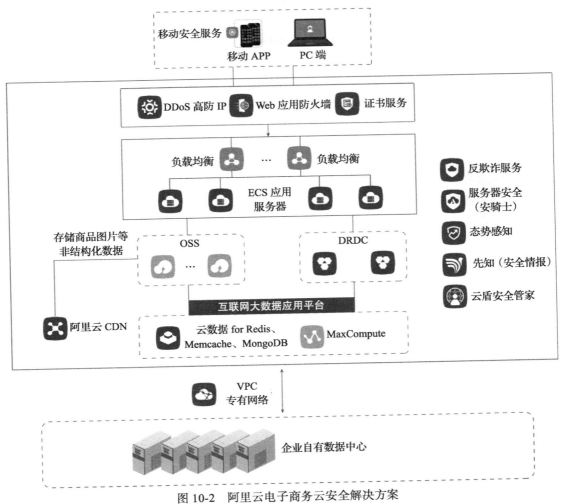

图 10-2　阿里云电子商务云安全解决方案

该架构从以下四个方面进行安全保护：

- 云产品随时升级扩容。
- 应对高并发。
- 负载均衡一键搭建，并随时灵活扩展。
- 网站防 DDoS 攻击、防黑客入侵、防业务欺诈。

该解决方案的业务场景具有如下优势：

①快速搭建

- 电商企业可以利用通用的解决方案一键搭建基础环境，自动完成所有资源的创建和配置。
- 利用负载均衡服务消除单点故障，保证高并发时系统的健壮性。应用服务器承接电商业务应用，支持弹性扩容。当大促类业务带来数十倍于平常的流量时，能够根据交易、促销等业务需求的变化动态扩展 ECS 实例，应对推广、促销等业务峰值。
- 结构化数据通过云数据库 RDS 存储、RDS 的主备架构，避免会员、订单、商品、库存、促销等核心数据的单点风险。

②图片数据存储与备份

- 服务器数据备份：云服务器支持手动或自动创建实例的快照，保留某个时间点上的系统数据状态作为数据备份，或者制作镜像，每个磁盘拥有 64 个快照配额。
- 数据库备份：阿里云的云数据库 RDS 提供自动和手动两种备份方式，每天自动备份数据并上传至对象存储 OSS，提高数据容灾能力的同时有效降低磁盘空间占用。
- 超长备份恢复：两年内数据恢复至秒级，能对 80% 以上的误操作做到一键回滚，减少业务停服时间。

③高效容灾

- 负载均衡、RDS、ECS 等都配备了跨可用区容灾策略，保护应用与数据万无一失。
- 健康检查：利用负载均衡消除单点故障，实时检查后端服务器，具有良好的同城容灾架构。
- 云数据库高可用：具有较高的可用性，自带主从双节点，能在故障发生 30 秒内自动切换，可一键部署两地三中心架构。

④安全防护

- 解决方案针对电商行业常遇到的威胁，加强了安全防护性能，从而为电商企业保驾护航。
- 免费提供云监控，并支持多种实时预警。

⑤高性能

- 针对电商业务峰值频发的特点，配置了缓存、CDN、弹性伸缩等功能，有效提升平台性能。

10.3.2 游戏行业云安全解决方案

游戏行业在过去十几年的发展历程中，由于自身安全保障级别较低，滋生了外挂、私服、盗号、打金工作室、网络信息诈骗等一系列黑色或灰色产业链。安全问题也已经成为导致玩家流失的重要因素，严重影响了游戏产业的健康发展。随着移动互联网行业的快速发展，游戏行业也呈现出爆炸性的增长。为提升市场竞争力，游戏厂商的需求也越来越多，例如更低成本的运维资源、稳定可靠且可拓展的服务器等基础设施。云计算服务所具有的种种优势正好可以满足游戏厂商的一系列需求。以亚马逊、阿里云为代表的云计算厂商可以为游戏运行商提供稳定、高速的运维托管环境，降低游戏行业的投入成本。而伴随着游戏领域引入云服务，游戏行业中的云安全问题也逐渐暴露出来。阿里云《2015 年云盾互联网 DDoS 状态和趋势报告》中的数据显示，游戏是 DDoS 攻击的最主要对象，占攻击总量的 41.25%，如图 10-3 所示。DDoS 攻击大多是带有经济或者政治目的，所以行业特征较为明显。而游戏行业作为变现能力比较强的行业自然就成为黑客攻击的热门目标。

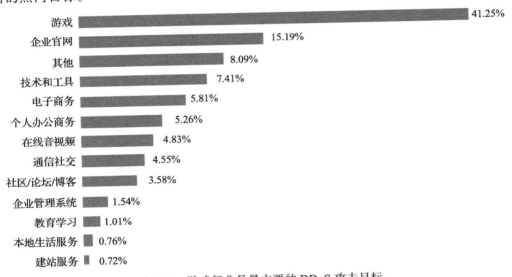

图 10-3　游戏行业是最主要的 DDoS 攻击目标

在游戏行业高速增长的同时，如何保证其安全性也一直困扰着开发者。随着引入云计算服务，云游戏的安全性问题更加严峻。其主要的安全风险包括以下几个方面：

1）盗号：在网络游戏当中，几乎每天都有盗号事件发生，游戏运营商需要花费大量精力处理盗号。在引入云服务的情况下，游戏运营商和云服务提供商由于盗号带来的损失也是巨大的。

2）外挂：外挂就是指第三方软件通过分析客户端和服务器之间往来的数据封包，提取到一些需要的数据信息，经过修改后模拟客户端发送给服务器，或是从服务器发送给客户端，以此达到修改游戏数据谋取经济利益的目的。外挂泛滥严重影响到游戏平衡，且在云游戏环境下，面对着云服务器上大量的游戏用户，更需要解决客户端与服务器端通信与运行时的安全性，防止玩家使用非法外挂去谋取利益。

3）私服：私服是未经过版权拥有者授权，非法获得服务器以及对应客户端程序之后所设立的网络服务器，属于网络盗版的一种，而这样的盗版会直接影响到游戏运营商和云服务提供商的利益。私服通过一些不正当的手段获得对应的服务器和客户端程序，侵犯了版权所有者的著作权。

针对网络游戏行业的安全风险问题，整体安全解决方案如图 10-4 所示。

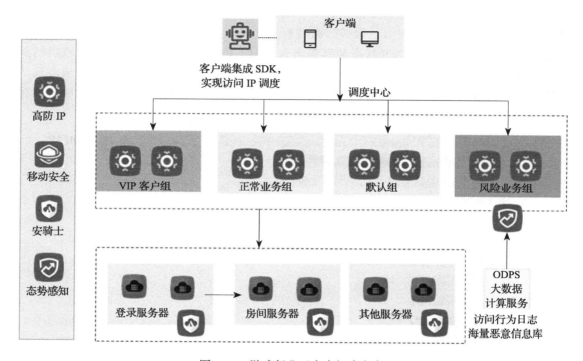

图 10-4　游戏行业云安全解决方案

从以下几个方面来进行安全保护：

1）DDoS 攻击防护：DDoS 攻击利用目标系统网络服务功能缺陷或者直接消耗其系统资源，使得该目标系统无法提供正常的服务。用户应该通过配置高防 IP，将攻击流量引流到高防 IP，防御各种针对在线游戏的 DDoS 攻击，如游戏空连接、慢连接、游戏 CC 攻击、踢人外挂、针对游戏网关和游戏战斗服务器的攻击等，确保源站的稳定可靠。

2）对用户资料的保护：首先应该防止黑客入侵，从而可以避免入侵后窃取用户资料的情况；其次对于部分特别敏感的数据，应采用加密手段，不能明文存储。

3）对数据完整性的保护：外挂的存在引起了游戏内部的不正当竞争，针对这一问题，游戏运营商通常采用的措施主要是利用非对称加密技术和数字验证信息。早期的解决方案中使用的是对称加密技术，其主要特点就是数据加密和解密较快，但由于算法较为简单，依然容易产生外挂等系统安全问题。随着现阶段信息网络技术的进步，数据传输过程中的传输带宽都是较宽的，而且随着云服务的引入，在现代网络游戏当中服务器的处理能力都有成倍的提升，应用非对称加密技术也不会对网络游戏速度造成太大影响，所以非对称加密技术目前已经在网络游戏中广泛应用。

4）对虚拟财产的保护：随着现代网络信息技术的进步，网络游戏中形成了自己的一套虚拟财产交易系统。由于虚拟财产的来源是不可追溯的，所以也就导致盗窃用户账号信息出卖用户虚拟财产的现象频频发生，为网络游戏中的虚拟财产安全带来了严重的问题。因此，建立一种高效的虚拟财产保护机制是十分必要的。一种解决方案是借助于现代化的金融管理手段，将网络游戏中的账户信息和虚拟财产分开进行管理，用户信息存储在网络游戏云服务器中，用户的虚拟财产信息存储在专门的金融管理处理器中。在玩家对虚拟财产进行处置时，进行类似网络金融管理模式的唯一性认证，以保证云环境下网络游戏的虚拟财产安全。

游戏行业对安全的需求变化相对较快，因此游戏行业的客户对安全能力和效率的要求都比较高。对于游戏行业，攻防比较激烈，而攻击技术的多样化、攻击力度增强以及安全需求愈加个性化，这也将是未来一段时间内游戏行业云安全要面临的挑战。

10.4　小结

云计算服务在为用户带来便利的同时也成为各种攻击的目标。本章首先介绍了云业务系统面临的安全风险，然后结合不同的应用场景介绍了相应的云安全解决方案。

10.5　参考文献与进一步阅读

［1］　万洪波.大型多人在线游戏安全解决方案的设计和实现［D］.复旦大学，2012.

［2］　赵亭亭.网络游戏系统安全问题研究［J］.电子制作，2015（1）：98-99.

［3］　Web 应用防火墙［EB/OL］.http://baike.baidu.com/link?url=7Mslg2pvoNhpLAimsiYI3 wWzn6Vw84IupFExzItIdu_iInXQ3Hkr8obg16i4YV01kx42jBRNmt39jNToCf6JGwuXqjH yoejOnmGfWqrx0za2dlghQzhYIYXW2AdmD2AhU6gvuf_H2hESh6l1KKWyda.

［4］　MDCSOFT-IPS［EB/OL］.http://baike.baidu.com/item/MDCSOFT- IPS.

［5］　防火墙.http://baike.baidu.com/item/ddos%E9%98%B2%E7%81%AB%E5%A2%99/7380344.

［6］　晨钊.最佳游戏云排行榜［N］.互联网周刊，2015.

［7］　刘再明.2013 中国网络游戏安全拷问［N］.互联网周刊，2013.

［8］　李颖，魏晓梅.拒绝服务攻击原理及防范［J］.电脑迷，2017（4）.

［9］　Web 应用防火墙的功能与特点的描述（1）［EB/OL］.http://netsecurity. 51cto.com/ art/201009/226570.htm.

［10］　黄希.浅谈 Web 应用安全问题及防范［J］.中小企业管理与科技旬刊，2012（1）：

277-278.

［11］　朱航 . 基于 Android 平台的数据安全同步技术的研究与设计［D］. 北京邮电大学，
　　　　2015.

［12］　林洪技 . 开迷雾见 WAF［N］. 网络世界，2011.

［13］　李皓 . SQL 注入攻击分析与防御对策［C］. 中国计算机用户协会信息系统分会 2013
　　　　年信息交流大会 . 2013.

［14］　郭志斌，马书惠 . 主流公有云提供商产品体系研究［J］. 邮电设计技术，2015（7）：
　　　　16-21.

［15］　马蓉 . OA 办公自动化系统需求分析［J］. 电子制作，2014（16）：75-76.

## PART 4

## 第四部分

云计算的安全标准和管理机制

■ 第 11 章　云计算安全管理和标准

第11章

云计算安全管理和标准

从云计算提出至今，云计算的概念和技术层次逐步清晰，应用模式已被广泛接受和推广，产业化形态日趋形成。但安全问题仍是业界对云计算的最大担忧，从行业和国家层面针对云计算服务制定安全标准并实施安全管理，成为业界的一致诉求。云计算安全标准是度量云用户安全目标与云服务商安全服务能力的尺度，没有云计算服务的安全管理和云计算安全标准，云计算产业就难以得到规范、健康的发展，难以形成规模化和产业化集群。因此，本章将介绍美国、欧盟和我国在云计算服务安全管理上的现状，以及目前国内外主要标准组织研究与制定云计算安全标准的现状。

11.1 国外云计算服务安全管理

世界各国已普遍认识到云计算所带来的机遇，先后发布了促进云计算落地的战略框架，尤其是政务云往往试点先行，为其他领域做出示范。以美国 FedRAMP 项目为范例的云计算安全授权和认证模式的建立，展示了发达国家对云计算安全统筹管理的方向和决心。欧盟网络安全研究机构 ENISA 也给出建议，统一建立安全合规的政务云目录是保证安全一致性、引导 IT 服务创新的最佳选择。

11.1.1 FedRAMP

1. FedRAMP 的背景

2010 年 12 月，美国联邦行政管理和预算办公室（OMB）发布了《改革联邦信息技术管理的 25 点实施规划》，提出了云计算的政策，并要求联邦机构在遇到安全、可靠、性价比高的云计算解决方案时，应优先考虑利用基于云计算的解决方案，同时授予 OMB 及其他相关的执行机构相应的权限，改进 IT 预算模型、加强 IT 项目管理，全面实施"云优先"战略。

2011 年 2 月，美国发布了"联邦云计算战略"，期望通过云计算来提高联邦信息资产的利用效率，主要内容包括：

- 阐述了云计算带来的利益以及需要考虑和权衡的问题。
- 提供决策框架与案例，以支持政府部门服务从传统方式迁移到云计算平台。

● 强调云计算实施资源。

2011 年 12 月，OMB 颁布政策备忘录，宣布建立美国联邦政府风险和授权管理项目（Federal Risk and Authorization Management Program，FedRAMP）。FedRAMP 的引入，为美国联邦政府机构采购云产品和云服务提供了一个包含风险评估、授权管理与持续监测的基于标准的认证项目。其目标是构建一个统一的风险管理过程，以实现以下目标：

● 增加安全能力。

● 减少部门之间的重复工作。

● 加快部门云计算服务采购过程。

● 方便多部门间共享系统的使用。

● 确保从国家的层面实现政府部门采用云计算的安全。

● 增加安全的透明度。

2. FedRAMP 治理实体

FedRAMP 的治理实体如图 11-1 所示。

图 11-1 FedRAMP 治理实体图

● JAB（联合授权委员会）：负责风险授权、批准发放临时运行许可。成员包括美国国土安全部（DHS）、联邦事务管理总局（GSA）和国防部首席信息官。

● FedRAMP PMO（FedRAMP 项目管理办公室）：负责日常运营管理。

● 3PAO（第三方评估机构）：负责针对云服务商信息系统内部部署的安全控制措施开展首次和后续独立审核和验证。

● NIST（美国国家标准技术研究院）：为第三方授权过程提供技术帮助、维护联邦信息安全管理法案（FISMA）相关标准并建立技术标准。

- Federal CIO Council（联邦首席信息官委员会）：负责协调跨部门的沟通过程。
- DHS（美国国土安全部）：检视并报告安全事件，为连续监视提供指导。

3. FedRAMP 要求的云计算服务特点

FedRAMP 支持美国联邦政府使用受到管理的云服务商提供的云计算能力。它要求云服务商应符合 2002 年联邦信息安全法案（FISMA）的要求，以获得 FedRAMP 的授权。要采用云计算服务的美国联邦政府机构应选择已得到 FedRAMP 授权的云服务商。

（1）标准合同语言模板

为了帮助美国联邦机构采购基于云的服务，FedRAMP 中规定了安全合同的模板，该模板由联邦机构总法律顾问办公室（OGC）进行审查，以确保满足联邦机构的要求，并纳入美国联邦机构采购申请的安全评估部分。这些条款涵盖 FedRAMP 计划关于安全评估流程及相关持续评估和授权等领域的要求。此外，该模板还明确了基本安全要求，以及云服务商在机密性、安全性、政府数据保护、个人背景筛查以及定期安全交付等方面的职责。

FedRAMP 计划流程针对安全控制措施的实施进行了明确规定，部分为消费者应履行的责任，部分为云服务商和消费者共同履行的责任。模板中，要求联邦机构承担最终用户的监管责任，联邦机构还必须在考虑风险的基础上决定在信息系统中存储和使用联邦数据的适用范围。机构应根据政策允许的范围以及具体任务要求，对模板进行修改和定制。标准合同规范中对合规性和安全性提出了要求。

- 合规性要求

要求满足 FedRAMP 的信息系统安全需求。模板明确指出，根据联邦首席信息官发布的政策备忘录，应采用 FedRAMP 计划保护云计算服务中的联邦信息，明确联邦机构利用和获取云服务时，必须进行授权并遵循 FedRAMP 的信息和隐私要求。

明确采用云服务的各个阶段的责任。联邦机构应确定云计算系统的安全级别，承包商应采取适当的安全控制措施，保证系统安全。共同维护持续安全管理环境，达到 FedRAMP 报告和持续监控的相关要求。

要求满足 FedRAMP 计划隐私要求。明确承包商负责的隐私和安全措施，明确政府对服务商的 IT 审计、审查和其他检查的权力及审计、审查和检查的方法；对敏感信息的使用、存储、销毁等过程中的安全性和机密性提出了相应的保护要求；明确敏感信息的范围，明确政府数据的所有权；明确对个人信息和财务数据的保护；明确数据使用的权限。

- 安全要求

安全要求明确提出了云服务商需要满足"评估与授权"流程，要求服务商满足 FedRAMP 安全基线，通过第三方评估，获得联邦机构的授权。

（2）控制特别条款

FedRAMP 安全控制基线参数主要包括数据的司法管辖权、使用 FIPS 140-2 验证的密码进行安全通信、不可否认性、审计记录保留、组织用户多因子身份认证、非组织用户的身份认证、事件报告时限、传输介质要求、人员筛选、边界保护、保护静止信息、安全警告、通知和指令等方面的内容。如果政府机构在这些方面有特殊需求，需要在合同中加入特殊的条款加以限制：

- 使用 FIPS 140-2 验证的密码进行安全通信：FedRAMP 安全控制基线中的一些要求需要加密机制，以防止传输过程中的信息泄露，如果机构需要使用 FIPS 140-2 认证的密码进行安全通信，需要在合同中加以规定。
- 不可否认性：如果政府机构需要集成特殊的数据签名技术，则应该包含在合同要求中。
- 审计记录保留：机构应当考虑在合同中规定需要云服务商保留审计记录的时间。FedRAMP 要求云服务商保留审计记录至少在线 90 天，线下进一步保存审计记录一段时间。
- 身份认证（组织用户）多因素认证：云服务商获得 FedRAMP 授权，将为政府机构用户提供多因素认证。然而，机构需要一种特殊的认证方法或与已有的机构系统（如 SAML2.0 对机构身份提供商）进行认证的，必须在他们的合同中做出明确规定。
- 身份认证（非组织用户）：云服务商获得 FedRAMP 授权，将为云提供商的管理人员提供多因素认证。
- 事件报告时限：FedRAMP 参数设置遵从 NIST SP 800-61 事件报告级别规定期；需要遵从这些事件的报告计划。机构合同应当规定所有事件报告要求，包括谁进行报告以及如何通知机构。
- 介质传递：应约定对数据传递过程的要求。
- 人员筛选：由于联合授权委员会（JAB）成员机构对云服务商进行临时授权时可能没有合同，机构应当按照 OPM 和 OMB 需求，指定应当进行的背景调查的级别。
- 边界保护：云服务商获得 FedRAMP 授权，提供边界保护；然而，如果机构需要使用一个可信网络连接，则应在合同中明确。
- 保护静止信息：云服务商获得 FedRAMP 授权，提供加密静止数据的能力。
- 安全警告、通知和指令：云服务商需要提供的警告、通知和指令列表。

4. FedRAMP 的管理流程

FedRAMP 安全评估程序面向对安全影响级别较低或中等的信息系统，基于 NIST SP 800-53 所规定的控制方案，提出了一套相应的安全控制措施。FedRAMP 的管理流程如图 11-2 所示。

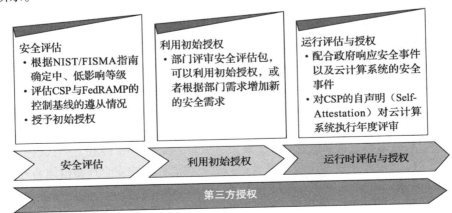

图 11-2　FedRAMP 的管理流程示意图

（1）第三方授权过程

第三方授权主要包括申请 FedRAMP 授权、授权评审以及维护第三方状态三个过程，如图 11-3 所示。

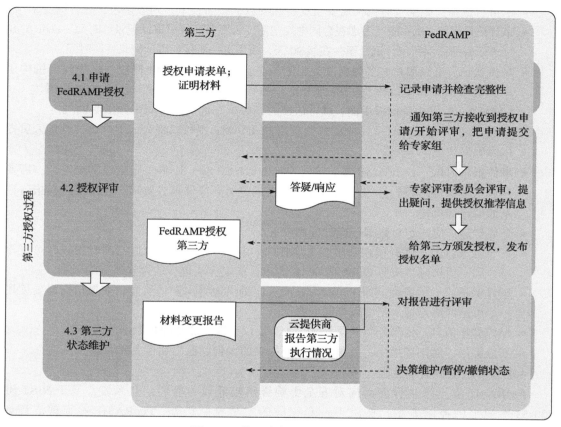

图 11-3　第三方授权过程示意图

（2）FedRAMP 安全评估

FredRAMP 安全评估如图 11-4 所示。

1）发起请求。联邦机构和云服务商向 FedRAMP 管理机构提出申请，对拟使用的云服务进行评估。

2）记录安全控制措施。一旦云服务商实施了必要的安全控制措施，下一步就是在系统安全方案中记录所采取的安全控制措施。

3）执行安全测试。一旦系统安全方案获批，云服务商与获得 FedRAMP 认证资格的第三方评估机构签约，委托后者对服务商的系统进行独立测试，确定安全控制措施的有效性。

4）做出最终的安全评估决定。共同授予委员会审核安全评估结果，并就是否发放临时授权作出决定。

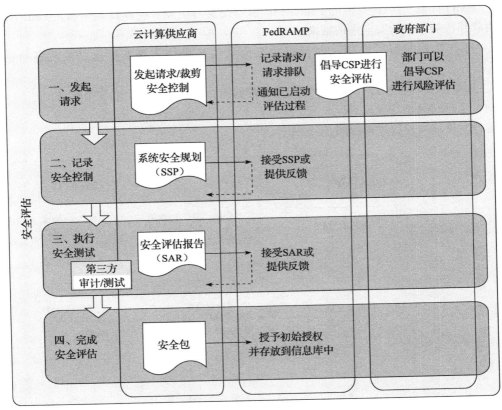

图 11-4　FedRAMP 安全评估示意图

（3）利用初始授权

利用初始授权如图 11-5 所示。

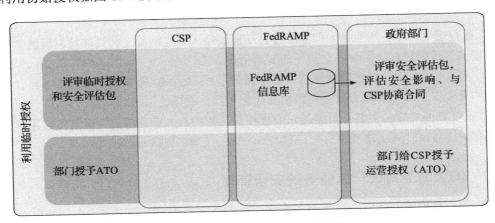

图 11-5　利用初始授权过程示意图

1）PMO 保留由 JAB 批准的 FedRAMP 临时授权的相关资料以及其他满足 FedRAMP 要求并由联邦机构审核的安全评估结果。

2）各联邦机构可以采用临时授权和安全评估结果作为基本要求，发放各自的运营许可。

3）如果需要，各联邦机构可以增加其他控制措施，以满足特定的安全要求。

（4）运行时评估与授权

运行时评估与授权过程如图 11-6 所示。

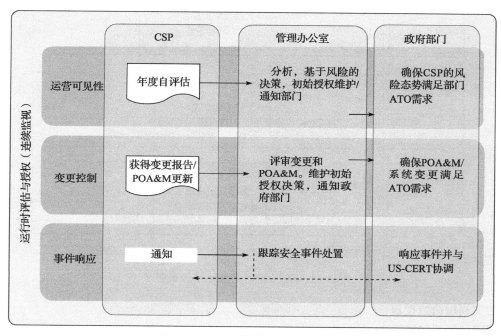

图 11-6 运行时评估与授权示意图

1）运行透明。运行透明使人们能通过自动数据输入、定期提交的具体控制措施实施证明以及年度内部检测报告来了解安全措施的实施情况。

2）变更控制程序。变更控制涉及云服务商满足 FedRAMP 要求以及对云服务商管理其行动计划和重要安全事件的能力有重大影响的变化和预计变化。

3）安全事件响应。主要针对能够影响被授权系统的新风险和漏洞，以及保证系统安全所需的所有响应和风险解决活动。

11.1.2 澳大利亚对云计算服务的安全管理

澳大利亚政府没有针对云计算服务成立单独的管理机构或组织，多个部门均发布了相关文档，其中均有对于云计算服务安全的内容。

2011 年 4 月，澳大利亚国防部发布文档《云计算的安全注意事项》，文档中列出了政府云计算的安全需要考虑的内容。文档中考虑的安全注意事项主要包括：

- 迁移到云中数据或功能是否是关键业务。
- 是否审查供应商的业务连续性和灾难恢复计划。
- 是否保持最新的数据副本。
- 数据或业务功能将被复制到第二家供应商。
- 与供应商之间的网络连接带宽是否足够。
- 服务水平协议（SLA）能否保证足够的系统可用性。
- 是否可以接受计划中断，无论是某一段持续时间或一天的时间。
- 计划停电的影响，保证系统的可用性百分比。
- 违反 SLA 或合同，是否得到足够的补偿。
- 是否存在冗余机制和异地备份，以防止数据损坏或丢失。
- 在云中的存储或处理是不是敏感数据。
- 客户将数据存储到云上后，是否能满足客户数据保护和管理的法律义务。
- 对客户数据的访问是否符合国家相关的隐私法律。
- 敏感数据是否采用足够强的加密。
- 云服务商是否提供及时的响应和支持。
- 审查云服务商的安全事故应急预案。
- 云服务商的员工是否经过了培训，有能力检测和处理安全事故。
- 云服务商是否及时通报安全事件。

政府机构在采购云计算服务时，需要考虑上述风险，并确定这些风险是否可以接受。许多风险需要通过技术手段来解决，但其中一些还需要通过法律的手段对云服务商进行约束，以促使服务商更好地解决云计算服务中的安全问题。

11.1.3　欧盟对云计算服务的安全管理

欧洲网络与信息安全局（ENISA）在对云计算服务的风险进行梳理后，将云计算服务的风险分为了三类：策略和组织管理中的风险、技术上的风险以及法律上的风险。

1. 策略和组织管理中的风险

- 锁定风险：用户不能迁移数据 / 服务到其他云服务商，或迁移回本地。
- 失治风险：由于云服务商将全部或部分服务外包给第三方等因素，使得其提供的服务不能达到约定的安全级别而引入的风险。
- 合规挑战：由于云服务商不能有效证明其服务遵从相关的规定，以及云服务商不允许用户对其审计，而使得部分服务不能达到合规要求。
- 由于多租户中其他用户的活动而失去商业信誉：由于其他用户的恶意活动使得多租户中的无辜用户遭受影响，如恶意攻击使得无辜者的 IP 地址段被阻塞。
- 云服务终止或故障：因为云服务商破产或短期内停止提供服务（如由于云服务商采取

了不适当的商业策略或资金缺乏等因素），使得云用户的业务遭受严重影响。

- 云服务商收购：云服务商的收购将增加策略转变的可能性，以及可能使非约束力合约具有风险（如软件接口、非合同化的安全控制）。
- 供应链故障：由于云服务商将其生产链中的部分任务外包给第三方，其整体安全性将因此受到第三方的影响。其中任一环节安全性失效，将影响整个云服务的可用性、数据的机密性、完整性和可用性等。

2. 技术上的风险

- 资源耗尽
- 隔离故障
- 云内部的恶意人员
- 管理接口漏洞
- 截获传输中的数据
- 数据泄露
- 不安全或无效的数据删除
- DDoS（分布式拒绝服务攻击）
- EDoS（经济拒绝服务攻击）
- 密钥丢失
- 恶意探测或扫描
- 危害服务引擎
- 客户强化程序和云环境之间的冲突

3. 法律上的风险

- 传讯和电子发现。由于法律传讯和民事诉讼等因素使得物理设备被没收，将导致多租户中无辜用户存储的内容遭受强制检查和泄露的风险。
- 管辖变更风险。云环境中，用户的数据可能存储于多个不同的管辖区，如果其中部分数据存储于没有法律保障的国家或地区，则数据安全将受到很大的威胁，可能被非法没收并强制公开。
- 数据保护风险。云用户和云服务商都将面临该安全风险。对于云用户而言，因为不能有效检查云服务商的数据处理过程，从而不能确保该过程是否合规与合法；云存储环境中存在的安全漏洞也会引入安全风险。对于云服务商而言，则可能接受并存储用户非法收集的数据。
- 许可风险。由于云环境不同于传统的主机环境，必须制定合理的软件授权和检测机制，否则云用户和软件开发商的利益都将受到损害。

对于技术风险，客户可以通过要求云服务商提供相应的安全控制手段来解决；而对于管理及法律上的风险，用户应在采用云服务商的前期，确定安全风险，并通过合同的手段，对云服务商提出相应的约束，将风险通过法律的手段，传达给云服务商，以达到回避或减轻风险的目的。

11.2　我国的云计算服务安全管理

云计算产业已经成为全球的战略性新型产业，许多国家和政府都在大力布局和推进。云计算服务正在逐步突破互联网市场的范畴，政府、公共管理部门、各行业企业也开始接受云服务的理念，逐步将各自的数据和业务部署在云上。同时，大数据、物联网等新兴计算和应用也越来越成熟，但这些新技术和新应用模式与传统的信息系统安全风险有明显不同。为了应对这些问题，2014 年 5 月，我国政府宣布将实施网络安全审查制度。党政部门云计算服务安全审查制度作为网络安全审查制度的组成部分，由中央网信办于 2015 年 6 月正式开展工作，对提出申请的云计算服务进行审查，以满足党政部门采购使用的需求。

11.2.1　我国云服务面临的安全问题

我国的云服务面临如下安全问题：

（1）虚拟化的引入给云服务带来了新风险

虚拟化带来的新风险主要表现在虚拟机被滥用、虚拟机逃逸、多租户间隔离失效、虚拟机的安全策略迁移等方面。其中，虚拟机逃逸是指原来虚拟机和宿主机由隔离的状态变成连通状态，这将影响到 Hypervisor（虚拟机监管层）上的所有虚拟机。虚拟机的安全策略迁移也是个棘手的问题，为保证虚拟机的安全，需要安全策略随虚拟机的迁移而自动快速地建立起来，否则将出现安全空窗期，存在较大安全隐患。

（2）共享环境下的数据安全是用户最担心的问题

云服务模式下，用户非常担心托管于服务商处的数据是否会被泄露、篡改或丢失。用户数据面临的人为威胁主要来源于服务商、黑客、相邻恶意租户以及后续租户。服务商天然具有对存储于其设备上的用户数据的优先访问权，如何防范服务商内部人员（如系统管理员）对用户数据的非法访问和泄露是一个重要的问题。传输中的数据容易遭到黑客或恶意相邻租户的截获或篡改。后续租户可能恢复未经彻底删除的退租用户的数据。用户数据面临的客观威胁主要是软硬件故障、电力中断、自然灾害等各类客观因素造成云服务中的数据丢失。数据跨境流动问题是云服务面临的一个特殊问题。云服务提供商可在全球范围内动态迁移虚拟机镜像和数据，这不仅涉及跨国司法问题，同时，国家的重要机密信息可能因此泄露，进而对国家安全造成威胁。

（3）云平台应用程序安全涉及每一类云服务

不管是 SaaS、PaaS 还是 IaaS，都存在应用程序安全问题，主要包括以下三类：一是恶意程序审查。在 PaaS 服务中，服务商需要审查用户上传的应用程序是否为恶意程序，否则，可能影响云平台的运行或造成其他不良影响。在 IaaS 服务中，服务商云平台上也容易被放置恶意攻击程序。二是应用程序接口安全。PaaS 服务商需要提供各种接口供开发者调用，因此，会不可避免地存在不安全的接口，也就容易被恶意用户所利用。三是代码安全与测试。在 PaaS 服务中，应用程序本身的代码存在各种漏洞。SaaS 服务商所提供的在线软件类应用程序也必须经过严格的代码安全审查与测试才能上线运营。

（4）海量用户的身份认证与访问控制是一大难题

云服务模式下，用户身份认证与访问控制面临新的挑战，包括海量用户的身份认证与授权、访问权限的合理划分和账号、密码及密钥管理。云计算主要通过互联网对外提供服务，支持的用户数可能少则 10 万，多则 100 万、1000 万，甚至上亿。如何应对海量用户不断变化的业务和用户身份，需要云服务商对用户身份认证和接入管理实现完全自动化。在密钥管理方面，云服务商可能拥有用户用于加解密的密钥，这将导致数据的泄露。

（5）云服务运维和管理措施尚未完善

当前，云服务安全运维效率低下，首先，特权用户（如管理员）的过失行为，可能造成服务中断等严重后果。其次，云服务的运维层级发生了变化。原来基于物理主机的监控不再有效，但还无法有效地监控虚拟主机是否已经出现问题。同时，我国云服务还处于发展初期，云服务商在管理上的漏洞较多，对运维人员缺少针对性管理，缺少专门的机构、岗位和管理制度等。

（6）可用性与兼容性仍需重点关注

云计算基于开放的互联网提供服务，面临众多未知的安全风险。云服务不可用的原因主要包括：DDoS 攻击和僵尸网络、Web 服务攻击、软硬件故障、电力中断和自然灾害等。由于云服务商对应用程序开发有较多限制，如开发语言、开发规范等，这给 PaaS 服务中应用程序的迁移带来了兼容性方面的安全问题。

（7）内容合规性审查变得更加困难

云服务中，由于信息与其发布载体动态绑定（可以支持公网 IP 地址、域名与云节点的动态绑定），使得对有害内容的定位和封堵变得异常困难。同时，境外云计算服务节点通常提供共享访问的 SSL（Secure Sockets Layer，安全套接层）加密通道，除证书发行商名字、IP、端口外无法检测到任何内容，这使得传统的内容过滤技术无从下手。

为了有效应对我国云计算服务面临的以上七种问题，除了依靠技术手段，政府部门更应着力推进监管政策及法律法规的制定与实施以实现云服务安全监管。监管政策和法律法规作为上层建筑，从宏观层面影响着所有具体业务。有效的监管环境也有利于建立用户与云服务商的信任关系，提升用户信心。

11.2.2　我国云服务安全审查的目的

通过云计算服务安全审查，可以统一风险管理，全方位地对云服务商的背景和供应链以及技术和管理安全进行综合评估。从国家层面统一进行持续监管，并从政府层面提出安全需求，可以节约成本，增加工作效率，形成规范的证据包，在不同的部门之间共享一些安全共享的评估结果，加快政府部门采购云计算服务的流程。政府部门的安全需求现在可以做到统一化，后续会加强统一的持续监管。通过这样的安全审查，可以提升云计算服务提供商的安全能力以及用户的信心。

11.2.3 我国云服务安全审查的要求

（1）充分认识加强党政部门云计算服务网络安全管理的必要性

云计算服务是以云计算技术与模式为主要特征的信息技术服务，包括 SaaS（软件即服务）、PaaS（平台即服务）、IaaS（基础设施即服务）等。党政部门采购云计算服务，有利于提高资源利用率和为民服务的效率与水平。同时，这样做的安全风险也很突出：用户对数据、系统的控制管理能力减弱；安全责任不明确，一些单位可能由于数据和业务的外包而放松安全管理；云计算平台更加复杂，风险和隐患增多，控制和监管手段不足；云计算平台间的互操作和移植比较困难，用户数据和业务迁移到云计算平台后容易形成对云计算服务提供者（以下称服务商）的过度依赖。对此，各级党政部门务必要高度重视，增强风险意识、责任意识，切实加强采购和使用云计算服务过程中的网络安全管理。

（2）党政部门云计算服务网络安全管理的基本要求

党政部门在采购使用云计算服务过程中应通过合同等手段要求为党政部门提供云计算服务的服务商遵守以下规定：

①安全管理责任不变

网络安全管理责任不随服务外包而外包，无论党政部门数据和业务是位于内部信息系统还是服务商云计算平台上，党政部门始终是网络安全的最终责任人，应加强安全管理，通过签订合同、持续监督等方式要求服务商严格履行安全责任和义务，确保党政部门数据和业务的机密性、完整性、可用性，以及互操作性、可移植性。

②数据归属关系不变

党政部门提供给服务商的数据、设备等资源，以及云计算平台上党政业务系统运行过程中收集、产生、存储的数据和文档等资源属党政部门所有。服务商应保障党政部门对这些资源的访问、利用、支配，未经党政部门授权，不得访问、修改、披露、利用、转让、销毁党政部门数据；在服务合同终止时，应按要求做好数据、文档等资源的移交和清除工作。

③安全管理标准不变

承载党政部门数据和业务的云计算平台要参照党政信息系统进行网络安全管理，服务商应遵守党政信息系统的网络安全政策规定、信息安全等级保护要求、技术标准，落实安全管理和防护措施，接受党政部门和网络安全主管部门的网络安全监管。

④敏感信息不出境

为党政部门提供服务的云计算服务平台、数据中心等要设在境内。敏感信息未经批准不得在境外传输、处理、存储。

（3）合理确定采用云计算服务的数据和业务范围

党政部门要参照《信息安全技术　云计算服务安全指南》等国家标准，对数据的敏感程度、业务的重要性进行分类，全面分析、综合平衡采用云计算服务后的安全风险和效益，科学规划和确定采用云计算服务的数据、业务范围和进度安排。对于涉及国家秘密、工作秘密的业务，不得采用社会化云计算服务。对于包含大量敏感信息和公民隐私信息、直接影响党政机关运转和公众生活工作的关键业务，应在确保安全的前提下考虑向云计算平台迁移。对于保护等级在四级以上的信息系统，以及一旦出现问题可能造成重大经济损失，甚至危害国家安全的业务不宜采用社会化云计算服务。

（4）统一组织党政部门云计算服务网络安全审查

中央网信办会同有关部门建立云计算服务安全审查机制，对为党政部门提供云计算服务的服务商，参照有关网络安全国家标准，组织第三方机构进行网络安全审查，重点审查云计算服务的安全性、可控性。党政部门采购云计算服务时，应通过采购文件或合同等手段，明确要求服务商应通过安全审查。鼓励重点行业优先采购和使用通过安全审查的服务商提供的云计算服务。

（5）加强云计算服务过程的持续指导和监督

党政部门应按照合同管理等有关要求，参考相关技术标准和指南，同服务商签订服务合同、协议。合同和协议要充分体现网络安全管理要求，明确合同双方的网络安全责任义务。直接参与党政业务系统运行管理的服务商人员应签订安全保密协议，必要时要对其进行背景调查。

党政部门要认真履行合同规定的责任义务，监督服务商加强安全防护管理，要求服务商在发生网络安全案件或重大事件时，及时向有关部门报告，配合开展调查工作。要组织对云计算服务的安全监测，加强安全检查，及时发现和通报安全隐患。

（6）强化保密审查和安全意识培养

党政部门应建立健全云计算服务保密审查制度，指定机构和人员负责对迁移到云计算平台上的数据、业务进行保密审查，确保数据和业务不涉及国家秘密。综合分析数据关联性，防止因数据汇聚涉及国家秘密，不得使用非涉密网络中的云计算平台处理涉及国家秘密的信息。党政部门在使用云计算服务前，要集中组织开展机关工作人员网络安全和保密教育培训，明示使用云计算服务面临的安全保密风险；要求服务商加强对员工的安全和保密教育，自觉维护党政部门云计算服务安全。

11.2.4 我国云服务安全审查的相关程序文件

1.《云计算服务安全指南》

该指南站在用户的角度来指导用户安全地使用云计算服务，主要内容包括在云计算服务生命周期应采取的安全技术和管理措施，保障数据和业务的安全。

指南的第一部分介绍云计算的基本概念，帮助读者认识和理解云计算和云计算服务；第二部分是云计算的风险管理，阐明云计算会面临的安全风险。后面的四章用于指导客户在采用云计算服务的时候，明确四个关键环节分别应该做什么，从技术和管理上促进哪些环节。

指南通过对云计算安全风险的分析，梳理出了七大安全风险，根据这些安全风险提出四个不变和一个坚持。四个不变是指安全管理基本要求和安全管理的责任不变（最终的责任人还是客户）、资源的所有权不变、司法管辖的关系不变、安全管理的水平不变；一个坚持是指坚持先审后用的原则。云计算服务生命周期的四个关键环节是规划准备阶段、选择服务和部署阶段、持续使用服务的阶段和运行监管阶段。对于每一个阶段需要注意的问题，指南均提出了相关的指导性建议。

2.《云计算服务安全能力要求》

该文件站在云服务商的角度描述了云服务商为政府部门提供云计算服务时，应该具备的信息安全的技术和管理能力。它的对象包括云服务商、第三方的测评机构和客户。该文件的目的是配合政府部门云计算安全审查的相关工作，梳理出关键的重点安全问题、增强的安全要求 500 多项。标准制定原则中，充分参考、吸收国际和国外已有标准和先进内容。文件以列举的形式将能力要求转化成一些技术性的要求。标准通过提出要求的方式给予云服务商比较大的灵活度。标准附带安全计划模板，当能力要求提出这个要求，怎么做是安全计划模板体现的，这是后续对云服务商能力进行评估的重要依据，安全计划模板需要对标准进行充分地解读。

3.《云计算服务系统安全计划》

《云计算服务系统安全计划》模板用于云服务商描述党政部门云计算服务及安全控制措施实现情况。该模板基于 GB/T 31168—2014《信息安全技术 云计算服务安全能力要求》制定，其中包括党政部门云计算服务概况、平台或系统环境、标准实现情况等内容，为云服务商制定云计算服务系统安全计划提供指导。

11.3 国外的云计算安全标准

云计算安全标准化是云计算真正大范围推广和应用的基本前提。近几年，云计算标准在国际上已成为标准化工作的热点之一。当前国际上有多个组织和团体在进行云计算相关的标准化工作，主要有 ISO/IEC（International Organization for Sandardization/International Electrotechnical Commission，国际标准化组织 / 国际电工委员会）、ITU（International Telecommunication Union，国际电信联盟）、NIST（National Institute of Standards and Technology，美国国家标准与技术研究院）等标准化组织以及 CSA（Cloud Security Alliance，云安全联盟）、OASIS（The Organization for the Advancement of Structured Information Standards，结构化信息标准促进组织）等产业联盟。

11.3.1 ISO/IEC

ISO/IEC JTC1/SC27 是国际标准化组织和国际电工委员会的信息技术联合技术委员会下专门负责信息安全标准化的分技术委员会。SC27 于 2010 年开始云计算安全标准的研制工作，主要集中在云安全管理、隐私保护和供应链安全方面，目前主要有 3 个国际标准立项：

- ISO/IEC27017：基于 ISO/IEC27002 的云计算服务的信息安全控制措施实用规则（ISO/IEC 27017:2015/ITU-T X.1631—Information technology—Security Techniques—Code of Practice for Information Security Controls Based on ISO/IEC 27002 for Cloud Services）
- ISO/IEC27018：公有云中个人信息处理者保护个人可识别信息的实用规则（ISO/IEC 27018:2014 Information Technology-Security Techniques-Code of Practice for Protection of Personally Identifiable Information (PII) in Public Clouds Acting as PII Processors）

- ISO/IEC27036-4：供应商关系的信息安全—第四部分：云服务安全指南（ISO/IEC FDIS 27036-4 Information Technology-Security Techniques-Information Security for Supplier Relationships-Part 4: Guidelines for Security of Cloud Services）

ISO/IEC 27017 主要针对云服务用户和云服务提供者，给出了安全控制措施及实施指南。ISO/IEC 27018 在 ISO/IEC 27002 的基础上，在公有云环境中，建立与 ISO/IEC 29100《信息技术 安全技术—隐私框架》中隐私原则一致的用于保护个人可识别信息（PII）的通用的控制目标、控制措施和实施指南，ISO/IEC 27036-4 主要针对供应商关系的信息安全。

目前，ISO/IEC JTC1/SC 27 在研的其他云计算安全标准研究项目还有《云和新数据相关技术的风险管理》《云安全用例和潜在的标准差距》等。

ISO/IEC JTC1/SC38 是 JTC1 下面的云计算和分布式平台分技术委员会。目前有以下云安全相关的国际标准立项：

- ISO/IEC FDIS 19086-1：服务水平协议框架和技术 –1 概述和概念（ISO/IEC FDIS 19086-1 Information Technology-Cloud Computing-Service Level Agreement (SLA) Framework and Technology-Part 1: Overview and Concepts）
- ISO/IEC NP 19086-2：服务水平协议框架和技术 –2 度量（ISO/IEC NP 19086-2 Information Technology-Cloud Computing-Service Level Agreement (SLA) Framework and Technology-Part 2: Metrics）
- ISO/IEC DIS 19086-3：服务水平协议框架和技术 –2 核心一致性需求（ISO/IEC DIS 19086-3 Information Technology-Cloud Computing-Service Level Agreement (SLA) Framework-Part 3: Core Conformance Requirements）

SC27 在研的其他云计算安全标准研究项目还有《ISO/IEC CD 19941 互操作性与可移植性》《ISO/IEC CD 19944 跨设备与云服务的数据和数据流》等。

11.3.2 ITU-T

国际电信联盟通信局 ITU-T 于 2010 年 6 月成立了云计算焦点组（Focus Group on Cloud Computing），在 FGCC 结束之后，又将后续云计算的研究方案分派给不同的 SG，包括 SG13/SG17 等。云计算焦点组的主要成果是输出了 7 个文档：

- 《云生态系统介绍》(Introduction to The Cloud Ecosystem)
- 《功能需求和参考架构》(Functional Requirements and Reference Architecture)
- 《涉及云计算的服务数据对象概述》(Overview of SDOs Involved in Cloud Computing)
- 《云安全威胁和需求》(Cloud Security, Threat and Requirements)
- 《云基础设施需求与框架结构》(Requirements and Framework Architecture of Cloud Infrastructure)
- 《电信 /ICT 视角的云计算益处》(Benefits of Cloud Computing From Telecommunicaton/ICT Perspective)
- 《云资源管理差距分析》(Cloud Resource Management Gap Analysis)

SG17 的成果主要有《X.ccsec 云计算的高层安全框架》《X.fsspvn 虚拟网络的安全服务平台框架》《X.sfcse 软件即服务应用环境的安全功能要求》和《X.goscc 云计算的操作安全指南》等。

11.3.3 NIST

2011 年 11 月，美国国家标准与技术研究院（NIST）正式启动云计算计划，其目标是通过技术引导和推进标准化工作来帮助政府和行业安全有效地使用云计算。NIST 共成立了 5 个云计算工作组：云计算参考架构和分类工作组、促进云计算应用的标准推进工作组、云计算安全工作组、云计算标准路线图工作组和云计算业务用例工作组。NIST 在云计算方面进行了大量的标准化工作，它提出的云计算定义、三种服务模式、四种部署模型、五大基础特征均受到业内的广泛认同和使用。NIST 目前已经发布了多份出版物，比较重要的有：

- SP 500-291《云计算标准路线图》（NIST Cloud Computing Standards Roadmap）
- SP 500-292《云计算参考体系架构》（NIST Cloud Computing Reference Architecture）
- SP 500-293《美国政府云计算技术路线图》（US Government Cloud Computing Technology Roadmap）
- SP 800-144《公有云中的安全和隐私指南》（Guidelines on Security and Privacy in Public Cloud Computing）
- SP 800-145《云计算定义》（The NIST Definition of Cloud Computing）
- SP 800-146《云计算概要和建议》（Cloud Computing Synopsis and Recommendations）

此外，NIST 还发布了其他文件，包括《云计算安全障碍和缓解措施列表》《美国联邦政府使用云计算的安全需求》《联邦政府云指南》和《美国政府云计算安全评估与授权的建议》等。

11.3.4 CSA

云安全联盟（CSA）于 2009 年成立，目的是在云计算环境下提供最佳的安全方案。CSA 已经与 ITU-T、ISO 等组织建立起定期的技术交流机制，相互通报并吸收各自在云安全方面的成果和进展。CSA 目前所有的成果都是以类似研究报告的形式来发布，并没有制定标准。CSA 目前比较重要的成果有：

- 《云计算关键领域安全指南》（Security Guidance for Critical Areas of Focus in Cloud Computing）
- 《云计算的主要风险》（Top Threats to Cloud Computing）
- 《云安全联盟的云控制矩阵》（CSA Cloud Controls Matrix）
- 《身份管理和访问控制指南》（Guidance for Identity and Access Management）

11.3.5 OASIS

结构化信息标准促进组织（OASIS）致力于基于 Web Services、SOA 等相关标准建设云模型及轮廓相关的标准。OASIS 成立了云技术委员会 IDCloud TC，该技术委员会定位于云计算中的识别管理安全。OASIS 目前比较重要的成果有：

- 《云计算使用案例中的身份管理》(Identity in the Cloud Use Cases)
- 《密钥管理互操作性协议规范》(Key Management Interoperability Protocol Specification)

11.3.6　ENISA

ENISA 自 2009 年就启动了云计算安全的相关研究工作，发布了多份报告。2010 年 11月，ENISA 等国际公共机构提出了政务云的概念，发布了《政务云的安全和弹性》白皮书，为政务部门提供了决策指南。欧洲网络与信息安全局 ENISA 目前发布了 3 本白皮书：

- 《云计算中信息安全的优势、风险和建议》(Cloud Computing Benefits, risks and Recommendations for Information Security)
- 《云计算信息安全保障框架》(Cloud Computing Information Assurance Framework)
- 《政府云的安全和弹性》(Security and Resilience in Governmental Clouds)

11.4　我国的云计算安全标准

全国信息安全标准化技术委员会（TC260，简称信安标委）是信息安全专业领域从事全国标准化工作的技术工作组织，负责全国信息安全标准化的技术归口工作，涉及信息安全技术、机制、服务、管理、评估等领域的标准化技术工作。从 2004 年开始，信安标委积极参与有关国际标准的研制工作。近年开始关注云计算安全标准的研究与制定，目前已发布了GB/T 31167—2014《信息安全技术　云计算服务安全指南》和 GB/T 31168—2014《信息安全技术　云计算服务安全能力要求》2 项云计算安全国家标准，针对政府部门采购云计算服务，分别从客户、云服务提供商的角度给出了指导和要求，为我国的网络安全审查工作提供了有效支撑。

11.4.1　GB/T 31167

2014 年 9 月，由全国信息安全标准化技术委员会（SAC/TC 260）提出并归口，四川大学作为牵头单位申请立项的标准制订项目 GB/T 31167—2014《信息安全技术　云计算服务安全指南》发布。

《云计算服务安全指南》标准的主要目标是：

1）指导政府部门做好采用云计算服务的前期分析和规划，选择合适的云服务商，对云计算服务进行运行监管，考虑退出云计算服务和更换云服务商的安全风险。

2）指导政府部门在云计算服务的生命周期采取相应的安全技术和管理措施，保障数据和业务的安全，安全使用云计算服务。

GB/T 31167—2014《信息安全技术　云计算服务安全指南》与 GB/T 31168—2014《信息安全技术　云计算服务安全能力要求》构成了云计算服务安全管理的基础标准。《云计算服务安全指南》面向政府部门，提出了使用云计算服务时的信息安全管理和技术要求；《云计算服务安全能力要求》面向云服务商，提出了为政府部门提供服务时应该具备的信息安全能力要求。

1. 云计算安全管理

《云计算服务安全指南》标准描述了云计算带来的信息安全风险，提出了客户采用云计算服务应遵守的基本要求，从规划准备、选择云服务商及部署、运行监管、退出服务四个阶段描述了客户采购和使用云计算服务的生命周期安全管理。

（1）云计算安全风险

云计算安全风险主要体现在：

- 客户对数据和业务系统的控制能力减弱。
- 客户与云服务商之间的责任难以界定。
- 可能产生司法管辖权问题。
- 数据所有权保障面临风险。
- 数据保护更加困难。
- 数据残留。
- 容易产生对云服务商的过度依赖。

（2）角色及责任

《云计算服务安全指南》定义了云计算服务安全管理的主要角色并明确了各角色的责任。云计算服务安全管理的主要角色为云服务商、客户和第三方评估机构。

（3）安全管理基本要求

采用云计算服务期间，客户和云服务商应遵守以下要求：

- 安全管理责任不变。信息安全管理责任不应随服务外包而转移，无论客户数据和业务是位于内部信息系统还是云服务商的云计算平台上，客户都是信息安全的最终责任人。
- 资源的所有权不变。客户提供给云服务商的数据、设备等资源，以及云计算平台上客户业务系统运行过程中收集、产生、存储的数据和文档等都应属客户所有，客户对这些资源的访问、利用、支配等权利不受限制。
- 司法管辖关系不变。客户数据和业务的司法管辖权不应因采用云计算服务而改变。除非中国法律法规有明确规定，云服务商不得依据其他国家的法律和司法要求将客户数据及相关信息提供给外国政府。
- 安全管理要求不变。承载客户数据和业务系统的云计算平台应按照政府信息系统进行信息安全管理，为客户提供云计算服务的云服务商应遵守政府信息系统的信息安全政策规定、技术标准。
- 坚持先审后用原则。云服务商应具备保障客户数据和业务系统安全的能力，并通过信息安全审查。客户应选择通过审查的云服务商，并监督云服务商切实履行安全责任，落实安全管理和防护措施。

（4）云计算服务生命周期

客户采购和使用云计算服务的过程可分为四个阶段：规划准备、选择服务商与部署、运行监管、退出服务，如图 11-7 所示。

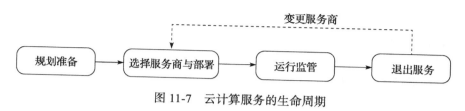

图 11-7   云计算服务的生命周期

2. 规划准备

云计算服务并非适合所有的客户，更不是所有应用都适合部署到云计算环境。是否采用云计算服务，特别是采用社会化的云计算服务，应该综合考虑采用云计算服务后获得的效益、可能面临的信息安全风险、可以采取的安全措施后做出决策。只有当安全风险在客户可以承受、容忍的范围内，或安全风险引起的信息安全事件有适当的控制或补救措施时方可采用云计算服务。

（1）评估效益

效益是采用云计算服务的最主要动因，只有在可能获得明显的经济和社会效益，或初期效益不一定十分明显，但从发展的角度看潜在效益很大，并且信息安全风险可控时，才宜采用云计算服务。

云计算服务的效益主要从以下几个方面进行分析比较：

- 建设成本。对于传统的自建信息系统，需要建设运行环境、采购服务器等硬件设施、定制开发或采购软件等；采用云计算服务，初期资金投入可能包括租用网络带宽、客户采用的安全控制措施等。
- 运维成本。对于传统的自建信息系统，日常运行需要考虑设备运行能耗、设备维护、升级改造、增加硬件设备、扩建机房等成本；采用云计算服务则需要为使用的服务和资源付费。
- 人力成本。对于传统的自建信息系统，需要维持相应数量的专业技术人员，包括信息中心等专业机构；采用云计算服务后，仅需要在本单位保留适当数量的专业人员。
- 性能和质量。云计算服务由具备相当专业技术水准的云服务商提供，云计算平台具有冗余措施、先进的技术和管理、完整的解决方案等特点，应分析采用云计算服务后对业务的性能和质量带来的优势。
- 创新性。通过采用云计算服务，客户可以将更多的精力放在如何提升核心业务能力、创新公众服务上，而不需要考虑业务的技术实现和实施；可以快速部署满足新需求的业务，并按需随时调整。

（2）分类政府信息

政府信息是指政府机关（包括受政府委托代行政府机关职能的机构）在履行职责过程中，以及政府合同单位在完成政府委托任务过程中产生、获取的，通过计算机等电子装置处理、保存、传输的数据、相关的程序、文档等。涉密信息的处理、保存、传输、利用应按国家保密法规执行。GB/T 31167—2014 标准将非涉密政府信息分为敏感信息、公开信息两种类型。

敏感信息指不涉及国家秘密，但与国家安全、经济发展、社会稳定，以及企业和公众利益密切相关的信息，这些信息一旦未经授权披露、丢失、滥用、篡改或销毁可能造成以下后果：

- 损害国防、国际关系。
- 损害国家财产和公共利益，以及个人财产或人身安全。
- 影响国家预防和打击经济与军事间谍、政治渗透、有组织犯罪等。
- 影响行政机关依法调查处理违法、渎职行为，或涉嫌违法、渎职行为。
- 干扰政府部门依法公正地开展监督、管理、检查、审计等行政活动，妨碍政府部门履行职责。
- 危害国家关键基础设施、政府信息系统安全。
- 影响市场秩序，造成不公平竞争，破坏市场规律。
- 可推论出国家秘密事项。
- 侵犯个人隐私、企业商业秘密和知识产权。
- 损害国家、企业、个人的其他利益和声誉。

敏感信息包括但不限于：

- 应该公开但正式发布前不宜泄露的信息，如规划、统计、预算、招投标等的过程信息。
- 执法过程中生成的不宜公开的记录文档。
- 一定精度和范围的国家地理、资源等基础数据。
- 个人信息，或通过分析、统计等方法可以获得个人隐私的相关信息。
- 企业的商业秘密和知识产权中不宜公开的信息。
- 关键基础设施、政府信息系统安全防护计划、策略、实施等相关信息。
- 行政机构内部的人事规章和工作制度。
- 政府部门内部的人员晋升、奖励、处分、能力评价等人事管理信息。
- 根据国际条约、协议不宜公开的信息。
- 法律法规确定的不宜公开信息。
- 单位根据国家要求或本单位需要认定的敏感信息。

公开信息指不涉及国家秘密且不是敏感信息的政府信息，包括但不限于：

- 行政法规、规章和规范性文件，发展规划及相关政策。
- 统计信息，财政预算决算报告，行政事业性收费的项目、依据、标准。
- 政府集中采购项目的目录、标准及实施情况。
- 行政许可的事项、依据、条件、数量、程序、期限以及申请行政许可需要提交的全部材料目录及办理流程。
- 重大建设项目的批准和实施情况。
- 扶贫、教育、医疗、社会保障、促进就业等方面的政策、措施及其实施情况。
- 突发公共事件的应急预案、预警信息及应对情况。
- 环境保护、公共卫生、安全生产、食品药品、产品质量的监督检查情况等。

- 其他根据相关法律法规应该公开的信息。

（3）分类政府业务

根据政府业务不能正常开展时可能造成的影响范围和程度，GB/T 31167—2014 标准将政府业务划分为一般业务、重要业务、关键业务三种类型。

- 一般业务。出现短期服务中断或无响应不会影响政府部门的核心任务，对公众的日常工作与生活造成的影响范围、程度有限。通常政府部门、社会公众对一般业务中断的容忍度以天为单位衡量。
- 重要业务。一旦受到干扰或停顿，会对政府决策和运转、对公服务产生较大影响，在一定范围内影响公众的工作生活，造成财产损失，引发少数人对政府的不满情绪。此类业务出现问题，造成的影响范围、程度较大。
- 关键业务。一旦受到干扰或停顿，将对政府决策和运转、对公服务产生严重影响，威胁国家安全和人民生命财产安全，严重影响政府声誉，在一定程度上动摇公众对政府的信心。

（4）确定优先级

在分类信息和业务的基础上，综合平衡采用云计算服务后的效益和风险，确定优先部署到云计算平台的信息和业务，如图 11-8 所示。

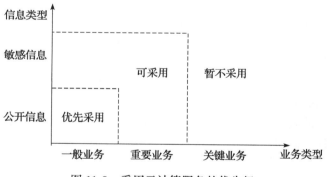

图 11-8　采用云计算服务的优先级

- 承载公开信息的一般业务可优先采用包括公有云在内的云计算服务，尤其是那些利用率较低、维护和升级成本较高、与其他系统关联度低的业务应优先考虑采用社会化的云计算服务。
- 承载敏感信息的一般业务和重要业务，以及承载公开信息的重要业务也可采用云计算服务，但宜采用安全特性较好的私有云或社区云。
- 关键业务系统暂不宜采用社会化的云计算服务，但可考虑采用场内私有云（自有私有云）。

（5）安全保护要求

所有的客户信息都应该得到适当的保护。对于公开信息主要是防篡改、防丢失，对于敏感信息还要防止未经授权披露、丢失、滥用、篡改和销毁。所有的客户业务都应得到适当保护，保证业务的安全性和持续性。

　　不同类型的信息和业务对安全保护有着不同的要求，客户应该要求云服务商根据信息和业务的安全需求提供相应强度的安全保护，如图 11-9 所示。

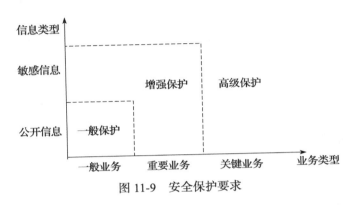

图 11-9　安全保护要求

对云计算平台的安全保护能力要求如下：
- 承载公开信息的一般业务需要一般安全保护。
- 承载公开信息的重要业务、承载敏感信息的一般业务或重要业务需要增强安全保护。
- 涉及关键业务则需要高级安全保护。

关于一般安全保护和增强安全保护的具体指标要求，见 GB/T 31168—2014。

3. 选择云服务商与部署

（1）云服务商安全能力要求

为客户提供云计算服务的云服务商应具备以下 10 个方面的安全能力。

1）系统开发与供应链安全：云服务商应在开发云计算平台时对其提供充分保护，对为其开发信息系统、组件和服务的开发商提出相应要求，为云计算平台配置足够的资源，并充分考虑信息安全需求。云服务商应确保其下级供应商采取了必要的安全措施。云服务商还应为客户提供与安全措施有关的文档和信息，配合客户完成对信息系统和业务的管理。

2）系统与通信保护：云服务商应在云计算平台的外部边界和内部关键边界上监视、控制和保护网络通信，并采用结构化设计、软件开发技术和软件工程方法有效保护云计算平台的安全性。

3）访问控制：云服务商应严格保护云计算平台的客户数据和用户隐私，在授权信息系统用户及其进程、设备（包括其他信息系统的设备）访问云计算平台之前，应对其进行身份标识及鉴别，并限制授权用户可执行的操作和使用的功能。

4）配置管理：云服务商应对云计算平台进行配置管理，在系统生命周期内建立和维护云计算平台（包括硬件、软件、文档等）的基线配置和详细清单，并设置和实现云计算平台中各类产品的安全配置参数。

5）维护：云服务商应定期维护云计算平台设施和软件系统，并对维护所使用的工具、技术、机制以及维护人员进行有效的控制，且做好相关记录。

6）应急响应与灾备：云服务商应为云计算平台制订应急响应计划，并定期演练，确保在紧急情况下重要信息资源的可用性。云服务商应建立事件处理计划，包括对事件的预防、检测、分析和控制以及系统恢复等，对事件进行跟踪、记录并向相关人员报告。云服务商应具备容灾恢复能力，建立必要的备份与恢复设施和机制，确保客户业务可持续。

7）审计：云服务商应根据安全需求和客户要求，制定可审计事件清单，明确审计记录内容，实施审计并妥善保存审计记录，对审计记录进行定期分析和审查，还应防范对审计记录的非授权访问、篡改和删除行为。

8）风险评估与持续监控：云服务商应定期或在威胁环境发生变化时，对云计算平台进行风险评估，确保云计算平台的安全风险处于可接受水平。云服务商应制定监控目标清单，对目标进行持续安全监控，并在异常和非授权情况发生时发出警报。

9）安全组织与人员：云服务商应确保能够接触客户信息或业务的各类人员（包括供应商人员）上岗时具备履行其信息安全责任的素质和能力，还应在授予相关人员访问权限之前对其进行审查并定期复查，在人员调动或离职时履行安全程序，对于违反信息安全规定的人员进行处罚。

10）物理与环境保护：云服务商应确保机房位于中国境内，机房选址、设计、供电、消防、温湿度控制等符合相关标准的要求。云服务商应对机房进行监控，严格限制各类人员与运行中的云计算平台设备进行物理接触，确需接触的，需通过云服务商的明确授权。

（2）确定云服务商

1）选择云服务商：为保证云计算平台上客户数据和业务系统的安全，云服务商应该建立并实施安全管理制度、策略及规程等，具备相应安全保护能力。政府相关职能部门需要对云服务商具备的安全能力进行审查，客户应向通过审查的云服务商采购服务。如果通过审查的云服务商中没有能够满足客户需求的，客户可以另外向政府相关职能部门推荐云服务商进行安全能力审查。

2）人员背景调查：客户应根据数据的敏感程度，确定是否需要对访问数据的云服务商工作人员进行背景调查。在需要背景调查时应委托相关职能部门进行。

（3）合同中的安全考虑

合同是明确云服务商与客户间责任义务的基本手段。有效的合同是安全、持续使用云计算服务的基础，应全面、明确地制定合同的各项条款，突出考虑信息安全问题。

1）云服务商的责任和义务

合同应明确云服务商需承担以下责任和义务：

①承载客户数据和业务系统的云计算平台应按照政府信息系统进行管理，云服务商应遵守有关政府信息安全的政策法规、管理规定、国家标准。

②客户提供给云服务商的数据、设备等资源，以及云计算平台上客户业务系统运行过程中收集、产生、存储的数据和文档等都属客户所有，云服务商应保证客户对这些资源的访问、

利用、支配等权利。

③云服务商不得依据外国的法律和司法要求将客户数据及相关信息提供给外国政府。

④未经客户授权，不得访问、修改、披露、利用、转让、销毁客户数据；在服务合同终止时，应将数据、文档等归还给客户，并按要求彻底清除数据。如果客户有明确的留存要求，应按要求留存客户数据。

⑤采取有效管理、技术措施确保客户的数据和业务系统的保密性、完整性和可用性。

⑥接受客户或政府相关职能部门的信息安全监管。

⑦当发生安全事件并造成损失时按照双方的约定进行赔偿。

⑧不以持有客户数据相要挟，配合做好客户数据和业务系统的迁移和退出。

⑨发生纠纷时，在双方约定期限内仍应保证客户数据安全。

⑩法律法规明确或双方约定的其他责任义务。

2）服务水平协议

服务水平协议（SLA）约定云服务商向客户提供的云计算服务的各项具体技术指标，是合同的重要组成部分。客户应与云服务商协商确定服务水平协议，并作为合同附件。服务水平协议应与服务需求对应，针对需求分析中给出的范围或指标，在服务水平协议中要给出明确参数。服务水平协议中需对涉及的术语、指标等准确定义，防止因二义性或理解差异造成违约纠纷或客户损失。

3）人员管理与保密协议

对于可访问客户信息或掌握客户业务系统运行信息的云服务商应与客户签订保密协议；对于能够接触客户信息或掌握客户业务系统运行信息的云服务商内部员工，应签订保密协议。保密协议应包括：

①遵守相关法律、法规、政策、规章、制度和协议，在基于授权的前提下合理使用客户信息，不得以任何手段获取、使用协议规定以外的客户信息。

②未经授权，不应在工作职责授权范围以外使用、分享客户信息。

③未经授权，不得泄露、披露、转让以下信息：

- 技术信息：同客户业务相关的程序、代码、流程、方法、文档、数据等内容。
- 业务信息：同客户业务相关的人员、财务、策略、计划、资源消耗数量、通信流量大小等业务信息。
- 安全信息：包括账号、口令、密钥、授权等用于对网络、系统、进程等进行访问的身份与权限数据，还包括对正当履行自身工作职责所需要的重要、适当和必要的信息。

④第三方要求披露③中的信息或客户敏感信息时，不应响应，并立刻报告。

⑤对违反协议或可能导致违反协议、规定、规程、法律的活动、策略或实践，一经发现，应立即报告。

⑥合同结束后，云服务商应返还客户的③中信息和客户数据，明确返回的具体要求、内容。

⑦明确保密协议的有效期。

4）合同的信息安全相关内容

客户在与云服务商签订合同时，应该全面考虑采用云计算服务的整个生命周期中可能面临的安全风险，并通过合同等形式对管理、技术、人员等进行约定，要求云服务商为客户提供安全、可靠的服务。合同至少应包括以下信息安全相关内容：

①云服务商的责任和义务，包括但不限于标准中列出的全部内容。若有其他方参与，应明确其他方的责任与义务。

②云服务商应遵从的技术和管理标准。

③约定的服务水平协议，明确客户特殊的性能需求、安全需求。

④约定的保密条款，包括确定可接触客户信息特别是敏感信息的人员。

⑤约定的客户保护云服务商知识产权的责任和义务。

⑥约定的合同终止的条件及合同终止后云服务商应履行的责任和义务。

⑦若云计算平台中的业务系统与客户其他业务系统之间需要数据交互，约定交互方式和接口。

⑧约定的云计算服务的费用结算方式、标准，客户的支付方式等。

⑨约定的违约行为的补偿措施。

⑩约定的云计算服务部署、运行、应急处理、退出等关键时期相关的计划，这些计划可作为合同附件，涉及的相关附件包括但不限于：

- 云计算服务部署方案，确定阶段性成果及时间要求。
- 运行监管计划，明确客户的运行监管要求。
- 应急响应计划、灾难恢复计划，明确处理安全事件、重大灾难事件等的流程、措施、人员等。
- 退出服务方案，明确退出云计算服务时数据和业务系统的迁移、退出方案。
- 培训计划，确定云服务商对客户的培训方式、培训内容、人员及时间。

⑪其他应包括的信息安全相关内容。

（4）部署

为确保云计算服务的部署工作顺利开展，客户应提前与云服务商协商制定云计算服务部署方案，该方案可作为合同附件。如果涉及将正在运行的业务系统迁移到云计算平台，客户还应考虑迁移过程中的数据安全及业务持续性要求。

1）部署方案

云计算服务部署方案至少应包括以下内容：

①客户和云服务商双方的部署负责人和联系人，参与部署的人员及其职责。

②部署的实施进度计划表。

③相关人员的培训计划。

④部署阶段的风险分析。部署阶段的风险可能包括：技术人员误操作导致的数据丢失；业务系统迁移失败无法回退到初始状态；业务系统迁移过程中的业务中断；云服务商在部署过程中获得了额外的访问客户数据和资源的权限等。

⑤部署和回退策略。为降低部署阶段的安全风险，客户应制定数据和业务系统的备份措

施、业务系统迁移过程中的业务持续性措施等，制定部署失败的回退策略，避免由于部署失败导致客户数据的丢失和泄露。

2）投入运行

客户组织技术力量对云计算服务的功能、性能和安全性进行测试，形成测试报告。也可委托第三方评估机构对云计算服务进行测试，各项指标均满足要求后方可投入正式运行。客户数据、业务迁移到云计算环境后，原有业务系统应与迁移到云计算环境后的业务系统并行运行一段时间，以确保业务的持续性。云计算服务投入运行后，应按运行监管的要求加强使用过程中的运行监管，确保客户能持续获得安全、可靠的云计算服务。

4. 运行监管

在采用云计算服务时，虽然客户将部分控制和管理任务转移给云服务商，但最终安全责任还是由客户自身承担。客户应加强对云服务商的运行监管，同时对自身的云计算服务使用、管理和技术措施进行监管。运行监管的主要目标是确保：

- 合同规定的责任义务和相关政策规定得到落实，技术标准得到有效实施。
- 服务质量达到合同的要求。
- 重大变更时客户数据和业务的安全。
- 及时有效地响应安全事件。

（1）运行监管的角色与责任

在政府信息安全职能部门指导下，客户要按照合同、相关制度规定和技术标准加强对云服务商和自身的运行监管，云服务商、第三方测评机构应积极参与和配合。客户、云服务商应明确负责运行监管的责任人和联系方式。

1）客户的监管责任

客户在运行监管活动中的责任如下：

①监督云服务商严格履行合同规定的各项责任义务，自觉遵守有关政府信息安全的制度规定和技术标准。

②协助云服务商处理重大信息安全事件。

③按照政府信息系统安全检查办法的要求，对云服务商的云计算平台开展年度安全检查。

④在云服务商的支持配合下，对以下方面进行监管：

- 服务运行状态。
- 性能指标，如资源使用情况。
- 特殊安全需求。
- 云计算平台提供的监视技术和接口。
- 其他必要的监管活动。

⑤加强对云计算服务和业务使用者的信息安全教育和监管。

⑥对自身负责的云计算环境及客户端的安全措施进行监管。

客户根据运行监管过程中获得的相关材料进行风险评估（客户可以根据自身情况确定是否委托第三方评估机构），若发现问题则要求云服务商进行整改。若评估结果表明云服务商存在严重问题，不能满足客户需求，客户可以选择退出云计算服务或变更云服务商。

2）云服务商的责任

云服务商在运行监管中的责任如下：

①严格履行合同规定的责任义务，遵守政府信息系统的相关管理规定和技术标准。

②开展周期性的风险评估和监测，保证安全能力持续符合 GB/T 31168—2014 国家相关标准，包括：监视非授权的远程连接，持续监视账号管理、策略改变、特权功能、系统事件等活动，监视与其他信息系统的网络互连等。

③按照合同要求或双方的约定，向客户提供相关的接口和材料，配合客户的监管活动。

④云计算平台出现重大变更后，及时向政府相关职能部门和客户报告情况，并视情况聘请第三方评估机构进行安全评估。

⑤出现重大信息安全事件时，及时向客户报告事件及处置情况。

⑥持续开展对雇员的信息安全教育，监督雇员执行相关制度。

⑦接受客户或政府相关职能部门组织的信息安全检查，包括必要的渗透性测试。

云服务商应按客户要求执行运行监视活动，提供运行监视材料和接口；应按要求提交年度运行报告、重大变更申请和安全事件报告等相关材料；应按客户或政府相关职能部门的要求接受第三方评估机构的测评；应根据政府相关职能部门的整改要求及时开展整改工作。

（2）客户自身的运行监管

客户应将云计算服务纳入其信息安全管理工作内容，加强云计算服务使用过程中对自身的运行监管，主要涉及对云计算服务及业务系统使用者的违规及违约情况、自身负责的安全措施实施情况的监管。

1）对违规及违约情况的监管

客户应对云计算服务及业务系统使用者进行监管，要求其遵守国家有关信息安全的法律法规、政策、标准及合同要求：

①不得向云计算平台和相关系统传送恶意程序、垃圾数据，以及其他可能影响云计算平台正常运行的代码。

②不得利用云计算平台实施网络攻击。

③不得对云计算平台进行网络攻击，窃取或篡改数据资料。

④不得利用云计算平台可能存在的技术缺陷或漏洞破坏云服务商和客户的权益。

⑤不得利用云计算平台制作和传播淫秽、反动和危害国家安全的非法信息。

2）对安全措施的监管

客户应对其负责的云计算环境及客户端的安全措施进行监管，确保安全措施已实施并正常运行，应监管的安全措施包括但不限于：

①监管客户账号，包括管理员账号和一般用户账号，发现任何非法使用客户账号的情况，应在权限范围内处置，必要时通知云服务商。

②监管云客户端的安全防护措施，如恶意代码防护、浏览器版本及插件更新、智能移动终端安全加固等。

③监管客户在 PaaS 环境中开发、部署应用的安全措施。

④监管客户在 IaaS 环境中部署的操作系统、业务系统等的安全措施。

⑤由客户或委托第三方评估机构对客户负责实施的安全措施进行安全测评和检查。

（3）对云服务商的运行监管

1）运行状态监管

客户通过运行状态监管了解和掌握云服务商及其提供的云计算服务的状态，运行监管内容包括：

①安全事件响应。

②重大变更处理。

③整改记录。

④信息安全策略更新。

⑤应急响应计划更新。

⑥应急响应演练。

⑦云服务商委托第三方评估机构的测评。

2）重大变更监管

客户或委托第三方评估机构评估云计算平台中重大变更可能带来的风险，并根据评估结果确定需要进一步采取的措施，包括终止云计算服务合同。重大变更包括但不限于：

①鉴别（包括身份鉴别和数据源鉴别）和访问控制措施的变更。

②数据存储的实现方法的变更。

③云计算平台中的软件代码的更新。

④备份机制和流程的变更。

⑤与外部服务商的网络链接的变更。

⑥安全措施的撤除。

⑦已部署的商业软硬件产品的替换。

⑧云计算服务分包商的变更，例如 PaaS、SaaS 服务商更换 IaaS 服务商。

3）安全事件监管

在运行监管活动中，客户、云服务商的任何一方发现安全事件，都应及时通知其他方，云服务商应及时对安全事件进行处置。安全事件包括但不限于：

①非授权访问事件，如对云计算环境下的业务系统、数据或其他计算资源进行非授权逻辑或物理访问等。

②拒绝服务攻击事件。

③恶意代码感染，如云计算环境被病毒、蠕虫、特洛伊木马等恶意代码感染。

④客户违反云计算服务的使用策略，例如发送垃圾邮件等。

5. 退出服务

（1）退出要求

合同到期或其他原因都可能导致客户退出云计算服务，或将数据和业务系统迁移到其他云计算平台上。退出云计算服务是一个复杂的过程，客户需要注意以下环节：

- 在签订合同时提前约定退出条件，以及退出时客户、云服务商的责任义务，应与云服务商协商数据和业务系统迁移出云计算平台的接口和方案。
- 在退出服务过程中，应要求云服务商完整返还客户数据。
- 在将数据和业务系统迁移回客户数据中心的过程中，应满足业务的可用性和持续性要求，如采取客户业务系统与云计算服务并行运行一段时间等措施。
- 及时取消云服务商对客户资源的物理和电子访问权限。
- 提醒云服务商在客户退出云计算服务后仍应承担的责任及义务，如保密要求等。
- 退出云计算服务后需要确保云服务商按要求保留数据或彻底清除数据。
- 如需变更云服务商，应首先按照选择云服务商的要求，执行云服务商选择阶段的各项活动，确定新的云服务商并签署合同。完成云计算服务的迁移后再退出云计算服务。

（2）确定数据移交范围

从云计算平台迁移出的数据，不仅包括客户移交给云服务商的数据和资料，还应包括客户业务系统在云计算平台上运行期间产生、收集的数据以及相关文档资料，如数据文件、程序代码、说明书、技术资料、运行日志等。应制订详细的移交清单，清单内容包括：

- 数据文件。每个数据文件都应标明文件名称、数据文件内容的描述、存储格式、文件大小、校验值、类型（敏感或公开）等。应要求云服务商提供解密方法与密钥，实现加密文件的移交；提供技术资料或转换工具，实现非通用格式文件的移交。
- 程序代码。针对客户定制的功能或业务系统，在合同或其他协议中明确是否移交可执行程序、源代码及技术资料，可能涉及的内容包括：可执行程序、源代码、功能描述、设计文档、开发及运行环境描述、维护手册、用户使用手册等。
- 其他数据。根据事先的约定和双方协商，确定应移交的其他数据，包括客户业务运行期间收集、统计的相关数据，如云计算服务的客户行为习惯统计资料、网络流量及分布规律等。
- 文档资料。客户使用云计算服务过程中提供给云服务商的各种文档资料，及双方共同完成的涉及客户的相关资料。

（3）验证数据的完整性

客户应对云服务商返还的数据完整性进行验证。为获得完整数据，客户应采取以下措施：

- 要求云服务商根据移交数据清单完整返还客户数据，特别注意历史数据和归档数据。
- 监督云服务商返还客户数据的过程，并验证返还数据的有效性。对加密数据进行解密并验证；利用工具恢复专有格式数据并验证；可通过业务系统验证数据的有效性和完整性，如将数据和业务系统部署在新的平台上运行验证。

（4）安全删除数据

客户退出云计算服务后，仍应要求云服务商安全处理客户数据，承担相关的责任义务。客户应采取以下措施：

1）要求云服务商按合同安全存储客户数据一段时间，收到客户的书面授权后才能删除客户数据。

2）要求云服务商删除客户数据及所有备份。

3）要求云服务商安全处置存放客户数据的存储介质，涉及以下方面：

- 重用前应进行介质清理，不可清理的介质应物理销毁。
- 要求云服务商记录介质清理过程，并对过程进行监督。
- 存放敏感信息的介质清理后不能用于存放公开信息。

11.4.2　GB/T 31168

2014 年 9 月，由全国信息安全标准化技术委员会（SAC/TC 260）提出并归口，中国电子（CEC）信息安全研究院作为牵头单位申请立项的标准制订项目《云计算服务安全能力要求》发布。标准描述了以社会化方式为政府客户提供云计算服务时，云服务商应具备的信息安全技术和管理能力。

GB/T 31168—2014《信息安全技术　云计算服务安全能力要求》标准的目的是配合政府部门云计算服务安全审查工作。拟向政府提供服务的云服务商，需要由第三方评估机构进行安全评估，以验证其是否满足《能力要求》，评估结果将作为是否批准云服务商向政府部门提供服务的重要依据。起草组提供了与 GB/T 31168 标准相配套的安全计划模板，模板中包含了标准要求的所有条款，云服务商需要根据云安全措施的实际实施情况，填写完安全计划，作为第三方安全评估的重要参考。

GB/T 31168—2014《信息安全技术　云计算服务安全能力要求》标准关注的重点安全问题有：

- 系统开发与供应链安全。从系统开发角度，强调了云服务商的安全保证（assurance）能力，特别是对云计算平台上产品和服务的供应链安全提出了要求，目的是增强关键环节使用国外产品和服务的可控性。
- 系统与通信保护。要求在云计算平台的外部边界和内部关键边界上监视、控制和保护网络通信，并确保系统虚拟化、网络虚拟化、存储虚拟化的安全。
- 访问控制。对云服务商保护客户数据和用户隐私、限制授权行为等提出了要求。
- 配置管理。对云计算平台提出了配置管理要求。
- 维护。要求云服务商应定期维护云计算平台设施和软件系统。
- 应急响应与灾备。要求云服务商确保在紧急情况下重要信息资源的可用性、有效处理安全事件，以确保客户业务可持续。
- 审计。强调了云计算平台上的审计功能，并对审计的查阅提出了有别于传统信息系统的更强的要求。
- 风险评估与持续监控。要求云服务商对云计算平台进行风险评估，并对受保护目标进行持续安全监控。
- 安全组织与人员。强调了云服务商及第三方的人员安全，重点是防范国外云服务商的人员安全风险。

- 物理与环境保护。要求云服务商的机房位于中国境内，并严格限制各类人员与运行中的云计算平台设备进行物理接触。

11.5　小结

随着云计算的普及，参照国际上在云计算服务安全管理的经验，我国提出建立"党政部门云计算服务网络安全审查"机制，不仅为我国党政部门开展云计算应用的安全管理奠定了政策基础，也为其他行业领域的云计算服务安全管理提供了良好的参照和示范。这一机制有力支撑了国家重要的管理制度，为政府监管、行业规范和产业发展提供助力，确保了政府能够采购和使用安全、自主可控的云服务。

国际标准化组织主要致力于制订云安全架构、云安全管理等基本性和通用性的标准，欧美等关注于指导如何保障政府部门云计算安全，行业标准化协会等则关注于云计算的安全技术和互操作性。在我国，全国信息安全标准化技术委员会（TC260）已经完成《信息安全技术云计算服务安全指南》和《信息安全技术云计算服务安全能力要求》2 项关键标准制定。这两项标准支撑了我国党政部门云服务安全审查的工作。

11.6　参考文献与进一步阅读

［1］　陈兴蜀.《云计算服务安全指南》国家标准解读［J］.保密科学技术，2015（04）：4-7.
［2］　周亚超，左晓栋.《云计算服务安全能力要求》国家标准解析［J］.信息技术与标准化，2014（08）：58-61.
［3］　王惠莅，闵京华，张立武.ISO/IEC JTC1/SC27 云安全标准研究项目及我国提案分析［J］.信息技术与标准化，2015（07）：49-52.
［4］　上官晓丽，高林.ISO/IEC JTC1/SC27 信息安全国际标准化动态［J］.信息技术与标准化，2015（06）：8-10.
［5］　罗锋盈.云服务安全审查标准研究取得进展［J］.信息安全与通信保密，2014（08）：45.
［6］　周亚超，左晓栋.《云计算服务安全能力要求》国家标准解析［J］.信息技术与标准化，2014（08）：58-61.
［7］　叶润国，范科峰，徐克超，蔡磊.云安全联盟安全信任和保证注册项目研究［J］.信息技术与标准化，2014（06）：11-14.
［8］　王惠莅，杨晨，杨建军.美国 NIST 云计算安全标准跟踪及研究［J］.信息技术与标准化，2012（06）：49-52.
［9］　波成.美欧日中，云计算战略各不同［N］.人民邮电，2015-04-06（7）.
［10］　白云广，谢宗晓.ISO/IEC 27001：2013 概述与改版分析［J］.中国标准导报，2014

（ 12 ）：45-48.

［11］　袁琦 . 云计算安全技术发展与监管［ J ］. 电信网技术，2014（ 12 ）：23-26.

［12］　云计算安全问题及对策［ EB/OL ］. http://www.miit.gov.cn/n1146312/n1146909/n1146991/n1648534/c3488885/content.html.

［13］　云计算服务网络安全管理中的若干技术问题探讨［ EB/OL ］. http://legal.people.com.cn/n/2015/0729/c188502-27380301.html.

［14］　重视网络与信息安全管理标准建设　提升我国网络安全管理水平［ EB/OL ］. http://politics.people.com.cn/n/2014/1130/c70731-26120705.html.

［15］　中兴通讯 5 篇云计算提案获 ITU-T 通过［ EB/OL ］. http://tech.qq.com/a/20110516/000179.htm.

［16］　大力推进信息安全标准化工作［ EB/OL ］. http://news.sohu.com/20141118/n406140674.shtml.

［17］　倚网络安全标准 兴网络强国之梦［ EB/OL ］. http://news.xinhuanet.com/politics/ 2015-06/04/c_127878645.htm.

推荐阅读

大数据分析原理与实践

书号：978-7-111-56943-5 定价：79.00元

作为全球领先的云计算技术和服务提供商，阿里云在数据智能领域已经进行了多年的深耕和研究工作，不管是在支撑阿里巴巴集团数据业务上，还是大规模对外提供大数据计算服务能力上都取得了卓有成效的成果。本书内容覆盖全面，从理论基础到案例实践，并结合了阿里云平台完成应用案例分析，系统展现了业界在数据智能方面的最新研究成果和先进技术。相信本书可以很好地帮助读者理解和掌握云计算与大数据技术。

—— 周靖人（阿里云首席科学家）

大数据分析可以从不同维度来解读。如果从"分析"的角度解读，是把大数据分析看作统计分析的延伸；如果从"数据"的角度解读，则是将大数据分析看作数据管理与挖掘的扩展；如果从"大"的角度解读，就是将大数据分析看作数据密集的高性能计算的具体化。

因此，大数据分析的有效实施需要不同领域的知识。从分析的角度，需要统计学、数据分析、机器学习等知识；从数据处理的角度，需要数据库、数据挖掘等方面的知识；从计算平台的角度，需要并行系统和并行计算的知识。

本书尝试融合这三个维度及相关知识，给读者一个相对广阔的"大数据分析"图景，在编写上从模型、技术、实现平台和应用四个方面安排内容，并结合以阿里云为代表的产业实践，使读者既能掌握大数据分析的经典理论知识，又能熟练使用主流的大数据分析平台进行大数据分析的实际工作。